**Nordrhein-Westfalen**
**9. Schuljahr**

**Herausgegeben von**
Heinz Griesel
Helmut Postel
Friedrich Suhr
Werner Ladenthin
Matthias Lösche

**Nordrhein-Westfalen 9**

**Herausgegeben von**
Prof. Dr. Heinz Griesel, Prof. Helmut Postel, Friedrich Suhr, Werner Ladenthin, Matthias Lösche

**Bearbeitet von**
Julia Berlin-Bonn, Lutz Breidert, Gabriele Dybowski, Christine Fiedler, Dr. Beate Goetz, Bodo Paul Hoffmann, Reinhard Kind, Werner Ladenthin, Matthias Lösche, Kerstin Schäfer, Thomas Sperlich, Friedrich Suhr, Prof. Dr. Hans-Georg Weigand, Ulrike Willms

**Für Nordrhein-Westfalen bearbeitet von**
Dr. Thomas Altmeyer, Prof. Dr. Regina Bruder, Kerstin Schäfer, Andreas Stümer, Tobias Termaat, Ulrike Willms

Der Schülerband ist auch als digitales Schulbuch erhältlich: Best.-Nr. 87595
Für dieses Unterrichtswerk sind umfangreiche Unterrichtsmaterialien entwickelt worden:
Lösungen: Best.-Nr. 87449
Arbeitsheft: Best.-Nr. 87458
Rund um … online: Best.-Nr. 89072

**westermann** GRUPPE

© 2016 Bildungshaus Schulbuchverlage
Westermann Schroedel Diesterweg Schöningh Winklers GmbH, Braunschweig
www.schroedel.de

Das Werk und seine Teile sind urheberrechtlich geschützt. Jede Nutzung in anderen als den gesetzlich zugelassenen Fällen bedarf der vorherigen schriftlichen Einwilligung des Verlages. Hinweis zu § 52a UrhG: Weder das Werk noch seine Teile dürfen ohne eine solche Einwilligung gescannt und in ein Netzwerk eingestellt werden. Dies gilt auch für Intranets von Schulen und sonstigen Bildungseinrichtungen.
Zum Zeitpunkt der Aufnahme der Verweise auf Seiten im Internet in dieses Werk waren die entsprechenden Websites frei von illegalen Inhalten: Wir haben keinen Einfluss auf die aktuelle Gestaltung sowie die Inhalte dieser Websites. Daher übernehmen wir keinerlei Verantwortung für diese Sites. Für illegale, fehlerhafte oder unvollständige Inhalte und insbesondere für Schäden, die aus der Nutzung oder Nichtnutzung solcherart dargebotener Informationen entstehen, haftet allein der Anbieter der Seite, auf welche verwiesen wurde.

Druck $A^2$ / Jahr 2017
Alle Drucke der Serie A sind im Unterricht parallel verwendbar.

Redaktion: Lena Schenk, Claus Peter Witt
Umschlagentwurf: LIO Design GmbH, Braunschweig
Innenlayout: JANSSEN KAHLERT Design & Kommunikation GmbH, Hannover
Illustrationen: Dietmar Griese, Laatzen
Zeichnungen: Schlierf, Type & Design, Lachendorf; Langner & Partner, Hemmingen
Druck und Bindung: westermann druck GmbH, Braunschweig

ISBN 978-3-507-**87448**-0

| | | |
|---|---|---:|
| | Über dieses Buch | 6 |
| | **Bleib fit** im Umgang mit den Kongruenzsätzen | 9 |

## 1. Ähnlichkeit ... 11

| | | |
|---|---|---:|
| | **Lernfeld** Gleiche Form – andere Größe | 12 |
| 1.1 | Ähnliche Vielecke | 13 |
| | ◎ Arbeit im Team organisieren | 19 |
| 1.2 | Ähnlichkeitssatz für Dreiecke | 21 |
| 1.3 | Strategien zum Berechnen von Streckenlängen | 23 |
| | ● Mess- und Zeichengeräte selbst gebaut | 32 |
| 1.4 | **Zum Selbstlernen** Beweisen mithilfe der Ähnlichkeit | 34 |
| | ◎ Mehrstufiges Argumentieren – Vorwärts- und Rückwärtsarbeiten | 36 |
| 1.5 | Aufgaben zur Vertiefung | 38 |
| | **Das Wichtigste auf einen Blick/Bist du fit?** | 39 |

| | | |
|---|---|---:|
| | **Bleib fit** im Umgang mit binomischen Formeln | 41 |
| | **Bleib fit** im Umgang mit Quadratwurzeln | 42 |

## 2. Quadratische Funktionen und Gleichungen ... 43

| | | |
|---|---|---:|
| | **Lernfeld** Keine Gerade, aber symmetrisch | 44 |
| 2.1 | Quadratische Funktionen – Definition | 45 |
| 2.2 | Quadratfunktion – Normalparabel – Gleichungen der Form $x^2 = r$ | 48 |
| 2.3 | Verschieben der Normalparabel | 52 |
| | 2.3.1 Verschieben der Normalparabel parallel zur y-Achse | 52 |
| | 2.3.2 Verschieben der Normalparabel parallel zur x-Achse – Gleichungen der Form $(x + d)^2 = r$ | 55 |
| | 2.3.3 Verschieben der Normalparabel in beliebiger Richtung – Scheitelpunktform – Quadratische Gleichungen der Form $x^2 + px + q = 0$ | 59 |
| 2.4 | Strecken und Spiegeln der Normalparabel | 64 |
| 2.5 | Strecken und Verschieben der Normalparabel – Gleichungen der Form $ax^2 + bx + c = 0$ | 71 |
| | ● Bremsen und Anhalten von Fahrzeugen | 78 |
| 2.6 | Strategien zum Lösen quadratischer Gleichungen | 80 |
| 2.7 | Schnittpunkte von Parabeln und Geraden | 84 |
| | ● Goldener Schnitt | 87 |
| 2.8 | **Zum Selbstlernen** Modellieren – Anwenden von quadratischen Gleichungen | 89 |
| 2.9 | Optimierungsprobleme mit quadratischen Funktionen – Lösungsstrategien | 92 |
| | ◎ Näherungslösungen und exakte Lösungen | 96 |
| 2.10 | Aufgaben zur Vertiefung | 98 |
| | **Das Wichtigste auf einen Blick/Bist du fit?** | 99 |

◎ Auf den Punkt gebracht ● Im Blickpunkt

## 3. Satz des Thales – Satz des Pythagoras – Trigonometrie ... 101

**Lernfeld** Alles über Dreiecke ... 102
- 3.1 Satz des Thales ... 104
  - 🛈 Thales von Milet ... 107
- 3.2 Satz des Pythagoras ... 108
- 3.3 Berechnen von Streckenlängen ... 113
  - ⊚ Modellieren mit geometrischen Figuren ... 122
- 3.4 Umkehrung des Satzes des Pythagoras ... 124
- 3.5 Sinus, Kosinus und Tangens ... 126
- 3.6 Bestimmen von Werten für Sinus, Kosinus und Tangens – Zusammenhänge ... 130
- 3.7 Berechnungen in rechtwinkligen Dreiecken ... 133
- 3.8 **Zum Selbstlernen** Berechnungen in gleichschenkligen Dreiecken ... 138
- 3.9 Berechnungen in beliebigen Dreiecken ... 140
  - 3.9.1 Sinussatz ... 140
  - 3.9.2 Kosinussatz ... 145
- 3.10 Vermischte Übungen ... 150
  - 🛈 Wie hoch ist eigentlich... euer Schulgebäude? ... 151
- 3.11 Sinus- und Kosinuskurve ... 153
- 3.12 Aufgaben zur Vertiefung ... 157
- **Das Wichtigste auf einen Blick/Bist du fit?** ... 158

## 4. Potenzen – Zinseszins ... 161

**Lernfeld** Mit "...hoch..." hoch hinaus ... 162
- 4.1 Potenzen mit ganzzahligen Exponenten ... 163
  - 4.1.1 Definition und Anwendung der Potenzen mit natürlichen Exponenten ... 163
  - 4.1.2 Erweiterung des Potenzbegriffs auf negative ganzzahlige Exponenten ... 168
  - 🛈 Kleine Anteile – große Wirkung ... 173
- 4.2. Potenzgesetze und ihre Anwendung ... 175
  - 4.2.1 Multiplizieren und Potenzieren von Potenzen ... 175
  - 4.2.2 **Zum Selbstlernen** Dividieren von Potenzen ... 179
- 4.3 Zinseszins ... 181
- **Das Wichtigste auf einen Blick/Bist du fit?** ... 184

**Bleib fit** im Umgang mit Baumdiagrammen und Pfadregeln ... 185

⊚ Auf den Punkt gebracht    🛈 Im Blickpunkt

## 5. Daten und Zufall ... 187
**Lernfeld** Aufgepasst beim Darstellen und Auswerten von Daten ... 188
5.1 **Zum Selbstlernen** Darstellen von Daten mit zueinander
ähnlichen Figuren ... 190
5.2 Analyse von grafischen Darstellungen ... 192
◎ Aufgepasst beim Verwenden von recherchierten Daten ... 200
5.3 Abschätzen von Chancen und Risiken ... 202
**Das Wichtigste auf einen Blick/ Bist du fit?** ... 210

## 6. Pyramide, Kegel, Kugel ... 213
**Lernfeld** Wie groß ist...? ... 214
6.1 Oberflächeninhalt von Pyramide und Kegel ... 215
    6.1.1 Pyramide – Netz und Oberflächeninhalt ... 215
    6.1.2 Kegel – Netz und Oberflächeninhalt ... 219
6.2 Satz des Cavalieri ... 223
6.3 Volumen von Pyramide und Kegel ... 225
    6.3.1 Volumen der Pyramide ... 225
    6.3.2 Volumen eines Kegels ... 229
6.4 Kugel ... 233
    6.4.1 Volumen der Kugel ... 233
    6.4.2 Oberflächeninhalt der Kugel ... 236
◎ Arbeiten mit der Formelsammlung ... 239
6.5 Vermischte Übungen ... 241
◉ Dreitafelprojektion ... 243
**Das Wichtigste auf einen Blick/Bist du fit?** ... 245

## Anhang
Lösungen zu Bist du fit? ... 247
Verzeichnis mathematischer Symbole ... 254
Stichwortverzeichnis ... 255
Bildquellenverzeichnis ... 256

◎ Auf den Punkt gebracht     ◉ Im Blickpunkt

# Über dieses Buch

**Elemente der Mathematik** ist auf der Basis des nordrhein-westfälischen Kernlehrplans Mathematik für einen gymnasialen Bildungsgang mit dem Abitur nach 12 Schuljahren konzipiert. Die zentralen Kompetenzen, die die Schülerinnen und Schüler erwerben sollen, werden deutlich herausgestellt, aber auch vielfältige Erweiterungsmöglichkeiten für thematische Profilbildungen angegeben.

Die über den Kernlehrplan hinausgehenden Anforderungen werden durch blaue Überschriften gekennzeichnet, die auch schon im Inhaltsverzeichnis erkennbar sind; dasselbe gilt auch für die dazugehörigen Aufgaben.

Bei der Darstellung der Lerninhalte werden im Rahmen der **inhaltsbezogenen Kompetenzen** alle Aspekte von Mathematik (als Anwendung, als Struktur sowie als kreatives und intellektuelles Handlungsfeld) ausgewogen berücksichtigt. Insbesondere wurden auch Ergebnisse und Schlussfolgerungen aus der TIMS- und der PISA-Studie angemessen eingearbeitet.

Zum Erwerb der **prozessbezogenen Kompetenzen** ermöglicht **Elemente der Mathematik** eine breite Palette unterschiedlichster schülerorientierter Unterrichtsformen: Beim gemeinsamen Entdecken, Erforschen, Beschreiben und Erklären erfahren die Schüler, dass nicht nur die Lösung eines Problems, sondern auch der Lösungsweg wichtig ist und dass dabei insbesondere die Analyse von Fehlern hilfreich ist. Argumentieren, Kommunizieren, Problemlösen und Modellieren gelangen so in den Vordergrund des unterrichtlichen Geschehens. Stets werden den Unterrichtenden konkrete Hilfen an die Hand gegeben, um solche problem- und handlungsorientierte Lernsituationen zu schaffen, in denen die Schülerinnen und Schüler altersangemessen ihr mathematisches Wissen möglichst eigenständig entwickeln und strukturieren können.

## Zu den Lerninhalten

Aus den im Kerncurriculum angegebenen Kompetenzen, die am Ende der 9. Klasse erworben sein sollen, wurde folgende Themenabfolge für den Unterricht in Klasse 9 entwickelt:

**Kapitel 1 Ähnlichkeit – Zentrale mathematische Idee „Geometrie"**
Ausgehend vom maßstäblichen Verkleinern und Vergrößern wird die Ähnlichkeit definiert und auf ihre Eigenschaften hin untersucht. Der Ähnlichkeitssatz für Dreiecke gestattet dann die Berechnung von Streckenlängen in vielfältigen Anwendungssituationen. Als Zusatz wird die Berechnungsmöglichkeit mithilfe der Strahlensätze angeboten.

**Kapitel 2 Quadratische Funktionen und Gleichungen – Zentrale mathematische Ideen „Arithmetik und Algebra" sowie „Funktionen"**
Allgemeine quadratische Funktionen werden durch Verschieben, Spiegeln und Strecken der Normalparabel eingeführt. Parallel dazu wird schrittweise über die Nullstellenproblematik ein Verfahren zum Lösen quadratischer Gleichungen entwickelt. Die Verwendung quadratischer Funktionen beim Modellieren und beim Lösen von Optimierungsproblemen wird ausführlich behandelt. Quadratwurzelfunktionen werden kurz angesprochen.

**Kapitel 3 Satz des Thales – Satz des Pythagoras – Trigonometrie – Zentrale mathematische Idee „Geometrie"**
Der Satz des Pythagoras wird aus einem Berechnungsproblem gewonnen und mithilfe eines Zerlegungsbeweises begründet. Im Vordergrund stehen die vielfältigen Anwendungen in ebenen und

räumlichen Figuren. Zum Abschluss des Kapitels wird die Berechnung von rechtwinkligen Dreiecken mithilfe von Sinus, Kosinus und Tagens behandelt.

**Kapitel 4  Potenzen – Zinseszins – Zentrale mathematische Idee „Arithmetik und Algebra"**
Zunächst werden Potenzen mit natürlichem Exponenten betrachtet, die Erweiterung auf negative ganze Exponenten erfolgt schrittweise an der Betrachtung eines Wachstumsprozesses. Die dabei erworbenen Kenntnisse werden auf den Prozess des Kapitalwachstums angewendet.

**Kapitel 5  Daten und Zufall – Zentrale mathematische Idee „Stochastik"**
Nach der Behandlung der Problematik grafischer Darstellungen, die gewollt oder ungewollt einen bestimmten Eindruck erwecken, werden Chancen und Risiken von Testverfahren und Glücksspielen abgeschätzt. Die Bearbeitung erfolgt ohne theoretische Begriffsbildung, sondern stets mit der Häufigkeitsinterpretation der Wahrscheinlichkeit.

**Kapitel 6  Pyramide, Kegel, Kugel  – Zentrale mathematische Idee „Geometrie"**
Die Berechnung des Volumens und des Oberflächeninhalts von Pyramide, Kegel und Kugel wird aus Anwendungssituationen heraus kristallisiert und vielfach angewendet.

## Zum methodischen Aufbau

1. Jedes Kapitel beginnt mit einer **Einstiegsseite**, die an die Erfahrungen der Schülerinnen und Schüler anknüpft und erste Aktivitäten zur Thematik ermöglicht. Diese Seite eignet sich für einen offenen Einstieg und gibt einen Ausblick auf das Thema des Kapitels.
An die Einstiegsseite schließt sich ein **fakultatives Lernfeld** mit verschiedenen offenen und reichhaltigen Lerngelegenheiten an: In unterschiedlichen Problemsituationen können die Schülerinnen und Schüler zentrale Inhalte und Verfahren auf eigenen Lernwegen durch Anknüpfen an Alltags- und Vorerfahrungen selbstständig und häufig handlungsorientiert entdecken. Der Aufbau eigener Vorstellungen und die Bearbeitung einer Vielfalt von Lösungsansätzen werden gefördert durch die Anregung, diese Lernfelder in der Regel in Partner- und Gruppenarbeit zu bearbeiten. Der Austausch über das Problem mit dem Partner bzw. in der Gruppe sowie der Bericht über die Erfahrungen in der ganzen Klasse fördern insbesondere überfachliche und fachliche Kompetenzen wie Problemlösen sowie Argumentieren und Kommunizieren.

2. Die folgenden **Lerneinheiten** bieten eine Möglichkeit zur systematischen Behandlung der Kapitelinhalte – je nach Vorgehen in der Lerngruppe können Teile davon auch in die Bearbeitung der Lernfelder integriert werden. Jede Lerneinheit beginnt mit einem offenen Einstieg (ohne Lösung im Buch), der die Schülerinnen und Schüler zu einer eigenständigen Problembearbeitung und -lösung anregt. Es kann sich eine Aufgabe mit Lösung oder eine Einführung anschließen, die alternativ oder ergänzend die Thematik bearbeiten. Durch ihre sorgfältige, schülergerechte Darstellung eignen sie sich sowohl zum eigenständigen Erarbeiten als auch zum Herausstellen von Problemlösestrategien. Der übersichtlichen Darstellung wegen folgen hier schon weiterführende Aufgaben, die im Unterricht in aller Regel erst nach einer erfolgten Festigung der zuerst behandelten Inhalte an einigen Übungsaufgaben thematisiert werden sollten. Sie dienen der Abrundung und Weiterführung der Theorie. Ihr Thema wird den Unterrichtenden in einer Überschrift genannt. In aller Regel sollten weiterführende Aufgaben im Unterricht bearbeitet werden und nicht als Hausaufgaben gestellt werden. Die im Lernprozess erarbeiteten Ergebnisse werden häufig in einer Information zusammengefasst. In ihr werden auch Begriffe eingeführt und Ausblicke gegeben. Wesentliche Inhalte werden dabei optisch deutlich in einem Kasten mit einem roten Rahmen hervorgehoben. Hier wird großer Wert gelegt auf prägnante, altersgemäße Formulierungen, die auch beispielgebunden sein können.
Die folgenden Übungsaufgaben sind unter besonderer Berücksichtigung des Erwerbs sowohl überfachlicher als auch fachlicher Kompetenzen konzipiert worden. Sie dienen zur Festigung des Ge-

lernten, der operativen Durcharbeitung und der Vernetzung der Lerninhalte mit denen früherer Themen; dabei sind überall offene Aufgaben integriert. Zur soliden Durcharbeitung wird konsequent das Analysieren typischer Schülerfehler und entsprechendes Argumentieren gefordert. Auch die Übungsaufgaben ermöglichen Unterricht in vielfältigen schülerbezogenen Aktivitäten, bis hin zu Partnerarbeit und Teamarbeit sowie Spielen.

Einige Aufgaben enthalten in einem blauen Fond Musterbeispiele für Schreibweisen und Lösungswege. Manche Aufgaben enthalten Selbstkontroll-Möglichkeiten für die Schüler(innen). Aufgaben, die die Selbstständigkeit und Problemlösefähigkeit in besonderer Weise herausfordern, sind durch eine rote Aufgabennummer gekennzeichnet.

3. Abschnitte mit der Überschrift **Vermischte Übungen** finden sich an den Stellen eines Kapitels, an denen eine besonders starke Vermischung der bisher erworbenen Kompetenzen angebracht ist.

4. Eingestreut in die Übungsaufgaben finden sich in regelmäßigen Abständen Fragestellungen unter der Überschrift **Das kann ich noch!** zum Reaktivieren des bisher erworbenen Grundwissens.

5. Am Kapitelende folgt dann der fakultative Abschnitt **Aufgaben zur Vertiefung**, der neben einer Vernetzung auch eine Ergänzung des Lehrstoffes auf einem erhöhten Niveau zum Ziel hat.

6. Den Kapitelabschluss bilden die Abschnitte **Das Wichtigste auf einen Blick** und **Bist du fit?**, in denen in besonderer Weise die erworbenen Grundqualifikationen zusammengestellt und getestet werden. Die Lösungen dieser Aufgaben sind im Anhang des Buches angegeben, sodass sie von den Schülerinnen und Schülern gut zum eigenständigen Üben für eine Klassenarbeit verwendet werden können.

7. Unter der Überschrift **Im Blickpunkt (●)** werden innermathematische, aber insbesondere auch fachübergreifende, komplexere Themen, die von besonderem Interesse sind und in engem Zusammenhang mit dem Lerninhalt des Kapitels stehen, als Ganzes behandelt. Zur Förderung der fachlichen Kompetenz des Problemlösens sind einige dieser Abschnitte als Forschungsaufträge formuliert. Die Blickpunkte gehen über die obligatorischen Inhalte des Kerncurriculums hinaus; sie eignen sich auch zur Differenzierung und Förderung von eigenständigen Schüleraktivitäten.

8. Um Schüler und Schülerinnen im eigenständigen Erarbeiten mathematischer Themen zu schulen, enthält jedes Kapitel eine Lerneinheit **Zum Selbstlernen**, in der das Thema so aufbereitet ist, dass es von den Lernenden ganz selbstständig bearbeitet werden kann.

9. An geeigneten Stellen werden unter der Überschrift **Auf den Punkt gebracht (◉)** die für diese Klassenstufe vorgesehenen allgemeinen Kompetenzen akzentuiert zusammengefasst.

### Symbole

1. Dieser Arbeitsauftrag ist für die Bearbeitung in Partnerarbeit konzipiert.

2. Dieser Arbeitsauftrag ist für die Bearbeitung durch eine Gruppe aus mehreren Schüler(innen) konzipiert.

3. Rote Aufgabennummern kennzeichnen Aufgaben, die die Selbstständigkeit und Problemlösefähigkeit der Schülerinnen und Schüler in besonderer Weise herausfordern.

4. Blaue Aufgabennummern (und Überschriften) kennzeichnen Zusatzstoffe.

**DGS** Hier bietet sich der Einsatz eines dynamischen Geometrie-Systems an.

**GTR** Hier bietet sich der Einsatz eines grafikfähigen Taschenrechners an.

**PLOT** Hier bietet sich der Einsatz eines Plot-Programms an.

 In den Einheiten zum Selbstlernen kennzeichnet dieses Symbol einen Auftrag.

# Bleib fit im ... Umgang mit den Kongruenzsätzen

**Zum Aufwärmen**

1. Zeichne, wenn möglich, ein Dreieck aus folgenden Angaben:
   a) $a = 4\,\text{cm}$; $b = 5{,}5\,\text{cm}$; $c = 7\,\text{cm}$
   b) $a = 6\,\text{cm}$; $b = 4{,}8\,\text{cm}$; $\gamma = 62°$
   c) $c = 7\,\text{cm}$; $\alpha = 112°$; $\beta = 135°$
   d) $a = 3\,\text{cm}$; $b = 4\,\text{cm}$; $c = 8\,\text{cm}$

**Zum Erinnern**

(1) **Kongruenzsätze für Dreiecke**

Dreiecke sind schon kongruent zueinander,
- wenn sie paarweise in den Längen der drei Seiten übereinstimmen (Kongruenzsatz **sss**),

- wenn sie paarweise in den Längen zweier Seiten und der Größe des eingeschlossenen Winkels übereinstimmen (Kongruenzsatz **sws**),

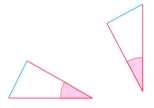

- wenn sie paarweise in den Längen zweier (verschieden langer) Seiten und der Größe des Winkels übereinstimmen, welcher der längeren Seite gegenüberliegt (Kongruenzsatz **Ssw**),

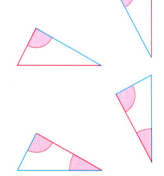

- wenn sie paarweise in der Länge einer Seite und den Größen zweier anliegender Winkel übereinstimmen (Kongruenzsatz **wsw**).

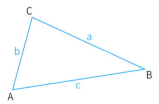

Diese Kongruenzsätze besagen auch, dass das Dreieck durch die Vorgabe dreier geeigneter Stücke bis auf Kongruenz eindeutig konstruierbar ist.

(2) **Dreiecksungleichung**

In jedem Dreieck ist die Summe je zweier Seitenlängen stets größer als die dritte Seitenlänge:
$a + b > c$;   $a + c > b$;   $b + c > a$

**Zum Trainieren**

Planskizze zuerst!

**2. a)** Wie viele Angaben benötigt man, um ein Dreieck konstruieren zu können?
   **b)** Ist die Konstruktion eines Dreiecks aus drei gegebenen Seiten eindeutig?
   **c)** Ist die Konstruktion eines Dreiecks aus drei gegebenen Winkeln eindeutig?

**3.** Entscheide, ob das Dreieck eindeutig konstruierbar ist. Du kannst auch eine Zeichnung anfertigen.
   **a)** $a = 5\,\text{cm};\ \beta = 30°;\ \gamma = 110°$
   **b)** $b = 6\,\text{cm};\ c = 7\,\text{cm};\ \beta = 70°$
   **c)** $a = 5\,\text{cm};\ b = 6\,\text{cm};\ c = 8\,\text{cm}$
   **d)** $\alpha = 30°;\ \beta = 45°;\ \gamma = 105°$
   **e)** $a = 4{,}1\,\text{cm};\ \beta = 35°;\ b = 2{,}5\,\text{cm}$
   **f)** $a = 4{,}1\,\text{cm};\ \alpha = 35°;\ b = 2{,}5\,\text{cm}$
   **g)** $a = 4{,}9\,\text{cm};\ b = 11\,\text{cm};\ c = 5{,}4\,\text{cm}$
   **h)** $a = 7\,\text{cm};\ c = 8\,\text{cm};\ \gamma = 70°$
   **i)** $b = 8\,\text{cm};\ \beta = 135°;\ \gamma = 55°$
   **j)** $a = 10\,\text{cm};\ \gamma = 35°;\ \alpha = 55°$
   **k)** $a = 5{,}4\,\text{cm};\ \beta = 38°;\ \gamma = 88°$
   **l)** $a = 3{,}2\,\text{cm};\ b = 5{,}9\,\text{cm};\ c = 7\,\text{cm}$
   **m)** $b = 1{,}8\,\text{cm};\ \gamma = 49°;\ \beta = 92°$
   **n)** $b = 2{,}6\,\text{cm};\ \alpha = 40°;\ \gamma = 120°$
   **o)** $\alpha = 30°;\ \beta = 67°;\ c = 9\,\text{cm}$
   **p)** $\alpha = 42°;\ \beta = 59°;\ \gamma = 89°$

**4.** Im nebenstehenden Dreieck sind jeweils drei der insgesamt sechs Stücke gegeben. Ist das Dreieck daraus eindeutig konstruierbar? Wenn ja: nach welchem der vier Kongruenzsätze?
   **a)** $p, q, r$   **c)** $p, \delta, \varepsilon$   **e)** $p, q, \gamma$   **g)** $q, r, \varepsilon$
   **b)** $\gamma, \delta, \varepsilon$   **d)** $q, \delta, \varepsilon$   **f)** $p, q, \varepsilon$   **h)** $p, r, \varepsilon$

**5.** Die beiden Dreiecke sind kongruent zueinander. Wie groß ist der Winkel $\delta$?
   **a)**
   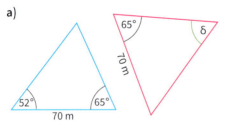
   **b)**
   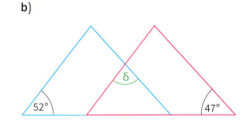

**6.** Zwei Dreiecke $ABC$ und $A_1B_1C_1$ sind jeweils gegeben durch:
   (1) $c = 6{,}4\,\text{cm};\ \alpha = 63°;\ \beta = 42°$ und $a_1 = 6{,}4\,\text{cm};\ \beta_1 = 42°;\ \gamma_1 = 63°$
   (2) $c = 4{,}7\,\text{cm};\ \alpha = 95°;\ \beta = 34°$ und $b_1 = 4{,}7\,\text{cm};\ \beta_1 = 95°;\ \gamma_1 = 34°$
   Was kannst du über die Dreiecke jeweils aussagen? Begründe.

**7.** Um zu überprüfen, ob ein Dreieck aus drei Seitenlängen konstruierbar ist, genügt es, folgende Bedingung zu betrachten: „Die längste Seite des Dreiecks ist länger als die beiden kurzen Seiten zusammen." Begründe.

**8.** Ein Schiff ist 150 m von einem Leuchtturm entfernt. Der Winkel zwischen Fahrtrichtung und Richtung Schiff–Leuchtturm wird gemessen: 68°. Nach 30 s Fahrt beträgt der entsprechende Winkel 138°. Wie schnell ist das Schiff?

# 1. Ähnlichkeit

Häufig werden Gegenstände verkleinert oder vergrößert dargestellt.
Die Form bleibt dabei unverändert.

→ Schätze, wie stark die Erde für den Globus verkleinert bzw. die Zelle für das Modell vergrößert wurde.

→ Recherchiere die Größe der Zelle und die Größe der Erde. Überprüfe mit diesen Werten deine Schätzung.

*In diesem Kapitel ...
lernst du mehr über maßstäblich vergrößerte
oder verkleinerte Figuren und Körper.*

## Lernfeld: Gleiche Form – andere Größe

 In einer Ausstellung in Hamburg sind verschiedene Gegenden Deutschlands und der Welt im Maßstab 1 : 87 nachgebildet. Ein Bereich der Ausstellung zeigt den Hamburger Containerhafen mit zwei verschiedenen Containertypen, den 20-Fuß- und den 40-Fuß-Containern.

→ Ermittelt aus den Angaben in der Tabelle die Maße der Modellcontainer.

| Typ | Außenmaße L/B/H | Innenmaße L/B/H | Volumen | Leer-gewicht | maximale Zuladung | maximales Gesamtgewicht |
|---|---|---|---|---|---|---|
| 20 Fuß | 6,058 m / 2,438 m / 2,591 m | 5,910 m / 2,438 m / 2,385 m | 33,0 m³ | 2 250 kg | 21 750 kg | 2 400 kg |
| 40 Fuß | 12,192 m / 2,438 m / 2,591 m | 12,040 m / 2,438 m / 2,385 m | 67,0 m³ | 3 780 kg | 26 700 kg | 30 480 kg |

→ Recherchiert, warum ausgerechnet im Maßstab 1 : 87 gebaut wurde.

→ Den Hamburger Hafen laufen sehr große Containerschiffe an. Ein Beispiel für ein solches Schiff ist die CSCL Jupiter. Sie ist 365,5 m lang, 51,2 m breit, hat einen Tiefgang von 15,5 m und eine Ladekapazität von 14 074 TEU. Ein TEU (Twenty-foot Equivalent Unit) entspricht einem 20-Fuß-Container. Das Schiff hat also Platz für 14 074 solcher 20-Fuß-Container. Die CSCL Jupiter soll für die Ausstellung hergestellt werden. Wie groß muss das Schiff werden?

→ Hamburg nimmt in der Ausstellung eine Fläche von etwa 200 m² ein. Kann hier die gesamte Stadt dargestellt sein?

## 1.1 Ähnliche Vielecke

**Einstieg**  Statuen, Puppen und Gemälde von Menschen zeigen ein bestimmtes Schönheitsideal. Sind diese Darstellungen einem Menschen ähnlich? Vergleicht dazu die Längen von Körperteilen in der Abbildung mit den entsprechenden Längen an euren Mitschülerinnen und Mitschülern.

**Aufgabe 1**

**Maßstäbliches Verkleinern und vergrößern**

Jakob hat im Urlaub Fotos gemacht. Die Bilder sind in der Größe 1536 × 2048 aufgenommen. Sie lassen sich also zum Beispiel im Format 15,36 cm × 20,48 cm drucken.

a) Jakob möchte die Bilder kleiner ausdrucken. Sein Drucker bietet ihm hierfür verschiedene Größen an. Er überlegt nun, ob bei den Formaten 6 cm × 8 cm und 10 cm × 15 cm Teile des Bildes verloren gehen.

b) Im Fotogeschäft sieht er, dass Bilder im Format 20 cm × 25 cm gerade günstig angeboten werden. Jakob ist sich nicht sicher, ob dieses Format zu seinen Bildern passt.

**Lösung**

a) In beiden Fällen ist das Bild kleiner als 15,36 cm × 20,48 cm. Da die Bilder nicht verzerrt sein sollen, muss es sich um eine maßstabsgetreue Verkleinerung handeln.
Dazu muss sowohl die Länge der Seite $\overline{AB}$ als auch die Länge der Seite $\overline{BC}$ mit *demselben* Faktor k verkleinert werden.
Folglich muss gelten:
$|A'B'| = k \cdot |AB|$ und $|B'C'| = k \cdot |BC|$,
also: $k = \frac{|A'B'|}{|AB|}$ und $k = \frac{|B'C'|}{|BC|}$

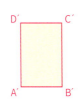

Um zu prüfen, ob sich das Bild der Größe 1536 × 2048 im Format 6 cm × 8 cm drucken lässt, berechnen wir die Verkleinerungsfaktoren der beiden Seiten:

Für das Format 6 cm × 8 cm ergeben sich die Verkleinerungsfaktoren:

$k_1 = \frac{6}{15,36} \approx 0,39$, $k_2 = \frac{8}{20,48} \approx 0,39$

Die Näherungswerte stimmen überein.
Rechnet man mit Brüchen, so erkennt man, dass dies sogar exakt gilt:

$k_1 = \frac{600}{1536} = \frac{100}{256} = \frac{25}{64}$, $k_2 = \frac{800}{2048} = \frac{100}{256} = \frac{25}{64}$

Die beiden Werte stimmen überein, es gehen also keine Bildteile verloren.
Für das Format 10 cm × 15 cm ergeben sich die Verkleinerungsfaktoren:

$k_1 = \frac{10}{15,36} \approx 0,65$, $k_2 = \frac{15}{20,48} \approx 0,73$

Diese beiden Verkleinerungsfaktoren stimmen nicht überein.
Verkleinert man mit dem Faktor 0,73, so muss an der kürzeren Seite etwas vom Bild abgeschnitten werden.

b) Jakob muss prüfen, ob es sich um eine maßstabsgetreue Vergrößerung handelt.
Dazu berechnet er jeweils für beide Seiten getrennt den Vergrößerungsfaktor:

$k_1 = \frac{20}{15,36} \approx 1,30$, $k_2 = \frac{25}{20,48} \approx 1,22$

Dieses Format passt nicht zu Jakobs Bildern. Es würden Teile der Bilder verloren gehen.

**Information**

**Maßstäbliche Vergrößerungen und Verkleinerungen – Zueinander ähnliche Vielecke**

Mit einem Fotokopiergerät kann man vergrößern, aber auch verkleinern. Das maßstäbliche Vergrößern bzw. Verkleinern (ohne Verzerren) bedeutet:
- Die Größen einander entsprechender Winkel bleiben erhalten.
- Die Längen aller Strecken werden mit *demselben* positiven Faktor multipliziert.

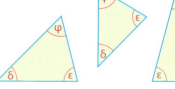

Beim maßstäblichen Vergrößern ist der Faktor k größer als 1, beim maßstäblichen Verkleinern liegt der Faktor zwischen 0 und 1.

**Definition**

Zwei Vielecke F und G heißen **ähnlich** zueinander, wenn sich ihre Eckpunkte so einander zuordnen lassen, dass gilt:
(1) Entsprechende Winkel sind gleich groß.
(2) Alle Seiten des Vielecks G sind k-mal so lang wie die entsprechenden Seiten des Vielecks F (mit *derselben* Zahl k).

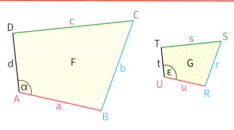

*Beispiel:* $k = \frac{1}{2}$; $\alpha = \varepsilon$; $u = \frac{1}{2}a$; ...

Sind die Vielecke F und G ähnlich zueinander, so schreibt man kurz:
F ~ G, gelesen: F ist ähnlich zu G.
Der Faktor k heißt **Ähnlichkeitsfaktor**.

*Beachte:* Zueinander kongruente Figuren können durch Achsenspiegelung enstehen, also einen verschiedenen Umlaufsinn haben. Auch bei der obigen Definition des Begriffs „ähnlich" ist der Fall eingeschlossen, dass beide Figuren verschiedenen Umlaufsinn haben.

## 1.1 Ähnliche Vielecke

**Weiterführende Aufgabe**

**Längenverhältnisse der Seiten eines Vielecks**

**2.** In der Lösung der Aufgabe 1 wurden Verkleinerungsfaktoren für die einzelnen Seiten bestimmt und verglichen.
Löse diese Aufgabe auch auf andere Weise folgendermaßen:
Beim Bild im Format 10 cm × 15 cm ist die lange Seite offensichtlich 1,5-mal so lang wie die kurze.
Vergleiche diesen Wert mit dem entsprechenden bei den Bildern im Format 6 cm × 8 cm und 20 cm × 25 cm.

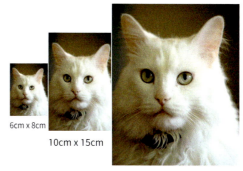

6cm x 8cm
10cm x 15cm
20cm x 25cm

**Information**

**(1) Längenverhältnis**

Bei der Lösung der Aufgabe 1 und auch bei der Weiterführenden Aufgabe 2 haben wir Längen miteinander verglichen, indem wir Quotienten von Seitenlängen gebildet haben. Wir haben also das Verhältnis zweier Längen a und b gebildet. Ein solches Vorgehen kennst du auch schon für andere Größen.

---

**Definition**

Beim Vergleich zweier Längen a und b bezeichnet man den Bruch $\frac{a}{b}$ bzw. den Quotienten $a:b$ auch als **Längenverhältnis** oder kurz als *Verhältnis*.

Den Bruch $\frac{a}{b}$ bzw. den Quotienten $a:b$ liest man dann auch: *a zu b*.

*Beispiel:* Gegeben: $|AB| = 0{,}9\,\text{cm}$ und $|CD| = 1{,}5\,\text{cm}$.
Dann gilt:
$\frac{|AB|}{|CD|} = \frac{0{,}9\,\text{cm}}{1{,}5\,\text{cm}} = \frac{9}{15} = \frac{3}{5} = 0{,}6$ bzw. $|AB|:|CD| = 0{,}9:1{,}5 = 9:15 = 3:5 = 0{,}6$

Eine Gleichung wie $|AB|:|CD| = 3:5$ liest man auch: $|AB|$ *verhält sich zu* $|CD|$ *wie 3 zu 5*.
Eine solche Gleichung nennt man *Verhältnisgleichung* oder auch *Proportion*.

*Beachte:* Das Verhältnis zweier Längen ist eine Zahl.

---

**Proportion (lat.)** entsprechendes Verhältnis

**(2) Längenverhältnis zweier Seiten derselben Figur**

Die Lösung der Weiterführenden Aufgabe 2 führt auf folgenden Satz.

---

**Satz**

Zwei Vielecke F und G sind zueinander ähnlich, wenn
(1) das Längenverhältniss je zweier Seiten des Vielecks F und das Längenverhältnis der entsprechenden Seiten des Vielecks G übereinstimmen und
(2) entsprechende Winkel gleich groß sind, sonst nicht.

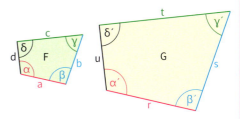

z. B.: $\frac{b}{a} = \frac{s}{r}$; $\frac{a}{c} = \frac{r}{t}$; $\frac{c}{b} = \frac{t}{s}$;
$\alpha = \alpha'$

**Übungsaufgaben**

3. a) Vergrößere die Figur maßstäblich mit dem Faktor 2.

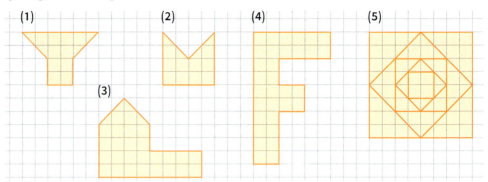

b) Wähle eine Figur aus Teilaufgabe a). Verkleinere sie maßstäblich mit dem Faktor $\frac{1}{2}$.

4. Auf dem Foto seht ihr eine Mutter mit ihrer Tochter. Man sagt: Beide sehen sich ähnlich. Vergleicht diesen Begriff „ähnlich" mit dem aus der Mathematik.

5. Prüfe, ob die beiden Vielecke ähnlich zueinander sind.
Gib gegebenenfalls auch den Ähnlichkeitsfaktor an.

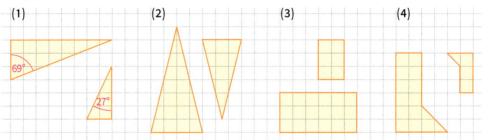

6. Ein Partner zeichnet mehrere Trapeze, der andere mehrere Rauten. Jeder kennzeichnet eine Figur als Ausgangsfigur und achtet darauf, dass von den übrigen Figuren einige zu dieser Ausgangsfigur ähnlich sind und andere nicht.
Tauscht eure Zeichnungen aus und findet alle Figuren, die nicht ähnlich zu der Ausgangsfigur sind. Begründet eure Entscheidung.

7. Suche aus den Figuren unten zwei zueinander ähnliche heraus.
Zeichne die beiden Figuren ins Heft und markiere jeweils einander entsprechende Punkte, entsprechende Winkel und Seiten in derselben Farbe.
Begründe dann die Ähnlichkeit. Bestimme auch den Ähnlichkeitsfaktor.
Suche weitere Paare von Figuren heraus und verfahre entsprechend.

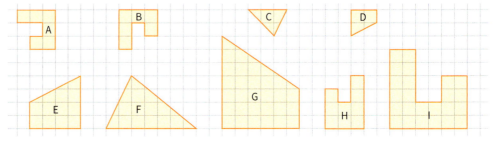

# 1.1 Ähnliche Vielecke

8. a) Entscheide, ob die Aussage wahr oder falsch ist.
   (1) Alle Quadrate sind ähnlich zueinander.
   (2) Alle Rechtecke sind ähnlich zueinander.
   (3) Alle gleichseitigen Dreiecke sind ähnlich zueinander.
   b) Formuliert weitere Aussagen und lasst sie vom Partner prüfen.

9. Begründe: Wenn zwei Vielecke kongruent zueinander sind, dann sind sie auch ähnlich zueinander. Gib auch den Ähnlichkeitsfaktor an.

10. Entnimm der Zeichnung das Längenverhältnis $\frac{|PQ|}{|UV|}$, ohne mit dem Lineal zu messen.

11. Jeder zeichnet zwei Strecken |AB| und |CD| mit dem angegebenen Längenverhältnis. Tauscht eure Zeichnungen aus und kontrolliert euch gegenseitig.
    a) $|AB|:|CD| = 3:4$
    b) $|AB|:|CD| = 5:2$
    c) $\frac{|AB|}{|CD|} = \frac{3}{2}$
    d) $\frac{|AB|}{|CD|} = 0{,}4$

12. a) Bestimme das Längenverhältnis der Strecke |AB| zur Strecke |CD|.
    (1) $|AB| = \frac{5}{2} \cdot |CD|$
    (2) $2 \cdot |CD| = 5 \cdot |AB|$
    (3) $|AB| = |CD|$
    (4) $7 \cdot |AB| = |CD|$
    b) Gegeben ist das Längenverhältnis zweier Strecken:
    (1) $a:b = 2:3$;
    (2) $a:b = 1:\sqrt{2}$
    Schreibe sowohl a als Vielfaches von b als auch b als Vielfaches von a.

13. Das Längenverhältnis $|UV|:|XY|$ zweier Strecken beträgt (1) $4:5$ (2) $1:\sqrt{3}$.
    Berechne die fehlende Länge für: a) $|UV| = 1{,}2\,m$ b) $|XY| = 16\,cm$

14. Der Kölner Dom ist 157 m hoch, der Eiffelturm in Paris ist 320 m hoch. Welchen Maßstab musst du wählen, damit du diese Gebäude in dein Heft (DIN A4) zeichnen kannst?

15. Ein Eisenatom hat einen Radius von 125 pm. Mit welchem Faktor muss es vergrößert werden, damit es so groß ist wie
    (1) ein Stecknadelkopf mit $r = 1\,mm$;
    (2) ein Ball mit $r = 8\,cm$?

1 pm, gelesen 1 Pikometer, ist der billionste Teil eines Meters.

16. Beweise den Satz von Seite 15.

**Das kann ich noch!**

A) Zeichne den Graphen der Funktion. Bestimme ihre Nullstelle grafisch und rechnerisch.
   1) $y = 3x + 1$
   2) $y = -2x + 4$
   3) $y = \frac{2}{3}x - 2$
   4) $y = -\frac{1}{4}x + 3$

B) Der Graph einer linearen Funktion verläuft durch die Punkte $A(-1|3)$ und $B(4|-2)$. Zeichne den Funktionsgraphen. Bestimme eine Gleichung für diese lineare Funktion. Berechne den y-Achsenabschnitt und die Nullstellen.

**17. Modelleisenbahnen**

Die Maßstäbe der Modelleisenbahnen werden mit Buchstaben und Zahlen abgekürzt. Diese werden vom Verband der Modelleisenbahner und Eisenbahnfreunde Europas in der Normentabelle NEM (Normen Europäischer Modellbahnen) festgelegt.

| Nenngröße | Maßstab | Spurweite |
|---|---|---|
| H0 | 1 : 87 | 16,5 mm |
| N | 1 : 160 | 9,0 mm |
| Z | 1 : 220 | 6,5 mm |

ICE-Bord-Restaurant-Wagen Spur H0

a) Wie lang ist der ICE-Bord-Restaurant-Wagen in der Wirklichkeit?
b) Berechne die Länge des ICE-Wagens für die Spur N [Spur Z].
c) Eine Tür des ICE-Wagens ist 1 050 mm breit. Berechne das Maß für Spur N [H0; Z].
d) Das Modell des Endwagens eines ICE 3 hat in der Spur H0 die Länge 295 mm. Berechne die Länge eines entsprechenden Modells in der Spur N [Spur Z].

**18.** Die beiden Dreiecke sind zueinander ähnlich. Schreibe gleiche Längenverhältnisse auf.

a) 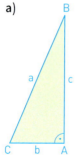   b)    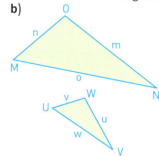   c)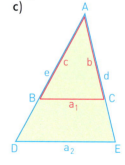

**19.** Berechne die fehlenden Seitenlängen der zueinander ähnlichen Dreiecke ABC und A'B'C'.

a) $a = 3$ cm
$b = 4$ cm
$c = 6$ cm
$a' = 9$ cm

b) $a = 4$ cm
$b = 6$ cm
$c = 8$ cm
$c' = 2$ cm

c) $a = 5$ cm
$b = 7$ cm
$c = 9$ cm
$a' = 7,5$ cm

d) $a = 60$ mm
$a' = 45$ mm
$b' = 90$ mm
$c' = 90$ mm

**20.** Kontrolliere Hannas Aufgabe zu zwei zueinander ähnlichen Dreiecken ABC und DEF.

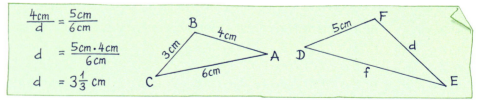

**21.** Gegeben ist ein Rechteck mit den Seitenlängen 4 cm und 6 cm. Zeichne ein dazu ähnliches Rechteck, dessen eine Seite  (1) 9 cm;  (2) 5 cm lang ist.

Auf den Punkt gebracht

# Arbeit im Team organisieren

Was Gruppenarbeit ist, kennt ihr: Man arbeitet gemeinsam an einer Aufgabe und präsentiert das Ergebnis. Dabei kann es vorkommen, dass man in der vorgegebenen Zeit nicht fertig wird oder man sich in endlosen Diskussionen verzettelt. Vielleicht habt ihr es auch erlebt, dass jeder nur für sich arbeitet und sich kaum mit seinen Teammitgliedern austauscht.

Damit die Arbeit im Team effektiv ist, müssen gewisse Regeln eingehalten werden. Wohl die wichtigsten sind:

- **Jeder muss die Arbeitsaufträge verstanden haben.**
  Bevor ihr anfangt, die Aufgabenstellungen zu bearbeiten, beseitigt in der Gruppe eventuelle Unklarheiten. Fragt gegebenenfalls eure Lehrerin oder euren Lehrer.

- **Sorgt für eine gute Arbeitsatmosphäre.**
  Jeder darf ausreden. Jeder darf Fragen stellen. Jeder arbeitet mit. Sachliche Diskussionen sind erwünscht; vermeidet aber persönlichen Streit.

- **Verteilt die Aufgaben.**
  In vielen Fällen muss nicht jeder von euch die ganze Aufgabe bearbeiten. Effektiver ist es dann, wenn ihr euch die Arbeit aufteilt. Bei Dingen, die nur einmal für die Gruppe angefertigt werden müssen (z. B. ein Protokoll, eine Folie, …), muss rechtzeitig geklärt werden, wer dafür zuständig ist.

- **Achtet auf die Zeit.**
  Euch steht nur eine beschränkte Arbeitszeit zur Verfügung. Habt also die Uhr im Blick und denkt frühzeitig daran, dass eure Ergebnisse noch schriftlich festgehalten werden müssen.

- **Jeder muss die Gruppenergebnisse präsentieren können.**
  Erklärt einander in der Gruppe, wie ihr die Aufgaben bearbeitet habt. Dann kann auch jeder die Gruppe bei der Vorstellung der Ergebnisse gut vertreten.

**Auf den Punkt gebracht**

Ihr könnt nun die Regeln von Seite 19 gleich in die Tat umsetzen, und zwar an der folgenden kurzen Aufgabe.
Vielleicht reichen euch 30 Minuten für die Bearbeitung in der Gruppe, danach erfolgt die Präsentation der Ergebnisse. Wenn die beendet ist, versucht innerhalb der Gruppe eure Zusammenarbeit zu beurteilen.

## Arbeitsaufträge

Papierformate sind genormt. Ihr kennt zum Beispiel die Formate DIN A4 (großes Schulheft) oder DIN A5 (kleines Schulheft).
Für DIN-A-Formate gelten folgende Bedingungen:
- Alle Rechtecke sind ähnlich zueinander.
- Man erhält das nächstkleinere DIN-A-Formate indem man ein Rechteck „zur Hälfte faltet".
- Ein Rechteck des Formates A0 ist 1 m² groß.

a) Ermittelt die Maße der Formate DIN A0 bis DIN A6.
b) Begründet, dass bei diesen Maßen die drei genannten Bedingungen erfüllt sind.

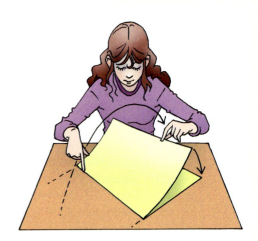

Wie hat in eurer Gruppe die Zusammenarbeit geklappt? Besprecht dazu gemeinsam die folgenden Fragen:
- Habt ihr die Zeit im Blick gehabt?
- Hat sich jeder gleichermaßen an der Aufgabenbearbeitung beteiligt?
- Hätte jeder von euch die Präsentation erfolgreich übernehmen können?
- Wie war die Arbeitsatmosphäre?
- Die nächste Gruppenarbeitsphase kommt bestimmt: Auf welchen Aspekt wollt ihr beim nächsten Mal besonders achten?

Das könnt ihr zum Beispiel tun, indem ihr in eurer Gruppe jetzt den folgenden Arbeitsauftrag bearbeitet:

## Arbeitsaufträge

Mit Fotokopierern kann man auch vergrößern und verkleinern.
a) Wie verändert sich ein Rechteck des Formats DIN A4, wenn es mit dem Faktor 200 % fotokopiert wird? Vergleiche die Flächeninhalte von Original und Kopie. Gehört die Kopie auch zu den DIN-A-Formaten?
b) Auf Fotokopierern sind zur Vergrößerung bzw. zu Verkleinerung von Bildvorlagen häufig die Faktoren 141 % und 71 % voreingestellt. Warum wohl?
c) Welcher Faktor ist zu wählen, wenn man von A3 auf A6 verkleinern möchte?

## 1.2 Ähnlichkeitssatz für Dreiecke

Will man die Ähnlichkeit zweier Dreiecke ABC und A′B′C′ mithilfe der Definition auf Seite 14 nachweisen, so muss man sechs Bedingungen nachprüfen.
(1) Entsprechende Winkel sind gleich groß: $\alpha = \alpha'$, $\beta = \beta'$, $\gamma = \gamma'$.
(2) Die Längenverhältnisse entsprechender Seiten sind gleich: $\frac{|A'B'|}{|AB|} = \frac{|A'C'|}{|AC|} = \frac{|B'C'|}{|BC|}$.

Wir wollen nun untersuchen, ob man wie bei der Kongruenz von Dreiecken mit weniger Bedingungen auskommt.

**Einstieg**

Beide Partner zeichnen Dreiecke zu den unten auf den Zetteln notierten Angaben. Kennzeichnet die gegebenen Stücke farbig und tragt die angegebenen Maße in die Dreiecke ein. Schneidet dann alle Dreiecke aus und vergleicht miteinander. Was fällt euch auf?

*Partner A:*
(1) $\alpha = 40°$, $\beta = 60°$
(2) $a = 7\,cm$, $\beta = 50°$
(3) $a = 6\,cm$, $b = 4\,cm$
(4) $\alpha = 20°$, $\beta = 90°$

*Partner B:*
(1) $\alpha = 60°$, $\beta = 40°$
(2) $a = 7\,cm$, $\gamma = 50°$
(3) $b = 6\,cm$, $c = 4\,cm$
(4) $\alpha = 70°$, $\beta = 20°$

**Aufgabe 1**

Gegeben sind die beiden Dreiecke ABC und A′B′C′, die in der Größe entsprechender Winkel übereinstimmen:
$\alpha = \alpha'$, $\beta = \beta'$ und $\gamma = \gamma'$.
Beweise:
Dreieck ABC ist ähnlich zu Dreieck A′B′C′.

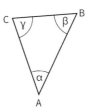
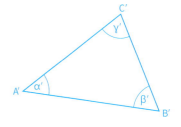

**Lösung**

Zunächst verkleinern oder vergrößern wir das Dreieck A′B′C′ mit dem Ähnlichkeitsfaktor $k = \frac{c}{c'}$. Wir erhalten das Dreieck A″B″C″ mit: $\alpha'' = \alpha' = \alpha$

A″B″C″ ~ A′B′C′   Nach Voraussetzung

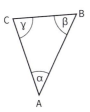
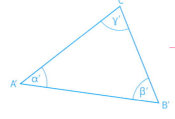
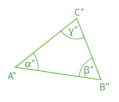

Entsprechend erhält man: $\beta'' = \beta' = \beta$ und $\gamma'' = \gamma' = \gamma$
Weiter ist: $c'' = k \cdot c' = \frac{c}{c'} \cdot c' = c$
Nach dem Kongruenzsatz wsw sind Dreieck A″B″C″ und Dreieck ABC kongruent zueinander. Da Dreieck A″B″C″ auch ähnlich zum Dreieck A′B′C′ ist, ist auch Dreieck A′B′C′ ähnlich zum Dreieck ABC.

Ähnlichkeit

**Information**

*Nach dem Winkelsummensatz stimmen dann auch die dritten Winkel in der Größe überein.*

**Ähnlichkeitssatz für Dreiecke**
Wenn Dreiecke in der Größe von zwei Winkeln übereinstimmen, dann sind sie ähnlich zueinander.

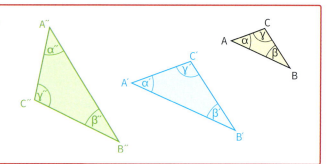

**Übungsaufgaben**

2. Gegeben sind zwei Dreiecke ABC und A'B'C'. Entscheide aufgrund der angegebenen Winkelgrößen, ob die Dreiecke zueinander ähnlich sind. Falls das zutrifft, stelle die Gleichungen für die Längenverhältnisse entsprechender Seiten auf.
   a) $\alpha = 48°$; $\beta = 35°$; $\alpha' = 48°$; $\gamma' = 97°$
   b) $\alpha = 37°$; $\beta = 110°$; $\alpha' = 110°$; $\beta' = 33°$
   c) $\alpha = 65°$; $\gamma = 39°$; $\beta' = 41°$; $\gamma' = 74°$
   d) $\alpha = 19°$; $\beta = 107°$; $\beta' = 54°$; $\gamma' = 107°$
   e) $\alpha = 91°$; $\gamma = 44°$; $\alpha' = 91°$; $\beta' = 46°$
   f) $\beta = 103°$; $\gamma = 29°$; $\alpha' = 29°$; $\gamma' = 48°$

3. Begründe, dass die beiden Dreiecke ABC und CDE ähnlich zueinander sind.

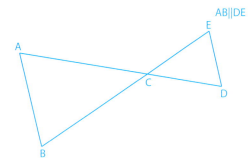

4. Gegeben ist ein Dreieck ABC mit $\alpha = 35°$, $\beta = 50°$ und $c = 4{,}8\,\text{cm}$.
   Konstruiere ein dazu ähnliches Dreieck A'B'C' mit **(1)** $c' = 3{,}6\,\text{cm}$; **(2)** $c' = 7{,}2\,\text{cm}$.
   Bestimme auch den Maßstab.

5. Für das Dreieck ABC in der Figur rechts soll DF ∥ BC und DE ∥ AC sein.
   Welche Dreiecke in der Figur sind ähnlich zueinander?
   Begründe.

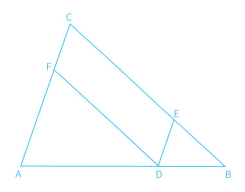

6. Max überlegt einen Ähnlichkeitssatz für Vierecke:
   „Wenn Vierecke in der Größe von drei Winkeln übereinstimmen, dann sind sie ähnlich zueinander."
   Prüfe, ob dieser Satz wahr ist.

7. Gib für die angegebenen besonderen Dreiecke einen Ähnlichkeitssatz an und begründe ihn.
   a) gleichschenklige Dreiecke
   b) rechtwinklige Dreiecke
   c) gleichseitige Dreiecke
   d) rechtwinklig-gleichschenklige Dreiecke

## 1.3 Strategien zum Berechnen von Streckenlängen

**Einstieg**

Bildet Vierergruppen, in denen jeweils zwei Schüler zusammen ein Verfahren zur Höhenbestimmung von Bäumen bearbeiten.

### Verfahren 1:

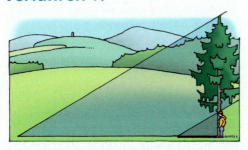

Tim steht unter einer freistehenden, hohen Tanne, deren Schatten 12,50 m lang ist. Tim weiß, er ist 1,55 m groß. Ferner hat er ausgemessen, dass bei diesem Sonnenstand sein Schatten 2,50 m lang ist.

### Verfahren 2:

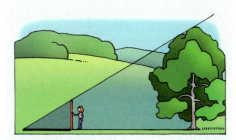

Anne will die Höhe einer Buche bestimmen. Sie stellt wie im Bild einen 1,80 m hohen Stab so auf, dass sich die Schatten der Spitzen vom Stab und Baum decken. Der Baum wirft einen 9,60 m, der Stab einen 2,45 m langen Schatten.

a) Bestimmt die Höhe des Baumes zunächst zeichnerisch, dann rechnerisch.
b) Stellt das von euch bearbeitete Verfahren und eure Messergebnisse in der Vierergruppe vor. Vergleicht anschließend die beiden Verfahren.
c) Versucht mit dem von euch bearbeiteten Verfahren, die Höhe von Bäumen, Fahnenmasten oder Gebäuden in der Umgebung zu bestimmen.

**Aufgabe 1**

**Längenberechnung bei ineinander liegenden Dreiecken**

Zwischen zwei Balken auf einem Dachboden soll ein Ablagebrett an der Stelle $A_1$ im Abstand von 1,50 m von der Spitze S waagerecht angebracht werden. Es steht aber keine Wasserwaage zur Verfügung.
Löse rechnerisch:
a) An welcher Stelle des rechten Balkens muss das Brett befestigt werden?
b) Wie lang muss das Brett sein?

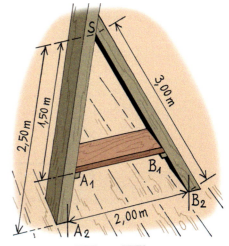

**Lösung**

Wir betrachten die beiden Dreiecke $A_1B_1S$ und $A_2B_2S$. Ihre Seiten $\overline{A_1B_1}$ und $\overline{A_2B_2}$ sind parallel zueinander. Aufgrund des Stufenwinkelsatzes sind die Winkel bei $A_1$ und $A_2$ gleich groß und entsprechend die bei $B_1$ und $B_2$. Die beiden Dreiecke stimmen also in der Größe zweier Winkel überein. Nach dem Ähnlichkeitssatz für Dreiecke sind sie also ähnlich zueinander. Somit stimmen die Längenverhältnisse einander entsprechender Seiten der beiden Dreiecke überein.

a) Wegen der Ähnlichkeit der beiden Dreiecke gilt:
$\frac{|SA_1|}{|SA_2|} = \frac{|SB_1|}{|SB_2|}$, also $|SB_1| = \frac{|SA_1| \cdot |SB_2|}{|SA_2|}$

Eingesetzt: $|SB_1| = \frac{1{,}50\,m \cdot 3{,}00\,m}{2{,}50\,m} = 1{,}80\,m$

*Ergebnis:* Der Befestigungspunkt auf dem rechten Balken ist 1,80 m von S entfernt.

b) Wegen der Ähnlichkeit der beiden Dreiecke gilt auch:
$\frac{|SA_1|}{|SA_2|} = \frac{|A_1B_1|}{|A_2B_2|}$, also $|A_1B_1| = \frac{|SA_1| \cdot |A_2B_2|}{|SA_2|}$

Eingesetzt: $|A_1B_1| = \frac{1{,}50\,m \cdot 2{,}00\,m}{2{,}50\,m} = 1{,}20\,m$

*Ergebnis:* Das Brett muss 1,20 m lang sein.

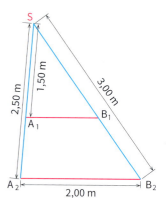

**Information**

**Strategie zum Berechnen von Streckenlängen mithilfe von Ähnlichkeit**
(1) Suche zueinander ähnliche Dreiecke und achte dabei auf Stufen- und Wechselwinkel.
(2) Notiere gleich große Längenverhältnisse, die auch die gesuchte Streckenlänge enthalten.
(3) Löse die so entstandene Gleichung nach der gesuchten Streckenlänge auf.

**Weiterführende Aufgabe**

**Längenberechnung bei gegenüberliegenden ähnlichen Dreiecken**

2. a) Um die Breite x eines Flusses zu bestimmen, werden bei A, B, C, D und E Fluchtstäbe gesteckt und folgende Strecken gemessen: $|BC| = 39\,m$; $|AB| = 56\,m$; $|CD| = 27\,m$. Bestimme die Breite x.
   b) Warum ist es günstig, die Fluchtstäbe so zu stecken, dass z. B. $|BC|:|CD| = 1:1$ oder $|BC|:|CD| = 1:2$ gilt?

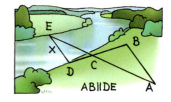

**Information**

**(1) Besondere Lage der zueinander ähnlichen Dreiecke**
Bei Längenberechnungen in ebenen und räumlichen Figuren mithilfe der Ähnlichkeit findet man häufig folgende Grundfiguren oder man zeichnet sie ein:

(a) 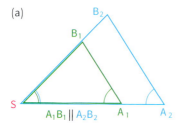   (b)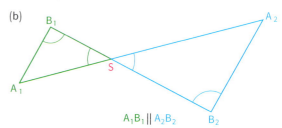

In beiden Figuren sind die Dreiecke $SA_1B_1$ und $SA_2B_2$ ähnlich zueinander, denn:
(a) In dieser Figur stimmen beide Dreiecke in dem Winkel bei S sowie wegen des Stufenwinkelsatzes ($A_1B_1 \parallel A_2B_2$) in den einander entsprechenden Winkeln bei $A_1$ und $A_2$ überein.
(b) In dieser Figur stimmen beide Dreiecke wegen des Scheitelwinkelsatzes in den Winkeln bei S und wegen des Wechselwinkelsatzes ($A_1B_1 \parallel A_2B_2$) in den Winkeln bei $B_1$ und $B_2$ überein.
Dreiecke, die wie in der Figur (a) oder Figur (b) liegen und zueinander parallele Seiten aufweisen, sind stets ähnlich zueinander.

## 1.3 Strategien zum Berechnen von Streckenlängen

### (2) Strahlensätze

Berechnet man für die Dreiecke aus Information (1) den Ähnlichkeitsfaktor einerseits aus den Streckenlängen $|SA_1|$ und $|SA_2|$ sowie andererseits aus zwei anderen einander entsprechenden Seitenlängen, wie z. B. $|SB_1|$ und $|SB_2|$, so erhält man die Strahlensätze.

---

**Strahlensätze**

Gegeben sind zwei Geraden a und b, die sich im Punkt S schneiden, sowie zwei Geraden g und h, die a und b in den vier Punkten $A_1$ und $A_2$ bzw. $B_1$ und $B_2$ schneiden.

**Erster Strahlensatz**

Wenn die Geraden g und h zueinander parallel sind, dann gilt:

$$\frac{|SA_1|}{|SA_2|} = \frac{|SB_1|}{|SB_2|}$$

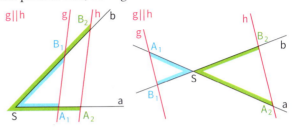

Das Längenverhältnis der beiden von S zu den Parallelen führenden Strecken auf der einen Geraden ist gleich dem Längenverhältnis der entsprechenden Strecken auf der anderen Geraden.

**Zweiter Strahlensatz**

Wenn die Geraden g und h zueinander parallel sind, dann gilt:

$$\frac{|SA_1|}{|SA_2|} = \frac{|A_1B_1|}{|A_2B_2|}$$

und

$$\frac{|SB_1|}{|SB_2|} = \frac{|A_1B_1|}{|A_2B_2|}$$

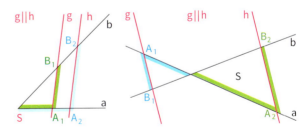

Das Längenverhältnis der beiden von S zu den Parallelen führenden Strecken auf den Geraden ist jeweils gleich dem Längenverhältnis der beiden Strecken auf den zueinander parallelen Geraden.

---

**Weiterführende Aufgabe**

**Erweiterter erster Strahlensatz**

3. Die Länge der Strecke $\overline{SA_1}$ kann wegen des Sees nicht direkt gemessen werden. Daher werden im Gelände messbare Strecken so festgelegt, dass $\overline{A_1B_1}$ parallel zu $\overline{A_2B_2}$ ist.
   Berechne die Länge der Strecke $\overline{SA_1}$.
   Was fällt auf?

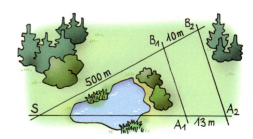

## Information

**Erweiterter erster Strahlensatz**

Gegeben sind zwei Halbgeraden a und b mit gemeinsamem Anfangspunkt S, ferner zwei Geraden g und h, welche die Halbgeraden a und b in vier Punkten $A_1$, $A_2$, $B_1$ und $B_2$ schneiden.

Wenn die Geraden g und h parallel zueinander sind, dann gilt:

$$\frac{|A_1A_2|}{|SA_1|} = \frac{|B_1B_2|}{|SB_1|} \quad \text{und} \quad \frac{|A_1A_2|}{|SA_2|} = \frac{|B_1B_2|}{|SB_2|}$$

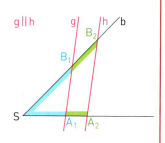

### Beweis des erweiterten ersten Strahlensatzes

Wir berechnen die beiden Längenverhältnisse der ersten Verhältnisgleichung:

$$\frac{|A_1A_2|}{|SA_1|} = \frac{|SA_2| - |SA_1|}{|SA_1|} = \frac{|SA_2|}{|SA_1|} - \frac{|SA_1|}{|SA_1|} = \frac{|SA_2|}{|SA_1|} - 1$$

$$\frac{|B_1B_2|}{|SB_1|} = \frac{|SB_2| - |SB_1|}{|SB_1|} = \frac{|SB_2|}{|SB_1|} - \frac{|SB_1|}{|SB_1|} = \frac{|SB_2|}{|SB_1|} - 1$$

Nach dem ersten Strahlensatz gilt aber $\frac{|SA_2|}{|SA_1|} = \frac{|SB_2|}{|SB_1|}$; also folgt daraus $\frac{|A_1A_2|}{|SA_1|} = \frac{|B_1B_2|}{|SB_1|}$.

Die zweite Verhältnisgleichung beweist man entsprechend.

## Übungsaufgaben

**4.** Ein 1,80 m großer Mann wirft einen 1,35 m langen Schatten.
Zu gleicher Zeit wirft ein Baum einen 5,40 m langen Schatten.
Berechne die Höhe des Baumes.

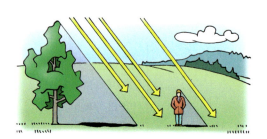

**5.** Berechne die unbekannten Längen (Maße in cm).

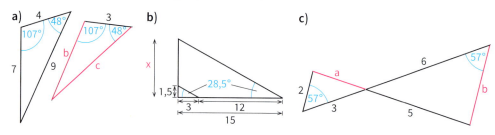

**6.** Finn und Lina haben die Länge x auf unterschiedlichen Wegen berechnet.
Welchen Weg findest du am geschicktesten?

Finn: $\frac{x}{9} = \frac{4}{3}$
$x = \frac{4 \cdot 9}{3}$
$x = 12$

Lina: $\frac{9}{x} = \frac{3}{4}$
$\frac{3}{4}x = 9$
$x = 9 : \frac{3}{4}$
$x = 12$

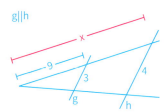

## 1.3 Strategien zum Berechnen von Streckenlängen

**7.** Kontrolliere Lennarts Hausaufgabe.

a)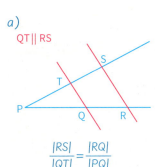

QT ∥ RS

$$\frac{|RS|}{|QT|} = \frac{|RQ|}{|PQ|}$$

b)

UV ∥ ZY

$$\frac{|UV|}{|YZ|} = \frac{|VX|}{|XY|}$$

c)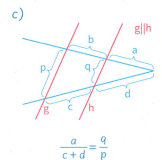

g ∥ h

$$\frac{a}{c+d} = \frac{q}{p}$$

> Gleichung mit x im Zähler lässt sich leichter lösen.

**8.** Berechne x (Maße in cm).

a) g ∥ h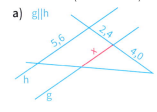

b) g ∥ h

c) g ∥ h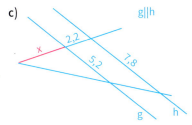

**9.** An den Stellen A und B eines Sees befinden sich Anlegestellen für Tretboote. Um die Entfernung von A und B zu bestimmen, wurden die Längen |PE| = 96 m, |EA| = 58 m und |EF| = 66 m gemessen.
Berechne die Entfernung der Anlegestellen A und B.

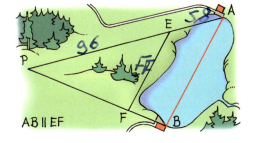

**10.** Rechts siehst du, wie mithilfe eines Stabes und eines Maßbandes die Höhe eines Turmes bestimmt wurde. Gemessen wurde s = 2,2 m; b = 3,7 m; d = 28,0 m.
Erläutere das Vorgehen und berechne die Höhe h des Turmes.

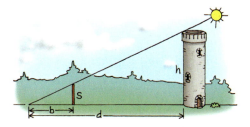

> TIPP: Beginne die Gleichung mit der gesuchten Länge.

**11.** Berechne die nicht gegebenen Längen.

a) $s_1 = 7{,}2$ cm
$t_1 = 6{,}8$ cm
$t_2 = 10{,}2$ cm
$p_1 = 5{,}4$ cm

b) $s_1 = 4{,}8$ cm
$t_2 = 11{,}0$ cm
$p_1 = 5{,}4$ cm
$p_2 = 9{,}9$ cm

c) $s_2 = 6{,}0$ cm
$t_2 = 7{,}2$ cm
$p_1 = 4{,}9$ cm
$p_2 = 8{,}4$ cm

d) $s_1 = 27$ mm
$s_2 = 4{,}5$ cm
$t_1 = 3{,}3$ cm
$p_2 = 40$ mm

e) $t_1 = 4{,}2$ m
$t_2 = 6{,}4$ m
$p_2 = 4{,}8$ m
$s_1 = 6{,}3$ m

f) $t_2 = 5{,}4$ km
$s_1 = 3{,}2$ km
$s_2 = 4{,}8$ km
$p_1 = 3{,}9$ km

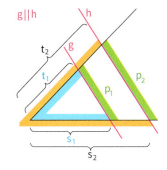

**12.** Jules Verne schreibt in seinem Roman „Die geheimnisvolle Insel", wie eine Gruppe von Männern, die auf eine einsame Insel verschlagen wurde, die Höhe einer senkrechten Granitwand bestimmt:

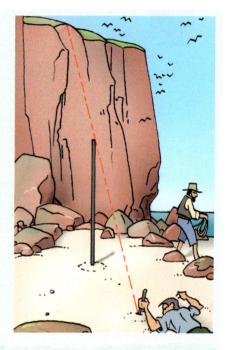

### Die geheimnisvolle Insel
Cyrus Smith hatte eine Stange von 4 m Länge vorbereitet, wobei er an seiner eigenen Körpergröße provisorisch Maß genommen hatte. Harbert machte währenddessen ein Senkblei zurecht, das heißt, er band einen Stein an eine Pflanzenfaserschnur. Die Stange rammte der Ingenieur 20 Schritte vom Ufer weg in den Sand und stellte sie mithilfe des Lots senkrecht zum Horizont. Dann legte es sich soweit von der Stange entfernt in den Sand, dass er die Stange sich mit dem Grat der Granitmauer decken sah, und trieb dort einen Pflock in den Boden …
Die Stange, die 1 m tief im Sand steckte, wurde wieder herausgezogen und mit ihr der Abstand von dem Pflock zu dem Loch, in den die Stange gesteckt war, und die Entfernung vom Pflock zur Wand gemessen. Vom Pflock zur Stange waren es 5 m, vom Pflock zur Granitwand 160 m.

**13.** Berechne die nicht gegebenen Längen.

a) $s_1 = 4$ cm
$t_1 = 6$ cm
$p_1 = 5$ cm
$t_2 = 9$ cm

b) $s_1 = 3$ cm
$s_2 = 5$ cm
$t_2 = 7$ cm
$p_1 = 6$ cm

c) $s_1 = 8$ m
$t_1 = 6$ m
$p_1 = 8$ m
$p_2 = 10$ m

**14. a)** Ergänze aufgrund des 1. Strahlensatzes im Heft.

(1) $\dfrac{|SB|}{|SA|} = \dfrac{\square}{\square}$

(2) $\dfrac{|SP|}{|SR|} = \dfrac{\square}{\square}$

(3) $\dfrac{|SC|}{\square} = \dfrac{\square}{|SP|}$

(4) $\dfrac{\square}{|SQ|} = \dfrac{|SC|}{\square}$

(5) $\dfrac{\square}{\square} = \dfrac{|SC|}{|SB|}$

(6) $\dfrac{\square}{\square} = \dfrac{|SQ|}{|SP|}$

(7) $\dfrac{|SP|}{|PQ|} = \dfrac{\square}{\square}$

(8) $\dfrac{|SQ|}{\square} = \dfrac{\square}{|BC|}$

(9) $\dfrac{|AC|}{\square} = \dfrac{\square}{|SQ|}$

**b)** Ergänze aufgrund des 2. Strahlensatzes im Heft.

(1) $\dfrac{|AP|}{|BQ|} = \dfrac{\square}{\square}$

(2) $\dfrac{|BQ|}{|CR|} = \dfrac{\square}{\square}$

(3) $\dfrac{|AP|}{\square} = \dfrac{\square}{|SC|}$

(4) $\dfrac{|SP|}{\square} = \dfrac{\square}{|RC|}$

(5) $\dfrac{\square}{|SB|} = \dfrac{|AP|}{\square}$

(6) $\dfrac{|SB|}{\square} = \dfrac{\square}{|RC|}$

(7) $\dfrac{|SC|}{\square} = \dfrac{\square}{|BQ|}$

(8) $\dfrac{\square}{|BQ|} = \dfrac{|SP|}{\square}$

## 1.3 Strategien zum Berechnen von Streckenlängen

**15.** Formuliere die Verhältnisgleichungen für die Strahlensätze mit den Bezeichnungen der Figuren.

a)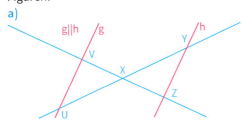

b)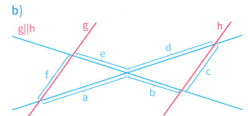

**16.** Eine einfache Lochkamera kann man sich aus einem Karton herstellen, bei dem auf der einen Seite in der Mitte ein kleines Loch gemacht wird und die gegenüberliegende Seite durch Pergamentpapier, den „Schirm", ersetzt wird. Du kannst dann auf dem Pergamentpapier ein Bild von Gegenständen erzeugen.

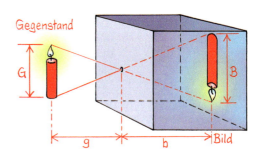

Es sollen G und B die Gegenstands- bzw. Bildgröße sowie g und b die Gegenstands- bzw. Bildweite sein.

a) Stelle eine Verhältnisgleichung für die Größen g, b, G und B auf.
b) Ein Baum, der von der Lochkamera 30 m entfernt steht wird 4 cm hoch auf dem Schirm der Kamera abgebildet. Die Kamera ist 12 cm tief. Wie hoch ist der Baum?
c) Ein genauso hoher Baum erscheint anderthalb mal so groß auf dem Schirm. Wie weit ist er entfernt?
d) Wie weit darf ein Gegenstand höchstens von der Kamera entfernt sein, damit sein Abbild noch vergrößert wird?

**17.** Ein senkrecht aufgestellter Stab von 2 m Länge wirft einen 95 cm langen Schatten. Zur gleichen Zeit wirft ein Kirchturm einen Schatten von 10 m Länge. Fertige zunächst eine Skizze an. Berechne dann die Höhe des Turms.

---

**Das kann ich noch!**

**A)** Berechne das Volumen des Prismas.

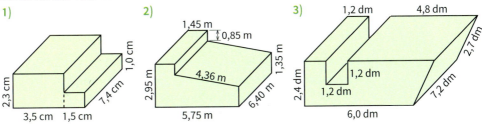

**B)** Verwandle in die in Klammern angegebene Einheit.
1) 27 dm³ (m³)
2) 53 cm³ (mm³)
3) 4,3 dm³ (ℓ)
4) 2500 cm³ (m²)
5) 2 m³ (ℓ)
6) 2 hℓ (cm³)

**18. a)** Haltet ein Auge geschlossen und messt, welche Strecke euer Daumen bei ausgestrecktem Arm auf einem Lineal an der Tafel verdeckt. Ändert den Abstand von der Tafel systematisch: 1,00 m, 2,00 m, 3,00 m, … und haltet eure Ergebnisse in einer Tabelle fest.

| Abstand (in m) | Verdeckte Strecke (in cm) |
|---|---|
|  |  |

**b)** Formuliert eine Vermutung, die sich aus den Messwerten ergibt.
**c)** Fertigt eine Skizze zu den Sachverhalten an und begründet damit die Vermutung.
**d)** Mithilfe der Gesetzmäßigkeit kann man Entfernungen bestimmten. Erläutert das.

**19.** Tinas Daumen ist 2 cm breit. Schließt sie ein Auge und hält sie den Daumen 45 cm vom anderen Auge entfernt, so ist gerade ein 7,32 m breites Fußballtor verdeckt.
Wie weit ist Tina vom Tor entfernt? Zeichne auch.

Erdradius 6 370 km

**20.** Der Mond ist 60 Erdradien von der Erde entfernt. Hält man einen 7 mm dicken Bleistift im Abstand von etwa 78 cm vor das Auge, so ist der Mond gerade verdeckt.
Welchen Durchmesser hat der Mond etwa? Fertige eine Skizze an.

**21.** Strecke einen Arm aus und visiere den Daumen zunächst mit dem linken Auge, dann mit dem rechten Auge an. Du bemerkst, dass der Daumen einen „Sprung" macht. Diese Tatsache benutzt man, um Entfernungen in der Landschaft zu schätzen *(Daumensprungmethode)*. Verwende in den folgenden Aufgaben als Armlänge a = 64 cm und als Pupillenabstand p = 6 cm.

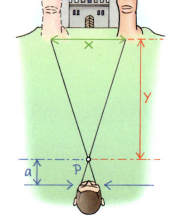

**a)** Ein Wanderer sieht ein altes Schloss. Er weiß, das Schloss ist 65 m breit. Der Daumen springt gerade von einer zur anderen Seite.
Wie weit ist er vom Schloss entfernt?

**b)** Eine Wanderin sieht in der Ferne zwei Burgen. Sie ist von der einen Burg 15 km entfernt. Der Daumen springt gerade von der einen zur anderen Burg.
Wie weit liegen beide Burgen auseinander?

**22. a)** Beweise für die Figur rechts mithilfe der Strahlensätze:

(1) $\dfrac{|AB|}{|BC|} = \dfrac{|DE|}{|EF|}$  (2) $\dfrac{|AB|}{|AC|} = \dfrac{|DE|}{|DF|}$

AC ∥ DF

**b)** Es sollen |SA| = 3 cm, |SD| = 4,5 cm, |SB| = 2,4 cm, |BC| = 2 cm, |DE| = 1,8 cm und |SF| = 3,9 cm sein.
Berechne die Längen |AB|, |SE|, |EF|, |SC| in einer möglichst günstigen Reihenfolge.

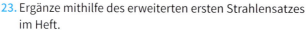

**23.** Ergänze mithilfe des erweiterten ersten Strahlensatzes im Heft.

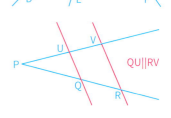

QU ∥ RV

a) $\dfrac{|PU|}{|UV|} = \dfrac{\phantom{xx}}{\phantom{xx}}$    c) $\dfrac{|UV|}{|PV|} = \dfrac{\phantom{xx}}{\phantom{xx}}$    e) $\dfrac{\phantom{xx}}{|PR|} = \dfrac{|UV|}{\phantom{xx}}$

b) $\dfrac{|QR|}{|PQ|} = \dfrac{\phantom{xx}}{\phantom{xx}}$    d) $\dfrac{|PV|}{\phantom{xx}} = \dfrac{\phantom{xx}}{|QR|}$    f) $\dfrac{|PQ|}{\phantom{xx}} = \dfrac{|PU|}{\phantom{xx}}$

**24.** Berechne x (Maße in cm).

a) g∥h  b) g∥h  c) g∥h  d) g∥h

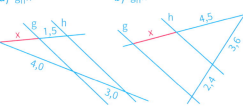
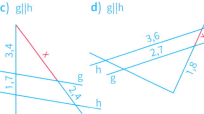

**25.** Kontrolliere Merles Hausaufgabe.

(1) $\dfrac{|KL|}{|KM|} = \dfrac{|MO|}{|MN|}$  (3) $\dfrac{|ML|}{|MK|} = \dfrac{|MN|}{|MO|}$

(2) $\dfrac{|ML|}{|MN|} = \dfrac{|MO|}{|MK|}$  (4) $\dfrac{|LK|}{|ML|} = \dfrac{|ON|}{|NM|}$

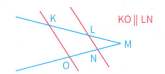

KO ∥ LN

**26.** Um die Gerade zu $y = \dfrac{3}{4}x + 0{,}5$ zu zeichnen, kannst du von P(0|0,5) ausgehen und einen zweiten Punkt der Geraden erhalten, indem du 1 nach rechts gehst und dann $\dfrac{3}{4}$ nach oben, oder z. B. 4 nach rechts und dann 3 nach oben. Begründe das geometrisch.

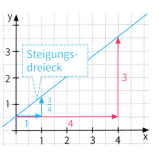

Steigungsdreieck

**27. a)** Beweise für die Figur rechts:

(1) $\dfrac{|ZP|}{|QR|} = \dfrac{|ZA|}{|BC|}$  (2) $\dfrac{|PQ|}{|QR|} = \dfrac{|AB|}{|BC|}$

**b)** Es sollen |ZP| = 2,7 cm, |QR| = 1,9 cm, |ZA| = 3,5 cm, |PQ| = 2,3 cm, |AP| = 1,8 cm sein.
Berechne die Längen |BC|, |AB|, |BQ|, |RC|.

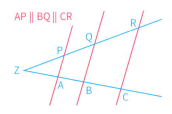

AP ∥ BQ ∥ CR

**28.** In einem Trapez ABCD ist DC ∥ FE ∥ AB. Ferner sind die Längen |AB| = 7 cm, |DC| = 4 cm, |BE| = 2 cm und |EC| = 1 cm gegeben.
Berechne die Länge der Strecke $\overline{EF}$.

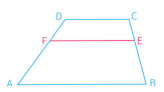

**29.** In der Zeichnung soll $A_1A_2 \parallel B_1B_2$ sowie $A_2A_3 \parallel B_2B_3$ gelten.
Beweise:

a) $\dfrac{|B_1B_2|}{|A_1A_2|} = \dfrac{|B_2B_3|}{|A_2A_3|}$  b) $\dfrac{|SB_1|}{|SA_1|} = \dfrac{|SB_3|}{|SA_3|}$

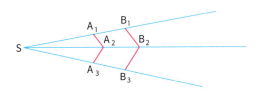

# Mess- und Zeichengeräte selbst gebaut

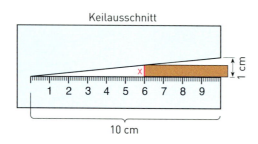

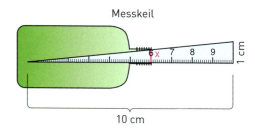

1. Die Abbildungen oben zeigen einen Keilausschnitt und einen Messkeil.
   a) Überlegt euch, wozu man die beiden Messinstrumente einsetzen kann. Welche Vorteile bieten sie gegenüber einem gewöhnlichen Maßband?
   b) Fertigt euch selbst einen Keilausschnitt und einen Messkeil an. Worauf müsst ihr bei der Materialauswahl achten, damit eure Messergebnisse möglichst genau werden?
   c) Messt verschiedene Gegenstände und vergleicht eure Ergebnisse gegebenenfalls mit den Herstellerangaben.
   d) Keilausschnitt und Messkeil in der Abbildung oben haben eine Länge von 10 cm und eine Breite von 1 cm. Welche Auswirkungen hat es, wenn man von diesen Maßen abweicht? Probiert es aus.

2. a) Erläutere die Arbeitsweise der Messzange. Wozu kann man sie verwenden?
   b) Mit welchem Faktor vergrößert die abgebildete Zange die abgegriffenen Größen?
   c) Baut selbst eine solche Messzange und führt Messungen mit ihr durch.

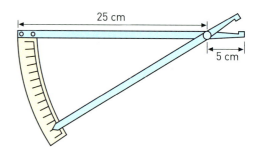

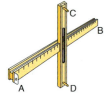

3. Ein Jakobsstab besteht aus zwei Latten, von denen die eine auf der anderen verschoben werden kann.
   Zum Bestimmen der Höhe eines Gebäudes verschiebt man den beweglichen vertikalen Querstab so weit, dass das Gebäude genau verdeckt wird.
   Baut ein solches Gerät.
   Erklärt, wie man damit messen kann und probiert es aus.

**Im Blickpunkt**

4. Die Abbildung oben zeigt einen Proportionalzirkel. Er wird zum Verkleinern oder Vergrößern einer Strecke verwendet. Erläutere seine Wirkungsweise. Stelle auch selbst aus Pappe einen Proportionalzirkel her.

5. Ein Storchenschnabel (Pantograph) ist ein Zeichengerät, mit dem sich beliebige Figuren vergrößern bzw. verkleinern lassen.
Das Bild rechts zeigt den prinzipiellen Aufbau eines Storchenschnabels. Die beiden Latten $\overline{ZA'}$ und $\overline{A'P'}$ sind gleich lang. Beim Zusammenbau muss weiter darauf geachtet werden, dass gilt: |AP| = |A'B| = |AZ| sowie |AA'| = |PB|.

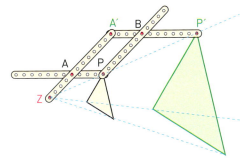

a) Begründet mithilfe der Dreiecke ZPA und ZP'A':
   Der Bildpunkt P' liegt auf der Geraden ZP.
b) Beweist, dass in jeder Stellung des Storchenschnabels |ZP'| = k · |ZP| gilt.
   Bestimmt den Streckfaktor der in der Abbildung dargestellten Einstellung.
c) Verbindet die Latten an anderen Stellen. Welche Vergrößerungsfaktoren sind möglich?
d) Wie kann man mit diesem Gerät Verkleinerungen herstellen?
e) Ihr könnt euch einen Storchenschnabel aus Pappe oder Holz selbst bauen.
   Überlegt euch zunächst, worauf ihr beim Bau achten müsst. Probiert euer Gerät aus.
   Durch Umstecken der Teile könnt ihr die Seitenlänge des Parallelogramms verändern.
   Prüft, welche Auswirkungen dies hat.

6. Das Bild rechts zeigt einen Stab zur Messung der Höhe von Bäumen, der im 18. Jahrhundert verwendet wurde.
Der Stab ist 80 cm lang, die Markierung befindet sich 8 cm vom unteren Ende entfernt. Baut ein solches Gerät und erläutert, wie man damit Höhen bestimmen kann.

7. Recherchiert, welche weiteren Mess- und Zeichengeräte es gibt. Baut sie aus Pappe oder Holz nach und erklärt die Funktionsweise.

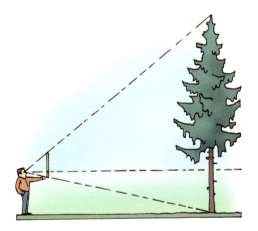

## 1.4 Beweisen mithilfe der Ähnlichkeit

**Ziel**

Du kennst den Ähnlichkeitssatz für Dreiecke. Mit dessen Hilfe lassen sich verschiedene andere Zusammenhänge beweisen.
Hier lernst du eine Strategie dazu kennen, wie du bei solchen Beweisen vorgehen kannst.

**Zum Erarbeiten**

Unten siehst du zwei Trapeze ABCD, bei denen die Seite $\overline{CD}$ parallel zur Seite $\overline{AB}$ und halb so lang wie diese ist.

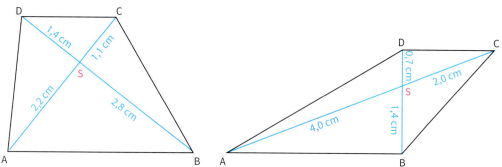

Du erkennst, dass der Diagonalenschnittpunkt die Diagonale vermutlich im Verhältnis 2 : 1 teilt. Beweise diese Vermutung mithilfe ähnlicher Dreiecke.

→ Die Diagonalenabschnitte sind Seiten der Dreiecke ABS und CDS.
Diese beiden Dreiecke sind nach dem Ähnlichkeitssatz für Dreiecke ähnlich zueinander, denn die Dreiecke stimmen in zwei Winkeln überein:

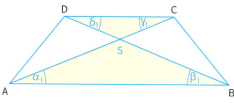

$\alpha_1 = \gamma_1$ (Wechselwinkel an den Parallelen AB und CD)
$\beta_1 = \delta_1$ (ebenfalls als Wechselwinkel)
Wir können die Eckpunkte der beiden Dreiecke einander zuordnen.
Der Ähnlichkeitsfaktor der beiden Dreiecke lässt sich aus den Seiten $\overline{AB}$ und $\overline{CD}$ berechnen:
$\frac{|CD|}{|AB|} = \frac{1}{2}$, da $\overline{CD}$ halb so lang wie $\overline{AB}$ ist.

ABS ~ CDS
A ↔ C
B ↔ D
S ↔ S

Damit sind alle Seiten des Dreiecks CDS halb so lang wie die entsprechenden Seiten des Dreiecks ABC, also z. B. $|SC| = \frac{1}{2}|AS|$ sowie $|SD| = \frac{1}{2}|SB|$.
Folglich teilt S die Diagonale $\overline{AC}$ und $\overline{BD}$; im Verhältnis 2 : 1.

**Information**

> **Strategie beim Beweisen mithilfe des Ähnlichkeitssatzes für Dreiecke**
> So beweist du eine Aussage über Längen von Strecken:
> (1) Suche zunächst in der Figur zueinander ähnliche Dreiecke, in der diese Strecken vorkommen. Gegebenenfalls musst du dazu die Figur durch Hilfslinien zerlegen oder ergänzen.
> (2) Beweise die Ähnlichkeit der Dreiecke mithilfe der Winkel.
> (3) Ordne einander entsprechende Eckpunkte der Dreiecke zu.
> (4) Ermittle den Ähnlichkeitsfaktor und begründe damit die Aussage.

## Zum Selbstlernen 1.4 Beweisen mithilfe der Ähnlichkeit

**Zum Üben**

1. In einem Dreieck ABC ist durch den Mittelpunkt M der Seite $\overline{AC}$ die Parallele zur Seite $\overline{AB}$ gezeichnet. Diese Parallele schneidet die Seite $\overline{BC}$ im Punkt N.
   - Zeichne mehrere Dreiecke und vergleiche die Längen der Strecken $\overline{MN}$ und $\overline{AB}$. Formuliere eine Vermutung.
   - Die Schnipsel unten bilden in richtiger Reihenfolge einen Beweis für deine Vermutung.

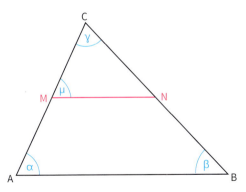

Notiere die Schnipsel in der richtigen Reihenfolge.
*Zur Kontrolle:* Die Buchstaben ergeben dann den Namen einer italienischen Stadt.

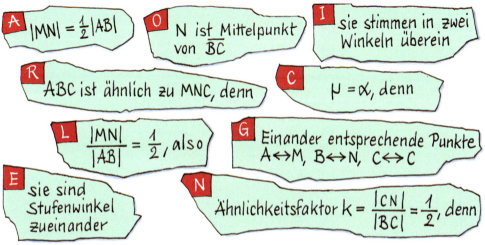

2. Beweise die Ähnlichkeit der Dreiecke SAB und SCD rechts. Mache Aussagen über die Längenverhältnisse entsprechender Seiten.

3. Das Dreieck ABC im Bild rechts soll gleichschenklig mit der Basis $\overline{AB}$ sein.
   Der Punkt D ist der Schnittpunkt des Kreises um A mit dem Radius $\overline{AB}$.
   Welche Dreiecke in der Figur links sind ähnlich zueinander? Beweise deine Behauptung.

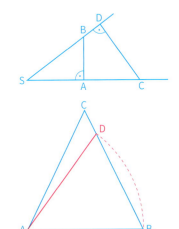

4. Zeichne ein Trapez ABCD, bei dem die Seite $\overline{CD}$ parallel zur Seite $\overline{AB}$ ist und nur ein Viertel so lang wie diese.
   Formuliere eine Behauptung über den Diagonalenschnittpunkt und beweise diese.

Auf den Punkt gebracht

# Mehrstufiges Argumentieren – Vorwärts- und Rückwärtsarbeiten

1. Johann und Lina sind verschieden vorgegangen, um folgendes Problem zu lösen: Begründe, dass in jedem Dreieck ABC das Verhältnis zweier Seiten mit dem umgekehrten Verhältnis der zugehörigen Höhen übereinstimmt:

   $\dfrac{a}{b} = \dfrac{h_b}{h_a}$

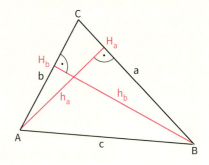

## Lina

**Vorüberlegungen:**
- In zueinander ähnlichen Dreiecken sind die Längenverhältnisse aller entsprechenden Seiten gleich.
- Wir benötigen deshalb zwei zueinander ähnliche Teildreiecke, deren Seiten a und b bzw. $h_a$ und $h_b$ sind, um ein solches Längenverhältnis, wie oben benannt, aufzustellen.

 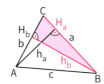

- Wenn wir zeigen können, dass die beiden Dreiecke ähnlich zueinander sind, so gilt für die Seitenlängen:

  $\dfrac{h_a}{b} = \dfrac{h_b}{a}$ , also $\dfrac{a}{b} = \dfrac{h_b}{h_a}$

**Beweis:**
Zu zeigen: Die beiden Teildreiecke sind ähnlich zueinander, d. h. zwei Winkel sind gleich.

**Begründung:**
- Beide Dreiecke haben den Winkel bei C gemeinsam.
- Jedes Teildreieck hat einen rechten Winkel. Demnach stimmen sie in zwei Winkeln überein und sind somit ähnlich zueinander. Damit gilt die obige Gleichung.

## Johann

Die Höhen sind orthogonal zu den zugehörigen Seiten, jede Höhe unterteilt das Dreieck in zwei rechtwinklige Teildreiecke.
Die rechtwinkligen Teildreiecke $AH_aC$ und $H_bBC$ stimmen zusätzlich in dem Winkel bei C überein. Somit sind diese beiden Teildreiecke ähnlich zueinander. Dabei entsprechen folgende Eckpunkte einander:
A → B
$H_a$ → $H_b$
C → C
Bei zueinander ähnlichen Dreiecken kann man eines mit einem Ähnlichkeitsfaktor so vergrößern oder verkleinern, dass man ein zum zweiten Dreieck kongruentes erhält. Den Ähnlichkeitsfaktor k, mit dem man das Teildreieck $H_bBC$ aus dem Teildreieck $AH_aC$ erhält, kann man aus den Seitenlängen einander entsprechender Seiten berechnen, also :

$k = \dfrac{a}{b} = \dfrac{h_b}{h_a}$

Damit ist die Gleichung begründet.

Vergleiche die Begründungen von Lina und Johann hinsichtlich ihres Vorgehens.

# Auf den Punkt gebracht

**Information**

> **Vorwärtsarbeiten**
> - Analysiere die Aufgabe genau: Welche Voraussetzungen liegen vor?
> - Sammle all dein Wissen über die vorhandenen Voraussetzungen.
> - Wähle zuerst die vielversprechendste Folgerung und überlege, ob diese dich weiter bringt.
> - Bist du am Ziel? Falls nein, so musst du am erreichten Punkt wieder all dein Wissen sammeln, um daraus neue Folgerungen zu ziehen.
>
> **Rückwärtsarbeiten**
> - Analysiere die Behauptung: Kennst du Sätze, aus denen sie direkt folgt? Welche Voraussetzungen müssen dazu vorliegen?
> - Kannst du die Figur, das Problem so erweitern, dass sich die entsprechenden Voraussetzungen schaffen lassen (Hilfslinien, Symmetrien, …)?
> - Schließlich muss noch die etwas kleiner gewordene Lücke zwischen den benötigten Voraussetzungen und den vorhandenen Voraussetzungen geschlossen werden. Meistens beginnt dann die Arbeit aus dem ersten Punkt von vorne.
>
> Zum Schluss muss sich eine Argumentationskette von den gegebenen Voraussetzungen bis zur Behauptung hin ergeben.
> Überprüfe dabei auch, ob jeweils ein Satz oder ein Kehrsatz benötigt wird.

*Schlussrichtung beachten! Wenn ein Tier ein Hund ist, dann hat es 4 Beine. Wenn ein Tier 4 Beine hat,…*

2. Lukas argumentiert folgendermaßen, um die Aufgabe von Johann und Lina zu lösen. Erläutere sie und gib an, welche der beiden Vorgehensweisen Lukas angewendet hat.

*Der Flächeninhalt des Dreiecks ABC kann ich berechnen als $A = \frac{1}{2} a h_a$ oder auch $A = \frac{1}{2} b h_b$.*
*Also gilt:*

$$A = \frac{1}{2} a h_a = \frac{1}{2} b h_b \quad |\cdot 2$$
$$a \cdot h_a = b \cdot h_b \quad |:b$$
$$\frac{a}{b} \cdot h_a = b_b \quad |:h_a$$
$$\frac{a}{b} = \frac{h_b}{h_a}$$

**Menelaos**
griechischer Mathematiker und Astronom, lebte um 100 n. Chr. in Alexandria und Rom.

3. Gegeben sind ein Dreieck ABC und eine Gerade g, die die Seiten des Dreiecks oder deren Verlängerung schneidet, jedoch nicht durch eine Ecke geht. Die Schnittpunkte D, E und F sind äußere bzw. innere Teilungspunkte der Seiten.

    Zeige: $\frac{|AD|}{|BD|} \cdot \frac{|CF|}{|CE|} \cdot \frac{|BE|}{|AF|} = 1$ *(Satz von Menelaos)*
    
    *Anleitung*: Betrachte die eingezeichneten Orthogonalen auf der Geraden g; wende einen Strahlensatz an.

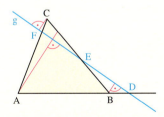

**Giovanni Ceva**
italienischer Mathematiker (1647 – 1734)

4. Gegeben sind ein Dreieck ABC und P im Inneren des Dreiecks. Die Verbindungsgerade AP schneidet die Seite $\overline{BC}$ im Punkt R, die Gerade BP die Seite $\overline{AC}$ in S und die Gerade CP die Seite $\overline{AB}$ in T.
    Dann gilt:
    $\frac{|AT|}{|TB|} \cdot \frac{|BR|}{|RC|} \cdot \frac{|CS|}{|SA|} = 1$ *(Satz von Ceva)*

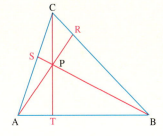

## 1.5 Aufgaben zur Vertiefung

1. Eine Sammellinse erzeugt von einem Gegenstand ein Bild.
   Für die Größe G des Gegenstandes, die Größe B des Bildes, den Abstand g des Gegenstandes von der Linse, den Abstand b des Bildes von der Linse sowie die Brennweite f gilt:
   
   (1) $\dfrac{G}{B} = \dfrac{g}{b}$ (2) $\dfrac{G}{B} = \dfrac{f}{b-f}$
   
   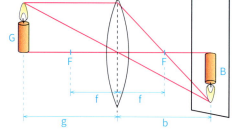
   
   Begründe diese Verhältnisgleichungen mithilfe geeigneter Strahlensatzfiguren.
   Leite dann die Linsenformel $\dfrac{1}{g} + \dfrac{1}{b} = \dfrac{1}{f}$ her.

2. Berechne für das nebenstehende Parallelogramm die beiden Längenverhältnisse $\dfrac{x}{y}$ und $\dfrac{u}{v}$.
   
   *Hinweis:* Ergänze die Figur im Heft so, dass eine Strahlensatzfigur entsteht. Zeichne sie rot ein.
   
   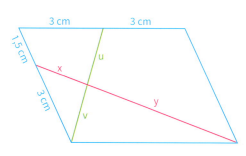

3. Schätze zunächst, welcher Anteil der Gesamtfläche rot gefärbt ist.
   Berechne den Anteil dann und gib ihn in Prozent an.
   
   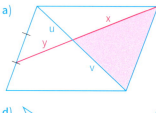
   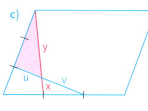
   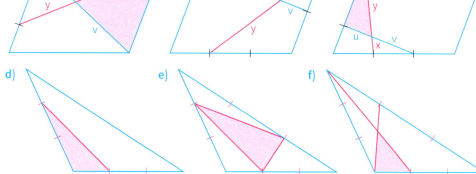

4. In dem gleichschenkligen Trapez rechts sind a = 200 mm, b = 120 mm und c = 56 mm gegeben.
   Wie groß ist der Anteil des rot gefärbten Dreiecks an der Gesamtfläche?
   
   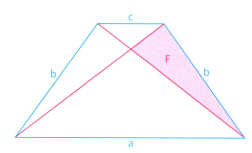

# Das Wichtigste auf einen Blick

| | | |
|---|---|---|
| **Ähnlichkeit von Vielecken** | Zwei Vielecke F und G heißen **ähnlich** zueinander, wenn sich ihre Eckpunkte so einander zuordnen lassen, dass gilt:<br>(1) Entsprechende Winkel sind gleich groß.<br>(2) Alle Seiten des Vielecks G sind k-mal so lang wie die entsprechenden Seiten des Vielecks F (mit *demselben* Faktor k).<br><br>Sind die Vielecke F und G ähnlich zueinander, so schreibt man kurz:<br>F ~ G, gelesen: F ist ähnlich zu G.<br>Der Faktor k heißt **Ähnlichkeitsfaktor**. | *Beispiel:*<br>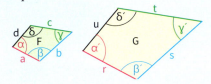<br>$\frac{r}{a} = \frac{s}{b} = \frac{t}{c} = \frac{u}{d} = k$<br>$\alpha = \alpha'$; $\beta = \beta'$; $\gamma = \gamma'$; $\delta = \delta'$; |
| **Ähnlichkeitssatz für Dreiecke** | Wenn Dreiecke in der Größe von zwei Winkeln übereinstimmen, dann sind sie ähnlich zueinander. | *Beispiel:*<br>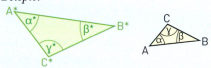 |
| **Berechnen von Streckenlängen** | (1) Suche zueinander ähnliche Dreiecke und achte dabei auf Stufen- und Wechselwinkel.<br>(2) Notiere gleich große Längenverhältnisse, die auch die gesuchte Streckenlänge enthalten.<br>(3) Löse die entstandene Gleichung nach der gesuchten Streckenlänge auf. | *Beispiel:* (Maße in cm)<br>BE ∥ CD<br>AE ∥ BD<br>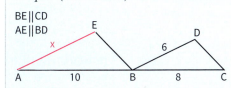<br>$\frac{x}{10} = \frac{6}{8}$<br>$x = \frac{6 \cdot 10}{8} = \frac{60}{8} = 7{,}5$ |
| **Strahlensätze** | Für zwei Geraden a und b mit dem gemeinsamen Punkt S, die von zwei parallelen Geraden g und h geschnitten werden gilt:<br><br>**Erster Strahlensatz:**<br>$\frac{|SA_1|}{|SA_2|} = \frac{|SB_1|}{|SB_2|}$ und $\frac{|A_1A_2|}{|SA_2|} = \frac{|B_1B_2|}{|SB_2|}$<br>**Zweiter Strahlensatz:**<br>$\frac{|SA_1|}{|SA_2|} = \frac{|A_1B_1|}{|A_2B_2|}$ und $\frac{|SB_1|}{|SB_2|} = \frac{|A_1B_1|}{|A_2B_2|}$ | *Beispiel:* (Maße in cm)<br>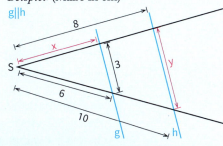<br>$\frac{x}{8} = \frac{6}{10}$    $\frac{y}{10} = \frac{3}{6}$<br>$x = \frac{6 \cdot 8}{10}$    $y = \frac{3 \cdot 10}{6}$<br>$x = 4{,}8$    $y = 5$ |

## Bist du fit?

1. Welche der Figuren sind ähnlich zueinander? Gib auch den Ähnlichkeitsfaktor an.

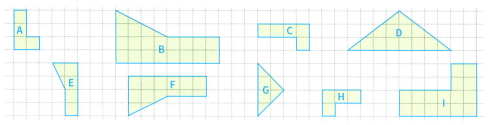

2. ABC ist ein Dreieck mit $\alpha = 42°$ und $\gamma = 67°$.
   a) Welches der folgenden Dreiecke A*B*C* ist zu diesem Dreieck ABC ähnlich?
      (1) $\alpha^* = 67°$; $\gamma^* = 61°$     (2) $\gamma^* = 42°$; $\beta^* = 71°$     (3) $\alpha^* = 67°$; $\gamma^* = 73°$
   b) Stelle für die Dreiecke A*B*C*, die zu ABC ähnlich sind, die Gleichungen für die Längenverhältnisse entsprechender Seiten auf.

3. Von den sechs Längen $a_1$, $a_2$, $b_1$, $b_2$, $c_1$ und $c_2$ sind vier gegeben. Berechne die beiden nicht gegebenen Längen.

   a) $a_1 = 7{,}2$ cm    b) $a_2 = 10{,}5$ dm    c) $a_1 = 8{,}8$ km
       $b_1 = 4{,}8$ cm      $b_1 = 2{,}3$ dm      $b_1 = 3{,}9$ km
       $b_2 = 6{,}4$ cm      $c_2 = 5{,}4$ dm      $c_2 = 6{,}3$ km
       $c_1 = 2{,}4$ cm      $a_1 = 4{,}2$ dm      $c_1 = 4{,}5$ km

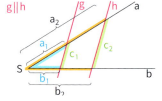

4. Um die Breite $\overline{DE}$ eines Flusses zu bestimmen, werden die Punkte A, B, C, D und E wie im Bild abgesteckt und folgende Strecken gemessen: $|BC| = 48$ m; $|AB| = 84$ m und $|CD| = 43$ m.
   Wie breit ist der Fluss?

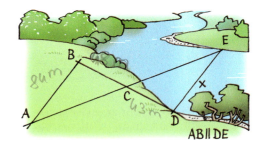

5. Der Schatten eines 1,30 m hohen senkrecht aufgestellten Stabes ist 1,56 m lang.
   Ein Baum wirft zu derselben Zeit einen 12,75 m langen Schatten. Wie hoch ist der Baum?

6. In einem Dachstuhl soll eine 80 cm hohe Stütze aufgestellt werden.
   In welcher Entfernung vom Dachstuhlende E ist diese Stütze einzufügen?

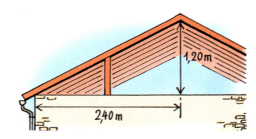

7. Die Wand eines Dachzimmers ist 4 m breit. Sie ist auf einer Seite 1,40 m und auf der anderen 3,50 m hoch.
   Kann man an die Wand einen Schrank stellen, der 2,25 m hoch und 2,40 m breit ist?

# Bleib fit im ... Umgang mit binomischen Formeln

**Zum Aufwärmen**

1. Übertrage die Figur in dein Heft. Löse die Klammern des Terms auf und veranschauliche das Ergebnis an der Figur.

   a) $(a+b)^2$     b) $(a-b)^2$     c) $(a+b)(a-b)$

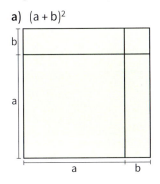
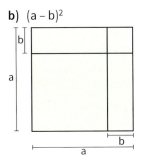
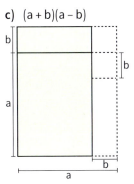

**Zum Erinnern**

Besondere Produkte können mithilfe der binomischen Formeln schneller und damit zeitsparend aufgelöst werden.
Für reelle Zahlen a und b gilt:
1. Binomische Formel:    $(a+b)^2 = a^2 + 2ab + b^2$
2. Binomische Formel:    $(a-b)^2 = a^2 - 2ab + b^2$
3. Binomische Formel:    $(a+b)(a-b) = a^2 - b^2$

**Zum Trainieren**

2. Wende die binomischen Formeln an.

   a) $(k+m)^2$
   b) $(k-m)^2$
   c) $(k+m)(k-m)$
   d) $(x+5)^2$
   e) $(4-b)^2$
   f) $(r-1)(r+1)$
   g) $(s-t)^2$
   h) $(a+3)^2$
   i) $(x+5)(x-5)$
   j) $(6+q)^2$
   k) $(2x+5)^2$
   l) $(-3a+b)^2$
   m) $\left(\frac{1}{2}a - \frac{1}{3}b\right)^2$
   n) $(x+0{,}7)^2$
   o) $(-3x+4y)^2$
   p) $(4r-s)(4r+s)$
   q) $(y-2{,}5z)^2$
   r) $\left(\frac{1}{4}+5y\right)^2$
   s) $(0{,}5x+1{,}2y)^2$
   t) $\left(\frac{1}{2}a+\frac{1}{4}b\right)\left(\frac{1}{2}a-\frac{1}{4}b\right)$

3. Das Eckgrundstück von Familie Mauermann ist quadratisch und grenzt an zwei Seiten an eine Straße.
   Da die Straße um einen Radweg ergänzt werden soll, muss Familie Mauermann an den an die Straße angrenzenden Seiten einen jeweils 3 m breiten Streifen abgeben. Das Grundstück verkleinert sich so um 81 m². 
   Welche Seitenlänge hatte das ursprüngliche Grundstück?

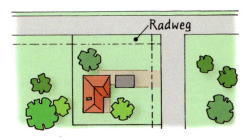

4. Die folgenden Terme sind durch Auflösen mit einer binomischen Formel entstanden. Gib den ursprünglichen Term an.

   a) $x^2 + 14x + 49$
   b) $169x^2 - 52x + 4$
   c) $x^2 - 100$
   d) $36a^2 - 144$
   e) $81b^2 + 18b + 1$
   f) $x^2 - 10x + 25$

   $x^2 - 10x + 25 = (x-5)^2$

# Bleib fit im ... Umgang mit Quadratwurzeln

**Zum Aufwärmen**

1. Gib die Seitenlängen des Quadrats mit gegebenem Flächeninhalt an.
   a) $40 \text{ m}^2$   b) $144 \text{ cm}^2$   c) $625 \text{ mm}^2$   d) $2{,}25 \text{ cm}^2$   e) $0{,}81 \text{ dm}^2$

**Zum Erinnern**

**(1) Quadratwurzel**
Unter der Quadratwurzel aus einer nichtnegativen Zahl a versteht man diejenige nichtnegative Zahl, die mit sich selbst multipliziert die Zahl a ergibt.

> $\sqrt{81} = 9$, denn $9 \cdot 9 = 81$.
> $\sqrt{81} \neq -9$, obwohl $(-3) \cdot (-3) = 9$.
> $\sqrt{-81}$ ist nicht definiert.

**(2) Zusammenhang zwischen Wurzelziehen und Quadrieren**
Quadrieren und Wurzelziehen machen sich gegenseitig rückgängig.
Für alle nichtnegativen reellen Zahlen gilt:
$\sqrt{a^2} = a \qquad (\sqrt{a})^2 = a$
Für alle reellen Zahlen gilt:
$\sqrt{a^2} = |a|$

**(3) Wurzelgesetze**
Für nichtnegative Zahlen a und b gilt: $\sqrt{a} \cdot \sqrt{b} = \sqrt{a \cdot b}$ sowie, falls $b \neq 0$: $\dfrac{\sqrt{a}}{\sqrt{b}} = \sqrt{\dfrac{a}{b}}$

**Zum Trainieren**

2. Berechne die Wurzeln im Kopf, wenn es sie gibt.
   a) $\sqrt{49}$   d) $\sqrt{144}$   g) $\sqrt{225}$   j) $\sqrt{0{,}81}$   m) $\sqrt{-6{,}25}$   p) $\sqrt{0{,}09}$
   b) $\sqrt{-81}$   e) $\sqrt{-100}$   h) $\sqrt{1}$   k) $\sqrt{2{,}25}$   n) $\sqrt{\dfrac{1}{25}}$   q) $\sqrt{0{,}64}$
   c) $\sqrt{25}$   f) $\sqrt{40\,000}$   i) $\sqrt{\dfrac{1}{4}}$   l) $\sqrt{\dfrac{4}{9}}$   o) $\sqrt{\dfrac{49}{16}}$   r) $\sqrt{-\dfrac{9}{16}}$

3. Schreibe als Quadratwurzel, wenn es geht:
   a) 15   b) $-3$   c) $0{,}4$   d) $\dfrac{3}{8}$
   
   > $2 = \sqrt{4}$

4. Begründe, dass die Behauptung von Max rechts falsch ist.

   $\sqrt{0{,}16}$ ist $-0{,}4$, denn $(-0{,}4) \cdot (-0{,}4) = 0{,}16$.

5. Berechne durch Anwenden eines Wurzelgesetzes.
   a) $\sqrt{20} \cdot \sqrt{5}$   c) $\sqrt{2} \cdot \sqrt{8}$   e) $\dfrac{\sqrt{8}}{\sqrt{2}}$   g) $\sqrt{2a} \cdot \sqrt{8a}$
   b) $\sqrt{20} : \sqrt{5}$   d) $\dfrac{\sqrt{8}}{\sqrt{2}}$   f) $\dfrac{\sqrt{18}}{\sqrt{2}}$   h) $\sqrt{8a} : \sqrt{2a}$   i) $\sqrt{3x} \cdot \sqrt{2x}$   j) $\dfrac{\sqrt{75y}}{\sqrt{3y}}$

6. Vereinfache durch teilweises Wurzelziehen.
   a) $\sqrt{125}$   c) $\sqrt{288}$   e) $\sqrt{6^2}$   g) $\sqrt{\dfrac{a}{b^4}}$
   
   > $\sqrt{2} = \sqrt{4 \cdot 3} = \sqrt{4} \cdot \sqrt{3} = 2\sqrt{3}$
   > $\sqrt{9x} = \sqrt{9} \cdot \sqrt{x} = 3\sqrt{x}$
   
   b) $\sqrt{\dfrac{6}{49}}$   d) $\sqrt{\dfrac{5}{16}}$   f) $\sqrt{64a^3}$   h) $\sqrt{\dfrac{45a^2}{b^2}}$

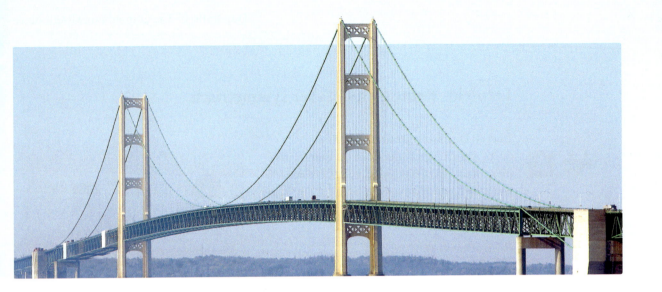

# 2. Quadratische Funktionen und Gleichungen

Geraden kannst du schon durch Gleichungen beschreiben.
Im Alltag kommen aber auch viele Linien vor, die nicht gerade sind.
Häufig siehst du Kurven wie in den folgenden Bildern.

→ Erläutere, was auf den Bildern dargestellt ist. Beschreibe auch die Form der enthaltenen Kurven.

→ Kurven wie auf diesen Fotos nennt man Parabeln. Bestimmt hast du auch noch an anderen Stellen in deiner Umgebung Parabeln gesehen. Wo?

*In diesem Kapitel …*
*wirst du die Eigenschaften von Parabeln untersuchen*
*und erfahren, wie man Parabeln in einem Koordinatensystem*
*mit Gleichungen beschreiben kann.*

## Lernfeld: Keine Gerade, aber symmetrisch

### Überall Quadrate: große und kleine
Sucht verschiedene Quadrate in eurer Umgebung, messt die Seitenlänge, berechnet den Flächeninhalt und zeichnet den Graphen der Funktion *Seitenlänge des Quadrats → Flächeninhalt des Quadrats*.

→ Beschreibt den Graphen.

→ Überlegt, wie der Graph für negative Werte (x < 0) sinngemäß fortgesetzt werden könnte.

### Was passiert, wenn man den Funktionsterm variiert?

→ Wie sehen die Graphen zu den Funktionen mit einem Term der Form $f(x) = a \cdot (x + d)^2 + e$ aus, wenn man verschiedene Zahlen für a, d und e wählt?

→ Diese Erkundung sollt ihr in Form eines Gruppenpuzzles bearbeiten.
Lest euch die gesamte folgende Aufgabenstellung durch, bevor ihr anfangt.

→ *Vorgehensweise beim Gruppenpuzzle*
Bei einem Gruppenpuzzle wird arbeitsteilig gearbeitet. Bildet in eurer Klasse zunächst

Gruppen mit je sechs Schülern. Diese Gruppen sind die sogenannten Stammgruppen. Vor der Arbeit in der Stammgruppe müssen zunächst Experten zu drei Teilthemen herausgebildet werden. In der Stammgruppe müsst ihr je zwei Teilnehmer auswählen, die sich jeweils zu Experten heranbilden.
*Teilthema 1:* Betrachte die Graphen der Funktion f mit dem Parameter a der Form $f(x) = a \cdot x^2$. Wähle für a positive und negative Zahlen sowie Zahlen deren Betrag größer oder kleiner als 1 ist. Beschreibe den Einfluss des Parameters a auf den Graphen und versuche, deine Beobachtung zu verallgemeinern.
*Teilthema 2:* Betrachte die Graphen der Funktion f mit $f(x) = (x + d)^2$.
Wähle für d positive und negative Zahlen. Beschreibe den Einfluss des Parameters d auf den Graphen und versuche, deine Beobachtung zu verallgemeinern.
*Teilthema 3:* Betrachte die Graphen der Funktion f mit $f(x) = x^2 + e$.
Wähle für e positive und negative Zahlen. Beschreibe den Einfluss des Parameters e auf den Graphen und versuche, deine Beobachtung zu verallgemeinern.

Zu jedem Teilthema treffen sich die angehenden Experten und arbeiten gemeinsam daran. Dabei ist es sinnvoll, die Expertengruppen noch einmal zu teilen. Nach dieser Arbeit kehrt jeder wieder in seine Stammgruppe zurück und vermittelt den anderen sein Expertenwissen. Anschließend bearbeitet ihr in der Stammgruppe folgende Aufgabe: Stellt zusammen, welchen Einfluss die Parameter a, d und e auf das Aussehen des Graphen der Funktion f mit $f(x) = a \cdot (x + d)^2 + e$ haben. Geht dabei auch auf die Lage der Nullstellen sowie des höchsten oder niedrigsten Punktes ein.

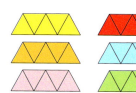

## 2.1 Quadratische Funktionen – Definition

**Einstieg**

Susanne will mit 6 m Maschendraht an der Ecke zwischen Haus und Garage einen rechteckigen Auslauf für ihr Kaninchen abgrenzen. Bestimme die Abmessungen, für die der Auslauf möglichst groß wird.

**Aufgabe 1**

### Maximierungsproblem

An einer Bretterwand soll ein rechteckiger Lagerplatz durch einen Drahtzaun abgegrenzt werden. Es stehen nur 19 m Drahtzaun zur Verfügung; der Lagerplatz soll dabei möglichst groß sein.
In welchem Abstand von der Wand müssen die Eckpfosten gesetzt werden?
Wie groß ist der Flächeninhalt des Lagerplatzes dann?

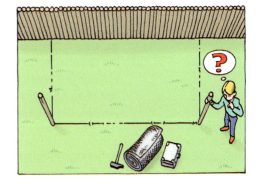

**Lösung**

(1) *Aufstellen einer Funktionsgleichung*

Wir modellieren den Lagerplatz als Rechteck, die Zaunlänge als Summe dreier Seitenlängen. Dabei vernachlässigen wir z. B., dass die Zaunlänge größer ist, da der Zaun um die Pfosten gelegt wird.
Wir stellen zunächst einen Term für den Flächeninhalt des Lagerplatzes auf:
Abstand eines Eckpfostens von der Wand (in m): $x$
Abstand der beiden Eckpfosten P und Q voneinander (in m): $19 - 2 \cdot x$

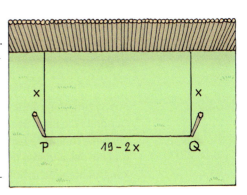

Flächeninhalt A des Lagerplatzes (in m²):
$A = x \cdot (19 - 2x)$
$A = 19x - 2x^2$
Da der Abstand der Pfosten von der Bretterwand nicht null oder negativ sein kann, gilt:
$x > 0$.
Da ferner der doppelte Abstand eines Eckpfostens von der Wand kleiner als die Gesamtlänge des Zauns sein muss, gilt:
$2x < 19$, also $x < 9{,}5$.
Es ist also insgesamt die einschränkende Bedingung $0 < x < 9{,}5$ zu beachten.

(2) *Bestimmen des maximalen Flächeninhalts mithilfe eines Graphen*
Um herauszufinden, zu welcher Zahl für x der größte Wert von $19x - 2x^2$ gehört, zeichnen wir zunächst mithilfe der Wertetabelle den entsprechenden Graphen. Dabei nehmen wir die Randwerte $x = 0$ und $x = 9{,}5$, die für die Realität keine Bedeutung haben, zum besseren Zeichnen hinzu.

*Wertetabelle:*     *Graph:*

| x | $19x - 2x^2$ |
|---|---|
| 0 | 0 |
| 1 | 17 |
| 2 | 30 |
| 3 | 39 |
| 4 | 44 |
| 5 | 45 |
| 6 | 42 |
| 7 | 35 |
| 8 | 24 |
| 9 | 9 |

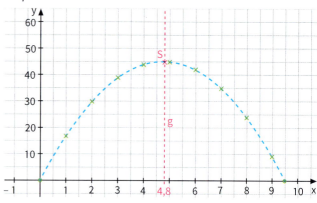

Der Graph hat einen höchsten Punkt. Der größte Funktionswert ist etwa 45, dieser wird etwa an der Stelle 4,8 angenommen. Das bedeutet: Die Eckpfosten müssen im Abstand von etwa 4,8 m von der Wand, also im Abstand $19\,m - 2 \cdot 4{,}8\,m = 9{,}4\,m$ voneinander gesetzt werden. Der größtmögliche Flächeninhalt des Lagerplatzes beträgt etwa 45 m².

**Aufgabe 2**  **Minimierungsproblem**
Für eine Goldschmiede wird ein Firmen-Logo entwickelt, das aus einem Quadrat der Seitenlänge 3 cm besteht. In dieses ist gekippt ein kleineres Quadrat eingefügt, dessen Eckpunkte auf den Seiten des großen Quadrates liegen. Das kleine Quadrat soll mit Blattgold belegt werden. Für welche Lage des kleinen Quadrates ist dieses möglichst klein?

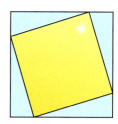

**Lösung**
Aus Symmetriegründen unterteilt jeder Eckpunkt des kleinen Quadrats die Seite des großen Quadrats in gleicher Weise. Wir bezeichnen die Länge des einen Abschnitts mit x (in cm) und die des anderen mit $3 - x$. Jedes dieser vier zueinander kongruenten rechtwinkligen Dreiecke hat den Flächeninhalt $\frac{1}{2} \cdot x \, (3 - x)$
Damit haben wir zugleich den Flächeninhalt A des kleinen Quadrats (in cm²):

$A = 3^2 - 4 \cdot \frac{1}{2} x \, (3 - x)$
$\phantom{A} = 9 - 2x \, (3 - x)$
$\phantom{A} = 9 - 6x + 2x^2$
$\phantom{A} = 2x^2 - 6x + 9$

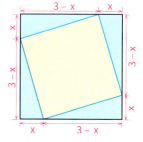

Dabei ist für die Länge x die einschränkende Bedingung $0 < x < 3$ zu beachten, da die Seite des großen Quadrates 3 cm lang ist. Um herauszufinden, für welchen Wert von x der Flächeninhalt des kleinen Quadrats minimal ist, zeichnen wir mithilfe einer Wertetabelle einen Graphen für den Flächeninhalt in Abhängigkeit von x.

*Wertetabelle:*

Zum besseren Zeichnen nehmen wir die Randwerte $x=0$ und $x=3$ hinzu, obwohl sie für die Realität keine Bedeutung haben.

| x   | $2x^2 - 6x + 9$ |
|-----|-----------------|
| 0,5 | 6,5             |
| 1   | 5               |
| 1,5 | 4,5             |
| 2   | 5               |
| 2,5 | 6,5             |

*Graph:*

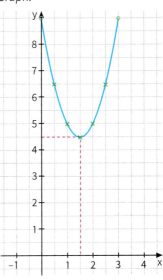

Der Graph ist symmetrisch: Die Funktionswerte an den Stellen 1 und 2 stimmen überein; entsprechendes gilt für die Funktionswerte an den Stellen 0,5 und 2,5 usw. Er hat einen tiefsten Punkt an der Stelle 1,5. Der zugehörige Funktionswert ist 4,5.

Das bedeutet: Für den Abschnitt 1,5 cm auf der Seite des großen Quadrats, also in der Mitte der großen Seiten, ist das kleine Quadrat so klein wie möglich, nämlich 4,5 cm².

**Information**

Zur Lösung der Probleme in den Aufgaben 1 und 2 haben wir Funktionen mit den Termen $19x - 2x^2$ und $2x^2 - 6x + 9$ betrachtet. In diesen Termen kommt das Quadrat der Variablen vor, daher bezeichnet man sie als quadratische Funktionen.

> Eine Funktion f mit einem Term der Form $f(x) = ax^2 + bx + c$ und $a \neq 0$ heißt **quadratische Funktion**. Die Graphen quadratischer Funktionen nennt man **Parabeln.**

*Anmerkung:* Die Definitionsmenge einer quadratischen Funktion ist die Menge $\mathbb{R}$ aller reellen Zahlen (falls nichts anderes vereinbart wird).

**Übungsaufgaben**

3. Aus einer Rolle mit 80 cm breitem Geschenkpapier soll ein Netz für eine quaderförmige Schachtel mit quadratischer Grundfläche ausgeschnitten werden – wie rechts abgebildet.
   Welche dieser Schachteln hat die größtmögliche Oberfläche?

4. Ein Stadion hat die rechts abgebildete Form. Die innere Laufbahn soll 400 m lang sein. Für welche Abmessungen des Stadions ist das rechteckige Spielfeld in der Mitte möglichst groß?

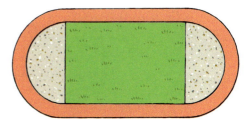

5. Aus 1 m Draht soll das Kantenmodell einer quaderförmigen Säule mit quadratischer Grundfläche hergestellt werden. Diese soll anschließend zur Dekoration mit Stoff bespannt werden. Bestimme die Abmessungen, für die möglichst wenig Stoff benötigt wird.

## 2.2 Quadratfunktion – Normalparabel – Gleichungen der Form $x^2 = r$

**Einstieg**

Nehmt Stellung zu den Ideen der beiden. Zeichnet dann selber den Graphen der Quadratfunktion und achtet auf korrektes Verbinden der Punkte.

**Aufgabe 1**

**Normalparabel**

Um Kurven wie auf Seite 43 beschreiben zu können, beginnen wir mit der einfachsten Funktion, die einen solchen Graphen liefert.

a) Rechts siehst du den Graphen der Quadratfunktion der Gleichung $y = x^2$, die *Normalparabel*. Beschreibe ihre Eigenschaften.

b) Bei proportionalen Funktionen gilt: Verdoppelt (verdreifacht, …) man den x-Wert, so verdoppelt (verdreifacht, …) sich der zugeordnete y-Wert.
Gibt es auch für die Quadratfunktion eine derartige Regelmäßigkeit?

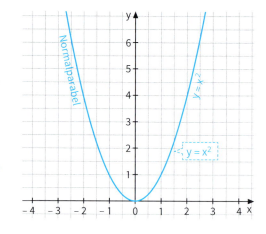

**Lösung**

a) Von links nach rechts fällt die Normalparabel im 2. Quadranten (geht bergab). An der Stelle 0 hat sie ihren tiefsten Punkt (Scheitelpunkt), in dem sie die x-Achse berührt. Danach steigt die Normalparabel im 1. Quadranten von links nach rechts an (geht bergauf). Der Graph ist symmetrisch zur y-Achse.

b) Wir erstellen eine Wertetabelle.

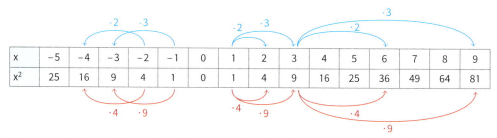

Die zugeordneten y-Werte sind nicht proportional zu den x-Werten. Aber es gilt z. B.:
- Verdoppelt man den x-Wert, so vervierfacht sich der zugeordnete Funktionswert.
- Verdreifacht man den x-Wert, so verneunfacht sich der zugeordnete Funktionswert.

## 2.2 Quadratfunktion – Normalparabel – Gleichungen der Form $x^2 = r$

**Information**

**(1) Symmetrie der Normalparabel – Scheitelpunkt**

Die Funktion mit der Gleichung $y = x^2$ heißt *Quadratfunktion*. Ihr Graph heißt *Normalparabel*.

Symmetrie zur y-Achse bedeutet, dass für jede Zahl ihr Funktionswert mit dem Funktionswert ihrer Gegenzahl übereinstimmt. Für die Funktion f mit $f(x) = x^2$ gilt z. B.: $f(-2) = 4$ und auch $f(2) = 4$. Die entsprechenden Punkte $P'(-2|4)$ und $P(2|4)$ unterscheiden sich nur im Vorzeichen der x-Koordinate, die y-Koordinate ist die gleiche. Dies gilt für beliebiges x:
$f(-x) = (-x)^2 = x^2 = (-x) \cdot (-x) = f(x)$

Das bedeutet: Die gesamte Normalparabel ist symmetrisch zur y-Achse. Der Ursprung des Koordinatensystems ist der tiefste Punkt. Er ist der einzige Punkt, der auf der Symmetrieachse liegt. Man nennt ihn auch den *Scheitelpunkt* (oder kurz *Scheitel*).

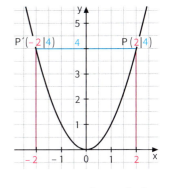

> Die Funktion f mit $f(x) = x^2$ und dem Definitionsbereich $\mathbb{R}$ hat folgende Eigenschaften:
> - Der Graph ist symmetrisch zur y-Achse.
> - Der Koordinatenursprung ist als Scheitelpunkt der tiefste Punkt des Graphen.
> - Der Graph fällt im 2. Quadranten und steigt im 1. Quadranten.

**(2) Quadratisches Wachstum**

In Aufgabe 1 haben wir gesehen, dass eine Verdoppelung (Verdreifachung) eines x-Wertes bei der Quadratfunktion zu einer Vervierfachung (Verneunfachung) des zugeordneten y-Wertes führt.

> Für die Quadratfunktion gilt:
> Vervielfacht man einen x-Wert mit dem Faktor k, so wird der zugehörige y-Wert mit dem Quadrat des Vervielfachungsfaktors, also mit $k^2$ vervielfacht.

*Begründung:* Für den Vervielfachungsfaktor k und die Stelle x gilt für die Quadratfunktion f:
$f(kx) = (kx)^2 = k \cdot x \cdot k \cdot x = k^2 x^2 = k^2 \cdot f(x)$

**Weiterführende Aufgabe**

Grafisches Lösen einer quadratischen Gleichung der Form $x^2 = r$

2. Veranschauliche an der Normalparabel die Lösungsmenge der Gleichung
   (1) $x^2 = 6{,}25$   (2) $x^2 = 0$   (3) $x^2 = -1$

> **Grafisches Bestimmen der Lösungsmenge zu $x^2 = r$**
> 
> Grafisch bedeutet das Bestimmen der Lösungsmenge der Gleichung $x^2 = r$ das Ermitteln der gemeinsamen Punkte des Graphen der Quadratfunktion zu $y = x^2$ mit der durch $y = r$ gegebenen Parallelen zur x-Achse.
> - Für $r > 0$ gibt es zwei Schnittpunkte, d. h. die Gleichung hat *zwei* Lösungen.
> - Für $r = 0$ trifft die Gerade die Normalparabel in ihrem Scheitelpunkt, d. h. die Gleichung hat *eine* Lösung.
> - Für $r < 0$ schneiden sich die Graphen nicht, d. h. die Gleichung $x^2 = r$ hat *keine* Lösung.

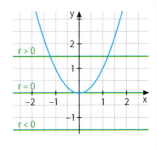

## Übungsaufgaben

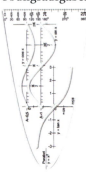
Parabelschablone

**3.** Fertige eine sorgfältige Zeichnung der Normalparabel für $-3 \leq x \leq 3$ an.
Lies folgende Werte ab: $0{,}6^2$; $1{,}4^2$; $2{,}5^2$; $(-0{,}3)^2$; $(-1{,}6)^2$; $(-2{,}8)^2$. Kontrolliere rechnerisch.

**4. a)** Zeichne mit einem Programm den Graphen der Funktion f mit $y = x^2$. Wähle auch Fenster, die den Verlauf in der Nähe des Ursprungs deutlich zeigen.
Beschreibe Eigenschaften des Graphen.
Versuche, Begründungen dafür anzugeben.
  **b)** Lies am Graphen ab:
$f(0{,}7)$; $f(1{,}3)$; $f(2{,}6)$; $f(-0{,}4)$; $f(-1{,}7)$; $f(-2{,}1)$.
  **c)** Kontrolliere die abgelesenen Werte durch Rechnung.

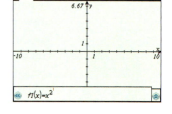

**5.** Ohne weitere Hilfsmittel kannst du eine Normalparabel mit wenigen Punkten zeichnen:
 **(1)** Zeichne den Scheitelpunkt.
 **(2)** Gehe von dort 1 nach rechts [links] und 1 nach oben.
 **(3)** Gehe nun vom Scheitelpunkt 2 nach rechts [links] und 4 nach oben.
Führe das Verfahren fort und zeichne so eine Normalparabel.

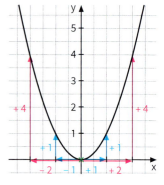

**6.** Die Punkte $P_1, P_2, P_3, P_4, P_5, P_6$ liegen auf einer Normalparabel. Bestimme jeweils die fehlende Koordinate.
$P_1(1{,}2\,|\ \ )$  $P_2(2{,}6\,|\ \ )$  $P_3(\ \ |2{,}25)$  $P_4(\ \ |0)$  $P_5(-1{,}4\,|\ \ )$  $P_6(\ \ |0{,}81)$

**7. a)** Bestimme, an welchen Stellen die Quadratfunktion den Wert
 **(1)** 4; **(2)** $\frac{1}{4}$; **(3)** 12,25; **(4)** 0; **(5)** $-4$
annimmt.
  **b)** Gib allgemein für eine Zahl r an, an welchen Stellen die Quadratfunktion den Wert r annimmt.

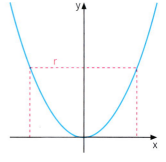

**8.** Lukas hat die Normalparabel rechts gezeichnet.
Kontrolliere.

**9.** Die Quadratfunktion nimmt an der Stelle 0,5 den Funktionswert 0,25 an.
  **a)** Der Wert für die Stelle wird mit $(-2)$ multipliziert.
Wie wirkt sich das auf den Funktionswert aus?
Kontrolliere deine Behauptung auch an anderen Stellen.
  **b)** Wie wirkt sich ein Multiplizieren mit $(-3), (-4), \ldots$ des Wertes für die Stelle auf die Funktionswerte aus?
Formuliere eine allgemeine Behauptung und beweise diese.

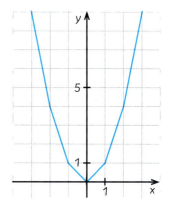

## 2.2 Quadratfunktion – Normalparabel – Gleichungen der Form $x^2 = r$

**10. a)** Die Seitenlänge eines Quadrats wird
 (1) verdoppelt;   (2) verdreifacht;   (3) vervierfacht.
 Wie ändert sich der Flächeninhalt?
 **b)** Wie müssen die Seitenlängen verändert werden, damit sich der Flächeninhalt verdoppelt?

**11.** Ein Baumarkt bietet 2,40 m lange Leisten mit quadratischem Querschnitt an. Leisten mit der Kantenlänge 2,5 cm kosten 7,98 €. Wie viel könnte eine Leiste mit der Kantenlänge 5 cm kosten? Begründe deine Antwort.

**12. a)** Bei der angegebenen linearen Funktion wird der x-Wert um 1 erhöht. Wie ändert sich der y-Wert? Untersuche das an mehreren x-Werten.
 (1) $y = 2x + 1$   (2) $y = -3x - 2$   (3) $y = -\frac{1}{4}x - 2$
 **b)** Formuliere deine Beobachtung aus Teilaufgabe a) allgemein für die lineare Funktion f mit dem Funktionsterm $f(x) = mx + b$.
 **c)** Untersuche nun die Quadratfunktion: Erhöhe an mehreren Stellen den x-Wert um 1. Wie ändert sich der zugehörige y-Wert? Formuliere eine Vermutung.
 **d)** Begründe deine Vermutungen aus Teilaufgabe c).

**13.** Beschreibe, auf welche verschiedene Weisen du mithilfe eines CAS-Rechners eine Gleichung der Form $x^2 = r$ lösen kannst.

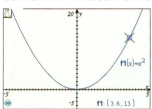 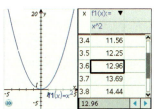 

**14.** Gib anhand der Normalparabel die Lösungsmenge der Gleichung an.
 **a)** $x^2 = 1$   **b)** $x^2 = 6{,}25$   **c)** $x^2 = 2{,}25$   **d)** $x^2 = -4$   **e)** $x^2 = 0$

**15.** Bestimme die Lösungsmenge der Gleichung.
 **a)** $x^2 = 9$   **b)** $x^2 = 13$   **c)** $x^2 = -9$   **d)** $0 = x^2$   **e)** $5 = x^2$

**16.** Gib eine Gleichung an, die folgende Lösungsmenge hat. Erkläre, wie du vorgegangen bist.
 **a)** $\{-9;\ 9\}$   **b)** $\{-1{,}5;\ 1{,}5\}$   **c)** $\{-\sqrt{11};\ \sqrt{11}\}$   **d)** $\{-2\sqrt{3};\ 2\sqrt{3}\}$   **e)** $\{0\}$

**17.** Untersuche zeichnerisch, für welche Werte für x gilt: $x^2 < x$.

**Das kann ich noch!**

**A)** Frau Jordan geht mit ihren Töchtern Vanessa und Lea ins Kino. Für den Eintritt muss sie 22,00 € bezahlen. Frau und Herr Heinrich bezahlen für sich und ihre drei Kinder Marie, Alex und John 37,50 €.
Wie viel kostet der Eintritt für einen Erwachsenen bzw. ein Kind?

## 2.3 Verschieben der Normalparabel

Durch Verschieben der Normalparabel erhältst du weitere Parabeln. Du lernst hier, wie man Eigenschaften und Lage von Parabeln an ihren Termen erkennen und sie schnell zeichnen kann.

### 2.3.1 Verschieben der Normalparabel parallel zur y-Achse

**Einstieg**

Betrachtet statt der Quadratfunktion nun Funktionen mit einem Term der Form $f(x) = x^2 + e$ mit einer beliebigen Zahl e.
a) Jeder von euch wählt einen Wert für e aus, ohne diesen dem Partner zu verraten. Zeichnet den jeweils zugehörigen Graphen.
b) Zeigt euch gegenseitig eure Graphen. Könnt ihr anhand der Zeichnungen erkennen, welchen Wert für e euer Partner gewählt hat?
c) Beschreibt allgemein, wie man die Graphen aus der Normalparabel erhalten kann.
d) Jeder erstellt ein Memory, das er im Laufe dieser Lerneinheit immer weiter ergänzt. Du benötigst dafür ein Set von etwa 40 Karten (z.B. Karteikarten im Format DIN A7). Wähle nun zwei Funktionen aus. Notiere jeden Funktionsterm auf einer Karte und zeichne dazu den Graphen auf eine andere Karte.

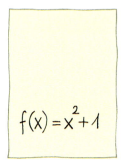
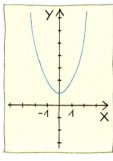

**Aufgabe 1**

**Verschieben nach oben**
Wir gehen von dem Graphen der Quadratfunktion mit der Funktionsgleichung $y = x^2$ aus. Verschiebe die Normalparabel parallel zur y-Achse um 2 Einheiten nach oben.
Die verschobene Parabel ist Graph einer neuen Funktion f. Welchen Term hat die neue Funktion? Überlege dazu, wie die neuen Funktionswerte aus den alten hervorgehen.
Wie wirkt sich die Verschiebung auf die Lage der Symmetrieachse des Graphen aus?
Welchen Scheitelpunkt hat der Graph von f?

**Lösung**

| x | $x^2$ | f(x) |
|---|---|---|
| −2 | 4 | 6 |
| −1 | 1 | 3 |
| 0 | 0 | 2 |
| 1 | 1 | 3 |
| 2 | 4 | 6 |

+2

Der Funktionswert f(x) ist an jeder Stelle x um 2 größer als $x^2$.
Das bedeutet: $f(x) = x^2 + 2$.
Durch die Verschiebung ändert sich die Lage der Symmetrieachse nicht.
Die y-Achse bleibt Symmetrieachse. Der Scheitelpunkt des Graphen von f ist der Punkt S(0|2).

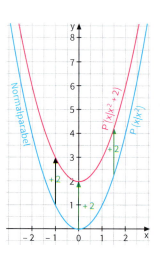

## 2.3 Verschieben der Normalparabel

**Weiterführende Aufgaben**

**Verschieben nach unten**

2. Zeichne die Normalparabel. Verschiebe diese so parallel zur y-Achse, dass der Punkt S(0|−3) Scheitelpunkt des neuen Graphen ist. Wie lautet der Term der neuen Funktion f?

> **Satz**
> Den Graphen einer Funktion f mit $f(x) = x^2 + e$ erhält man durch Verschieben der Normalparabel um $|e|$ Einheiten parallel zur y-Achse, und zwar durch
> - Verschieben nach oben, falls $e > 0$;
> - Verschieben nach unten, falls $e < 0$.
>
> Der Graph der Funktion f ist kongruent zur Normalparabel. Er hat die y-Achse als Symmetrieachse und den Scheitelpunkt $S(0|e)$.
> Der Definitionsbereich der Funktion f mit $f(x) = x^2 + e$ ist $\mathbb{R}$; ihr Wertebereich ist $W = \{y \mid y \geq e\}$.

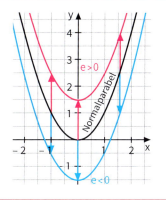

**Bestimmen von Stellen zu vorgegebenen Funktionswerten – Nullstellen**

3. a) Lies die Nullstellen der Funktionen zu
    (1) $f(x) = x^2 - 4$
    (2) $g(x) = x^2 - 6$
    (3) $h(x) = x^2 + 1$
    an Graphen ab. Kontrolliere rechnerisch.

   b) Bestimme grafisch, an welchen Stellen die Funktionen f, g und h den Wert 3 haben. Kontrolliere rechnerisch.

**Information**

**(1) Wiederholung: Nullstellen**

Die Funktion g zu $g(x) = x^2 - 6$ nimmt an den Stellen $-\sqrt{6}$ und $\sqrt{6}$ den Wert 0 an. Diese besonderen Stellen nennt man – wie bei den linearen Funktionen auch – *Nullstellen* der Funktion. Als Näherungswerte dieser Nullstellen kann man $-2{,}45$ und $2{,}45$ angeben.
Die Nullstellen der Funktion g sind die Lösungen der Gleichung $g(x) = 0$.

Ein Schnittpunkt mit der x-Achse hat zwei Koordinaten, z.B. S(1,5|0). Die zugehörige Nullstelle ist eine Zahl.

> **Definition**
> Eine Stelle x, an der eine Funktion f den Wert 0 annimmt, heißt **Nullstelle** der Funktion. Für eine Nullstelle x gilt: $f(x) = 0$.
> Die Nullstellen einer Funktion sind die 1. Koordinaten der gemeinsamen Punkte von Graph und x-Achse.

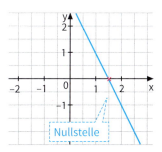
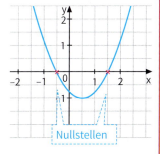

**(2) Anzahl der Nullstellen der Funktion mit $f(x) = x^2 + e$**

Ist der Graph der Funktion mit $f(x) = x^2 + e$
- nach oben verschoben ($e > 0$), so hat die Funktion f keine Nullstelle.
- nicht verschoben ($e = 0$), so hat die Funktion f eine Nullstelle.
- nach unten verschoben ($e < 0$), so hat die Funktion zwei Nullstellen.

**CAS** (3) **Bestimmen von Nullstellen mit einem CAS-Rechner**

Am Grafikbildschirm des Rechners kann man Nullstellen einer Funktion näherungsweise mithilfe des Befehls *Null* aus dem Menü *Graph analysieren* ermitteln. Dazu muss man ein Intervall angeben, in dem die zu bestimmende Nullstelle liegt:

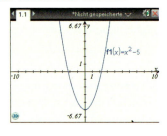 

*untere Schranke und obere Schranke* dienen zur Eingabe der Intervallgrenzen.

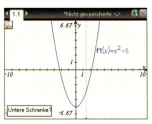 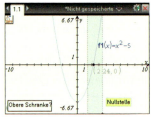 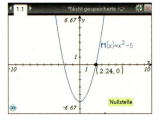

Der Befehl *Null* (englisch: *zeros*) ermittelt die Menge der Nullstellen einer Funktion.

 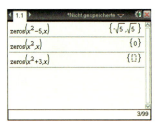

**Übungsaufgaben**

4. Skizziere mit einem Rechner den Graphen zur Funktion f mit $f(x) = x^2 + e$ für verschiedene Werte von e. Was fällt auf? Beschreibe, wie die Graphen aus der Normalparabel entstehen.

5. a) Zeichne den Graphen der Funktion. Gib die Lage des Scheitelpunktes an. Welche gemeinsamen Punkte hat der Graph mit den Koordinatenachsen?
   (1) $f(x) = x^2 - 6$ (2) $f(x) = x^2 + 3,5$ (3) $f(x) = x^2 - \frac{1}{4}$ (4) $g(s) = s^2 - 3$
   b) Woran kannst du bei der Funktion f mit $f(x) = x^2 + e$ erkennen, ob sie Nullstellen hat?

Ohne Schablone geht es auch:
Vom Scheitelpunkt
• 1 nach rechts
    [links]
  und 1 nach oben,
• 2 nach rechts
    [links]
....

6. Verschiebe die Normalparabel so parallel zur y-Achse, dass der Punkt P auf der verschobenen Parabel liegt. Notiere den Funktionsterm und den Scheitelpunkt.
   a) P(0|8)   b) P(0|−4,41)   c) P(1|2)   d) P(−1|−5)

7. Verschiebe die Normalparabel so parallel zur y-Achse, dass die Schnittpunkte der neuen Parabel mit der x-Achse 5 Einheiten Abstand voneinander haben. Gib die Funktionsgleichung an.

8. Der Graph einer parallel zur y-Achse verschobenen Normalparabel soll folgende Eigenschaft haben. Gib die Funktionsgleichung an und kontrolliere mit dem Rechner.
   a) Der Scheitelpunkt liegt bei S(0|65,8).
   b) Die Schnittpunkte mit der x-Achse sind $S_1(-7|0)$ und $S_2(7|0)$.
   c) Der kleinste y-Wert ist −5.
   d) Denke dir weitere Aufgaben aus und tausche sie mit deinem Partner.

## 2.3 Verschieben der Normalparabel

9. Bestimme grafisch die Stellen, an denen die Funktion f mit der Gleichung
   (1) $y = x^2 + 1$, (2) $y = x^2 - 3$, (3) $y = x^2 - 4$
   den Funktionswert $-3$ annimmt. Kontrolliere durch Rechnung.

10. Bestimme die Lösungsmenge der Gleichung.
    a) $x^2 - 9 = 0$
    b) $x^2 - 12{,}25 = 0$
    c) $x^2 - 10 = 0$
    d) $x^2 - 4 = 3$
    e) $x^2 + 5 = -2$
    f) $x^2 - 3 = -1$
    g) $x^2 - 1 = -5$
    h) $x^2 - 2 = -2$

### 2.3.2 Verschieben der Normalparabel parallel zur x-Achse – Gleichungen der Form $(x + d)^2 = r$

**Einstieg**
a) Jeder von euch erstellt drei Kartenpaare, indem er den Graphen der Funktion mit dem Term $f(x) = (x + d)^2$ für verschiedene Werte von d jeweils auf eine Karte zeichnet und auch die zugehörigen Funktionsterme auf Karten notiert.
b) Tauscht eure Karten gegenseitig. Findet zugehörige Kartenpaare mit Funktionsterm und Graph.
c) Mischt diese Kartenpaare mit den schon vorhandenen Karten des Einstiegs von Seite 52.

**Aufgabe 1**

**Verschieben der Normalparabel nach rechts**
Zeichne die Normalparabel und verschiebe sie parallel zur x-Achse um 3 Einheiten nach rechts. Die verschobene Parabel ist Graph einer neuen Funktion f.
a) Ermittle den Funktionsterm und zeige, dass es sich um eine quadratische Funktion handelt.
b) Welche Eigenschaften hat diese neue Funktion?

**Lösung**

a) Der Funktionswert der Quadratfunktion mit der Funktionsgleichung $y = x^2$ an einer beliebigen Stelle stimmt überein mit dem Funktionswert der neuen Funktion an einer Stelle, die um 3 Einheiten weiter rechts liegt. Das bedeutet:
Der Funktionswert der neuen Funktion f an der Stelle x stimmt überein mit dem Funktionswert der Quadratfunktion an der um drei Einheiten weiter links liegenden Stelle $x - 3$:
$f(x) = (x - 3)^2$
Mithilfe der 2. binomischen Formel kann man diesen Funktionsterm umformen zu:
$f(x) = x^2 - 6x + 9$
Somit hat f einen quadratischen Term der Form $x^2 + bx + c$.

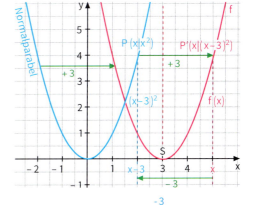

| x | −1 | 0 | 1 | 2 | 3 | 4 | 5 | 6 |
|---|---|---|---|---|---|---|---|---|
| $x^2$ | | | | 1 | 0 | 1 | 4 | 9 | 16 | 25 | 36 |
| f(x) | 16 | 9 | 4 | 1 | 0 | 1 | 4 | 9 |

b) Bei der Verschiebung um 3 Einheiten nach rechts werden auch die Symmetrieachse und der Scheitelpunkt verschoben.
Das bedeutet: Der Graph von f hat die Gerade mit der Gleichung $x = 3$ als Symmetrieachse und den Scheitelpunkt $S(3|0)$. Links vom Scheitelpunkt S (für $x < 3$) fällt der Graph, rechts vom Scheitelpunkt S (für $x > 3$) steigt er an.

**Weiterführende Aufgaben**

**Verschieben der Normalparabel nach links**

2. Zeichne die Normalparabel. Verschiebe diese so, dass der Punkt S(–4|0) Scheitelpunkt des neuen Graphen ist.
   (1) Wie lautet der Term der zugehörigen neuen Funktion f? Gib auch ihren Definitionsbereich und ihren Wertebereich an.
   (2) Notiere die Gleichung der Symmetrieachse des Graphen von f.
   (3) In welchem Bereich für x fällt der Graph, in welchem Bereich steigt er?
   (4) Notiere den Funktionsterm auch in der Form $x^2 + px + q$.

**Bestimmen der Verschiebung**

3. Gib an, um wie viele Einheiten die Normalparabel nach rechts bzw. nach links verschoben werden muss, damit die verschobene Parabel Graph der Funktion f mit dem Funktionsterm $f(x) = x^2 - 4{,}8x + 5{,}76$ ist.

$f(x) = x^2 + 7x + 12{,}25 = (x + 3{,}5)^2$

Die Normalparabel muss um 3,5 Einheiten nach links verschoben werden, um den Graphen von f zu erhalten.

**Satz**

Den Graphen der Funktion f mit $f(x) = (x + d)^2$ erhält man durch Verschieben der Normalparabel um $|d|$ Einheiten parallel zur x-Achse. Wenn $d < 0$, wird nach rechts verschoben; wenn $d > 0$, wird nach links verschoben.
Der Graph der Funktion f hat S(–d|0) als Scheitelpunkt.
Die Parallele zur y-Achse mit der Gleichung $x = -d$ ist Symmetrieachse des Graphen von f.

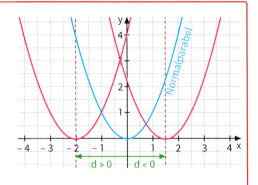

*Beachte:* Bei $f(x) = (x + 3)^2$ ist die Normalparabel *nach links* verschoben.
Bei $f(x) = (x - 3)^2$ ist die Normalparabel *nach rechts* verschoben.

$(x - 3)^2 = (x + (-3))^2$

**Lösen einer quadratischen Gleichung der Form $(x + d)^2 = r$**

4. a) Bestimme die Nullstellen der Funktion f mit der Funktionsgleichung $y = (x - 3)^2$ grafisch. Kontrolliere rechnerisch.
   b) Bestimme grafisch, an welchen Stellen die Funktion zu $y = (x + 3)^2$ den Wert 5 annimmt. Überprüfe durch Rechnung.
   c) Bestimme die Lösungsmenge der Gleichung.
   (1) $(x + 4)^2 = 5$   (2) $(x - 2)^2 = 9$   (3) $(x - 1)^2 = 0$   (4) $(x + 5)^2 = -2$

**Lösen einer Gleichung der Form $(x + d)^2 = r$**

Das Lösen einer Gleichung der Form $(x + d)^2 = r$ kann zurückgeführt werden auf das Lösen einer Gleichung der Form $x^2 = r$.
Ebenso wie diese hat die Gleichung $(x + d)^2 = r$
- zwei Lösungen, falls $r > 0$;
- eine Lösung, falls $r = 0$ und
- keine Lösung, falls $r < 0$.

$(x + 2)$ ergibt mit sich selbst multipliziert 9

*Beispiel:*
$(x + 2)^2 = 9$
$x + 2 = 3$ *oder* $x + 2 = -3$
$x = 1$ *oder* $x = -5$
$L = \{-5; 1\}$

## 2.3 Verschieben der Normalparabel

**Übungsaufgaben**

5. Verschiebe die Normalparabel und gib den Funktionsterm in der Form $x^2 + px + q$ an.
   a) um 5 Einheiten nach rechts;
   b) um 2 Einheiten nach links.

6. Zeichne den Graphen. Gib den Scheitelpunkt und die Gleichung der Symmetrieachse an.
   a) $f(x) = (x - 2)^2$
   b) $f(x) = (x + 5)^2$
   c) $f(x) = (x - 1{,}2)^2$
   d) $f(x) = (x + 2{,}5)^2$
   e) $f(x) = (x + 1)^2$
   f) $f(x) = (x - 0{,}5)^2$
   g) $f(x) = \left(x + \frac{4}{5}\right)^2$
   h) $g(z) = (z - 3)^2$

7. Marina sollte Graphen zu den angegebenen Funktionsgleichungen zeichnen. Kontrolliere ihre Hausaufgabe.
   (1) $y = x^2$
   (2) $y = (x - 2)^2$
   (3) $y = (x + 4)^2$
   (4) $y = (x + 1)^2$

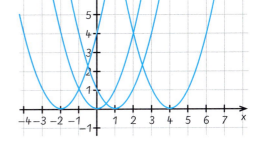

8. Der Graph einer parallel zur x-Achse verschobenen Normalparabel hat folgende Eigenschaft. Gib die Funktionsgleichung an und kontrolliere mit dem Rechner.
   (1) Der Graph ist fallend für $x < -87$ und steigend für $x > -87$.
   (2) Die Symmetrieachse besitzt die Gleichung $x = 37{,}5$.
   (3) Der Scheitelpunkt liegt bei $S(-250 \mid 0)$.
   (4) Der Graph ist nach links verschoben und schneidet die y-Achse in $P(0 \mid 100)$.

9. Für eine quadratische Funktion f mit $f(x) = (x + d)^2$ gilt $f(-2) = f(5)$.
   Bestimme den Scheitelpunkt des Graphen. Erkläre, wie du vorgegangen bist.

10. Verschiebe die Normalparabel so parallel zur x-Achse, dass sie durch den Punkt $P(1 \mid 4)$ verläuft. Wie viele Lösungen gibt es? Notiere jeweils den Term der Funktion.

11. Eine Normalparabel wird so parallel zur x-Achse verschoben, dass sie durch den Punkt P verläuft. Gib – wenn möglich – den Funktionsterm und den Scheitelpunkt an.
    a) $P(0 \mid 4)$
    b) $P(0 \mid -4)$
    c) $P(1 \mid 16)$

12. Jede Spalte der folgenden Tabelle gehört zu einer Funktion. Ergänzt die Tabelle im Heft.

| | Graph 1 | Graph 2 | Graph 3 | Graph 4 | Graph 5 |
|---|---|---|---|---|---|
| **Graph** | Scheitel bei $x=1$ | | | Scheitel bei $x=-3$ | Scheitel bei $y=3$ |
| **Term** | | $y = (x - 2)^2$ | | | |
| **Tabelle** | | | x: −2,−1,0,1,2,3 <br> y: 4,1,0,1,4,9 | x: −3,−2,−1,0,1,2,3 <br> y: 5,0,−3,−4,−3,0,5 | |

Binomische Formeln:
$(a+b)^2 = a^2 + 2ab + b^2$
$(a-b)^2 = a^2 - 2ab + b^2$

**13.** Gib an, um wie viele Einheiten man die Normalparabel nach rechts bzw. nach links verschieben muss, damit die verschobene Parabel der Graph der Funktion mit der folgenden Gleichung ist:

a) $y = x^2 - 9x + 20{,}25$
b) $y = x^2 + 11x + 30{,}25$
c) $y = x^2 - 0{,}2x + 0{,}01$
d) $y = x^2 - x + \frac{1}{4}$
e) $y = x^2 + \frac{1}{3}x + \frac{1}{36}$
f) $y = x^2 + \frac{12}{5}x + \frac{36}{25}$

**14.** Bestimme die Lösungsmenge. Mache – soweit möglich – die Probe.

a) $(x+2)^2 = 25$
b) $(x-3)^2 = 16$
c) $(x+7)^2 = 36$
d) $(x-4)^2 = 1$
e) $(x+2)^2 = 0$
f) $(x-5)^2 = 4$
g) $(x-5)^2 = -49$
h) $(x-0{,}6)^2 = 2{,}25$
i) $(x+1{,}2)^2 = 0{,}81$
j) $(z-2)^2 = \frac{16}{25}$
k) $(y+3)^2 = 2$
l) $(y-2)^2 = 12$

**15.** a) Für welche Werte von r hat die Lösungsmenge von $(x-3)^2 = r$ kein, ein, zwei Elemente?
b) Wie viele Elemente hat die Lösungsmenge von $(x+d)^2 = 3$ für die verschiedenen Werte von d?

**16.** Rechts siehst du, wie für die Funktion mit der Gleichung $y = x^2 + 6x + 9$ die Stellen bestimmt wurden, an denen sie den Wert 25 annimmt.
Erläutere das Vorgehen.

$x^2 + 6x + 9 = 25$
$(x+3)^2 = 25$
$x + 3 = \sqrt{25}$ oder $x + 3 = -\sqrt{25}$
$x + 3 = 5$ oder $x + 3 = -5$
$x = 2$ oder $x = -8$
$L = \{-8; 2\}$

**17.** a) Wendet eine binomische Formel an.
(1) $(x+4)^2$
(2) $(x-7)^2$
(3) $\left(x + \frac{5}{2}\right)^2$
(4) $\left(z - \frac{7}{4}\right)^2$

b) Schreibt mithilfe der 1. oder der 2. binomischen Formel als Quadrat.
(1) $x^2 + 12x + 36$
(2) $x^2 - 5x + 6{,}25$
(3) $y^2 - 7y + 12{,}25$
(4) $z^2 - \frac{4}{5}z + \frac{4}{25}$

c) Setzt im Heft für ■ eine passende Zahl ein, sodass ihr den entstandenen Term als Quadrat schreiben könnt.
(1) $x^2 + 6x + ■$
(2) $x^2 - 8x + ■$
(3) $y^2 + 3y + ■$
(4) $z^2 - \frac{2}{3}z + ■$

d) Stellt euch gegenseitig weitere Aufgaben wie in den Teilaufgaben a) bis c).

**18.** Bestimme die Lösungsmenge. Mache die Probe.

a) $x^2 - 6x + 9 = 36$
b) $x^2 + 8x + 16 = 49$
c) $x^2 - 8x + 16 = 0$
d) $x^2 - 1{,}8x + 0{,}81 = 0{,}25$
e) $x^2 + 5x + \frac{25}{4} = \frac{81}{4}$
f) $x^2 - x + 0{,}25 = 1{,}44$
g) $z^2 + 16z + 64 = 7$
h) $y^2 - 3y + 2{,}25 = 5$
i) $y^2 - 5y + 6{,}25 = 8$

**19.** a) Um die geforderte Mindestgröße von 625 m² zu erreichen, muss die Seitenlänge eines quadratischen Spielplatzes um 6 m verlängert werden.
Welche Seitenlänge hatte er vorher?
b) Erfinde eine ähnliche Sachaufgabe zu der Gleichung $x^2 - 8x + 16 = 225$ und löse sie.

### 2.3.3 Verschieben der Normalparabel in beliebiger Richtung – Scheitelpunktform – Quadratische Gleichungen der Form $x^2 + px + q = 0$

**Einstieg**

a) Bestimmt den Funktionsterm der gesuchten Funktion.
b) Jeder Partner zeichnet einen Funktionsgraphen, der durch Verschiebung aus der Normalparabel entstehen kann, auf eine Karte. Tauscht die Karten und erstellt die Karten mit den Funktionstermen.
c) Mischt diese Kartenpaare mit den schon vorhandenen Karten (Seite 52 und Seite 55).

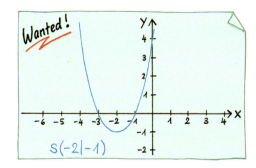

**Aufgabe 1**

**Funktionsterm einer verschobenen Normalparabel**

Verschiebe die Normalparabel um 3 Einheiten nach links und dann um 2 Einheiten nach oben. Wie lautet der Term der neuen Funktion f? Gib den Term auch in der Form $x^2 + px + q$ an. Gib den Scheitelpunkt des neuen Graphen an und notiere die Gleichung der Symmetrieachse.

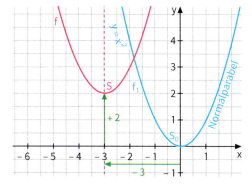

**Lösung**

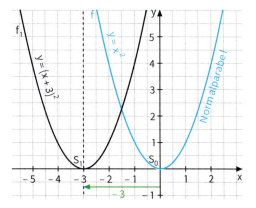
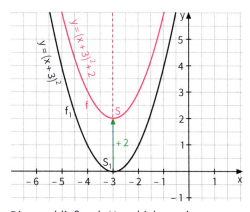

Durch die Verschiebung der Normalparabel um 3 Einheiten nach links erhält man zunächst einen Graphen, der zu der Funktion $f_1$ mit $f_1(x) = (x + 3)^2$ gehört.

Die anschließende Verschiebung des Graphen von $f_1$ um 2 Einheiten nach oben führt zu dem Graphen von f mit $f(x) = (x + 3)^2 + 2$.

Aus diesem Funktionsterm für f lassen sich die Koordinaten des Scheitelpunktes gut ablesen: $S(-3|2)$. Die Symmetrieachse hat somit die Gleichung $x = -3$.
Den Funktionsterm der Funktion f kann man mithilfe der 1. binomischen Formel umformen:
$f(x) = (x + 3)^2 + 2 = x^2 + 6x + 11$.

Aufgabe 2

**Erzeugen der Scheitelpunktform einer beliebig verschobenen Normalparabel**
Eine Funktion f hat den Term $f(x) = x^2 - 4x + 3$. Kann man die Normalparabel so verschieben, dass die verschobene Parabel Graph der Funktion f ist?

Lösung

Wir formen den Funktionsterm so um, dass man wie im Beispiel von Aufgabe 1 eine binomische Formel anwenden kann.

$f(x) = x^2 - 4x + 3$
$\phantom{f(x)} = x^2 - 4x + 2^2 - 2^2 + 3$
$\phantom{f(x)} = (x - 2)^2 - 1$

Die *quadratische Ergänzung* $2^2$ ermöglicht die Anwendung einer binomischen Formel.
Aus dieser Form des Funktionsterms kann man die Art der Verschiebungen und daraus die Koordinaten des Scheitelpunktes ablesen:
Die Normalparabel wird um 2 Einheiten nach rechts und dann um 1 Einheit nach unten verschoben. $S(2|-1)$ ist der neue Scheitelpunkt.

> Geschicktes Addieren von Null:
> $2^2 - 2^2 = 0$

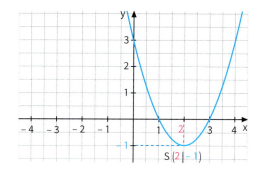

Information

**Erzeugen der Scheitelpunktform einer beliebig verschobenen Normalparabel**
Ein beliebiger Term der Form $f(x) = x^2 + px + q$ lässt sich wie in Aufgabe 2 umformen:

$f(x) = x^2 + px + q$
$\phantom{f(x)} = x^2 + px + \left(\frac{p}{2}\right)^2 - \left(\frac{p}{2}\right)^2 + q$
$\phantom{f(x)} = \left(x + \frac{p}{2}\right)^2 - \left(\frac{p}{2}\right)^2 + q$

Der Term hat dann die Form $f(x) = (x + d)^2 + e$, wobei $d = \frac{p}{2}$ und $e = -\left(\frac{p}{2}\right)^2 + q = q - \left(\frac{p}{2}\right)^2$ ist.
$S(-d|e)$ ist der Scheitelpunkt des Graphen von f.
Man nennt $(x + d)^2 + e$ die *Scheitelpunktform* des Funktionsterms. Aus dieser Form des Funktionsterms kann man sofort alle Eigenschaften des Graphen der Funktion ablesen:

---

**Satz**
Der Funktionsterm $f(x) = x^2 + px + q$ kann umgeformt werden in die **Scheitelpunktform**
$f(x) = (x + d)^2 + e$,
wobei $d = \frac{p}{2}$ und $e = q - \left(\frac{p}{2}\right)^2$ ist.
(1) Man erhält den Graphen von f durch Verschieben der Normalparabel um $|d|$ Einheiten parallel zur x-Achse und um $|e|$ Einheiten parallel zur y-Achse. Für $d < 0$ wird nach rechts, für $d > 0$ wird nach links verschoben. Für $e > 0$ wird nach oben, für $e < 0$ wird nach unten verschoben.
(2) Der Scheitelpunkt hat die Koordinaten $S(-d|e)$. Die Symmetrieachse hat die Gleichung $x = -d$.
(3) Der Graph von f fällt für $x < -d$ und steigt für $x > -d$.

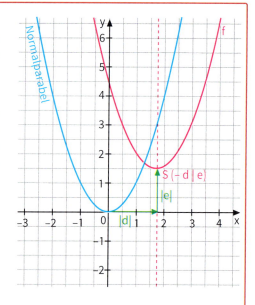

## 2.3 Verschieben der Normalparabel

**Weiterführende Aufgaben**

**Vom Scheitelpunkt zum Funktionsterm $x^2 + px + q$**

3. Die Normalparabel wurde so verschoben, dass  a) $S(3,2 | -1,4)$,  b) $S(u|v)$ der neue Scheitelpunkt ist. Bestimme den Term der neuen Funktion in der Form $x^2 + px + q$.

**Lösen einer Gleichung mithilfe quadratischer Ergänzung**

4. Die Scheitelpunktform des Funktionstermes gestattet eine einfache Berechnung von Stellen zu vorgegebenen Funktionswerten.
    a) Erläutere folgende Beispiele.

    (1) Wo nimmt die Funktion f mit $f(x) = x^2 + 6x$ den Wert $-5$ an?

    $$\begin{aligned} f(x) &= -5 \\ x^2 + 6x &= -5 \quad |+3^2 \\ x^2 + 6x + 3^2 &= -5 + 3^2 \\ x^2 + 6x + 9 &= 4 \\ (x+3)^2 &= 4 \\ x + 3 = 2 \quad &oder \quad x + 3 = -2 \\ x = -1 \quad &oder \quad x = -5 \\ L &= \{-5; -1\} \end{aligned}$$

    (2) Wo nimmt die Funktion mit $g(x) = x^2 - 6x - 1$ den Wert 0 an?

    $$\begin{aligned} x^2 - 6x - 1 &= 0 \quad |+1 \\ x^2 - 6x &= 1 \quad |+3^2 \\ x^2 - 6x + 9 &= 10 \\ (x-3)^2 &= 10 \\ x - 3 = \sqrt{10} \quad &oder \quad x - 3 = -\sqrt{10} \\ x = 3 + \sqrt{10} \quad &oder \quad x = 3 - \sqrt{10} \\ L &= \{3 - \sqrt{10}; 3 + \sqrt{10}\} \end{aligned}$$

    b) Bestimme die Nullstellen der Funktionen h und k mit $h(x) = x^2 - 8x + 16$ und $k(x) = x^2 + 5x + 7$.

$x^2 - 4x$
$= x^2 + (-4)x$

> **Lösen einer quadratischen Gleichung der Form $x^2 + px + q = 0$**
>
> Jede Gleichung der Form $x^2 + px + q = 0$ kann man auf eine Gleichung der Form $(x + d)^2 = r$ zurückführen.
> Die Zahl, die man zum Term $x^2 + px$ addiert, damit man den neuen Term mit einer binomischen Formel als Quadrat schreiben kann, heißt **quadratische Ergänzung**.
>
> *Beispiele:*
> Die quadratische Ergänzung zu $x^2 + 3x$ lautet $\left(\frac{3}{2}\right)^2$: $x^2 + 3x + \left(\frac{3}{2}\right)^2 = \left(x + \frac{3}{2}\right)^2$
> Die quadratische Ergänzung zu $x^2 - 5x$ lautet $\left(\frac{5}{2}\right)^2$: $x^2 - 5x + \left(\frac{5}{2}\right)^2 = \left(x - \frac{5}{2}\right)^2$
> Die quadratische Ergänzung zu $x^2 + px$ lautet $\left(\frac{p}{2}\right)^2$: $x^2 + px + \left(\frac{p}{2}\right)^2 = \left(x + \frac{p}{2}\right)^2$

**Übungsaufgaben**

5. Verschiebe die Normalparabel. Notiere den Funktionsterm auch in der Form $x^2 + px + q$.
    a) Verschiebung um 4 Einheiten nach rechts und um 3 Einheiten nach oben
    b) Verschiebung um 4 Einheiten nach links und um 3 Einheiten nach unten
    c) Verschiebung um 2,5 Einheiten nach rechts und um 1 Einheit nach unten
    d) Verschiebung um 1,5 Einheiten nach links und um 2 Einheiten nach oben

Ohne Schablone geht es auch:
Vom Scheitelpunkt
• 1 nach rechts [links]
und 1 nach oben,
• 2 nach rechts [links]
....

6. Zeichne den Graphen der Funktion mit der angegebenen Gleichung. Gib auch den Scheitelpunkt der Parabel sowie die Gleichung der Symmetrieachse an.
    a) $y = (x-3)^2 + 4$
    b) $y = (x+2)^2 - 1$
    c) $y = (x+2,5)^2 - 4$
    d) $y = (x+1)^2 + 1$
    e) $y = \left(x - \frac{1}{2}\right)^2 - 3$
    f) $y = (x-3,5)^2 + \frac{5}{2}$
    g) $y = \left(x - \frac{3}{5}\right)^2 - 2,4$
    h) $s = \left(t + \frac{11}{2}\right)^2 + \frac{1}{2}$

7. Untersuche, wie die Lage des Scheitelpunktes S einer Parabel mit $y = (x + d)^2 + e$ von den Werten für d und e abhängt. Wähle verschiedene Beispiele und zeichne die Graphen. Fasse anschließend deine Ergebnisse in einer Tabelle zusammen.

| Lage von S | e > 0 | e = 0 | e < 0 |
|---|---|---|---|
| d < 0 | 1. Quadrant | | |
| d = 0 | | | |
| d > 0 | | | |

8. a) Stelle fest, welche der folgenden Punkte auf der um 2 Einheiten nach rechts und um 1,4 Einheiten nach unten verschobenen Parabel liegen:
   $P_1(1 | 19{,}6)$;   $P_2(4 | 2{,}6)$;   $P_3(-2 | 4{,}6)$;   $P_4(-3 | 23{,}6)$;   $P_5(-1 | 7{,}6)$.
   b) An welchen Stellen nimmt die Funktion  (1) den Wert 7,6;  (2) den Wert 2,6 an?

9. Zeichne die verschobene Normalparabel mit der angegebenen Eigenschaft. Notiere den Term der zugehörigen Funktion.
   a) $S(-2 | -1)$ ist der Scheitelpunkt.
   b) An den Stellen –2 und 4 wird die x-Achse von der Parabel geschnitten.
   c) Die Parabel geht durch den Ursprung und hat die Gerade x = 2 als Symmetrieachse.
   d) Der Scheitelpunkt hat –3 als y-Koordinate. Der Ursprung ist Punkt der Parabel.
   e) Die Parabel geht durch die Punkte $P_1(-1 | 7)$ und $P_2(3 | 7)$.

10. Denkt euch weitere Parabelrätsel wie in Übungsaufgabe 9 aus. Lasst jeweils den anderen zeichnen und den Term aufstellen. Kontrolliert euch gegenseitig.

11. a) Zeichne mit dem Rechner den Graphen der Funktion f mit $f(x) = x^2 + 6x + 7$. Überlege, ob man ihn durch Verschieben aus der Normalparabel erhalten kann. Begründe deine Behauptung durch Umformen des Funktionsterms.

    b) Untersucht eigene Beispiele für Funktionen mit einem Term der Form $x^2 + px + q$.

12. Kontrolliere die Hausaufgaben zur Bestimmung des Scheitelpunkts.

   Abdul:
   $f(x) = x^2 - 3x - 2$
   $= (x - 1{,}5)^2 - 2{,}25 - 2$
   $= (x - 1{,}5)^2 - 4{,}25$
   $S(-1{,}5 | -4{,}25)$

   Bo:
   $g(x) = x^2 + 4x - 2$
   $= (x + 2)^2 - 2$
   $S(-2 | -2)$

13. Gib an, wie man den Graphen der Funktion schrittweise aus der Normalparabel erhalten kann. Notiere die Koordinaten des Scheitelpunktes. In welchem Bereich für x fällt der Graph, in welchem Bereich steigt er?
   a) $f(x) = x^2 - 4x - 5$   c) $f(x) = x^2 - 5x + 5$   e) $f(x) = x^2 - 2x$       g) $f(x) = x^2 - x - \frac{1}{2}$
   b) $f(x) = x^2 + 6x + 5$   d) $f(x) = x^2 + 8x + 7$   f) $f(x) = x^2 + 3x + 4$   h) $f(x) = x^2 - \frac{4}{3}x - \frac{5}{9}$

14. Gib den Funktionsterm in der Form $f(x) = x^2 + px + q$ an.

a)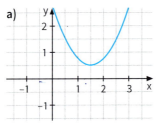
b)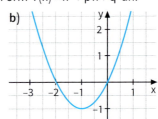
c)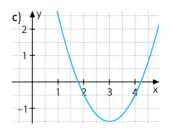

## 2.3 Verschieben der Normalparabel

**15.** Gib einen Funktionsterm in der Form $f(x) = x^2 + px + q$ an. Kontrolliere mit dem Rechner.
  a) Der Scheitelpunkt der Parabel ist S(−100|34).
  b) Die Gleichung der Symmetrieachse ist $x = -34$. Der kleinste Funktionswert ist 15.
  c) Der Graph fällt für $x < 20$ und steigt für $x > 20$. Er schneidet die x-Achse zweimal.

**16.** Zeichne mit einem Rechner die Graphen zu:
  $f_1(x) = (x-3)^2 - 25$   $f_3(x) = (x-3)^2 - 5$   $f_5(x) = x^2 - 6x - 16$
  $f_2(x) = x^2 - 6x - 15$   $f_4(x) = x^2 - 6x$   $f_6(x) = (x-8)(x+2)$
  Was stellst du fest? Begründe auch durch Umformen des Funktionsterms.

**17.** Zeichne mit einem Rechner eine Parabel. Lass deinen Nachbarn die Funktionsgleichung herausfinden. Zähle, wie viele Versuche er benötigt. Tauscht anschließend die Rollen.

**18.** Ergänze auf beiden Seiten der Gleichung dieselbe Zahl so, dass du die linke Seite als Quadrat schreiben kannst. Bestimme dann die Lösungsmenge. Mache die Probe.
  a) $x^2 + 4x + \square = 21 + \square$   c) $x^2 - 11x + \square = -10 + \square$   e) $y^2 - 5y + \square = 42{,}75 + \square$
  b) $x^2 - 8x + \square = 33 + \square$   d) $x^2 + 3x + \square = -2{,}25 + \square$   f) $z^2 + 7z + \square = 3{,}75 + \square$

**19.** Bestimme die Lösungsmenge.
  a) $z^2 - 8z = 0$   d) $x^2 + 8x - 9 = 0$   g) $x^2 + 5x + 4 = 0$   j) $y^2 + 6y - 16 = 0$
  b) $x^2 + 8x = 0$   e) $x^2 - 4x + 3 = 0$   h) $x^2 + 4x + 5 = 0$   k) $x^2 - 4x + 5 = 0$
  c) $y^2 + 6y - 7 = 0$   f) $z^2 - 4z - 5 = 0$   i) $x^2 - 8x - 20 = 0$   l) $x^2 + 4x - 5 = 0$

**20.** Kontrolliere Julias Hausaufgaben.

> a) $x^2 - 3x = 16$ | +9
> $x^2 - 3x + 9 = 25$
> $(x-3)^2 = 5$
> $x - 3 = 5$ oder $x - 3 = -5$
> $x = 8$ oder $x = -2$
> $L = \{8; -2\}$
>
> b) $4z^2 - 12z + 8 = 0$ | +1
> $4z^2 - 12z + 9 = 1$
> $(2z-3)^2 = 1$
> $2z - 3 = 1$ oder $2z - 3 = -1$
> $2z = 4$ oder $2z = 2$
> $z = 2$ oder $z = 1$
> $L = \{1; -2\}$
>
> c) $4x^2 - 8x = 0$ | +8x
> $4x^2 = 8x$
> $x = 2$
> $L = \{2\}$

**21.** Bestimme die Lösungsmenge. Mache die Probe.
  a) $x^2 + 20x + 36 = 0$   e) $x^2 - 7x + 6 = 0$   i) $x^2 + 21x + 20 = 0$
  b) $x^2 + 20x + 100 = 0$   f) $x^2 - 11x + 31 = 0$   j) $x^2 - 3x + 0{,}25 = 0$
  c) $x^2 + 20x + 125 = 0$   g) $x^2 - 11x - 5{,}75 = 0$   k) $x^2 + 8x = 20$
  d) $x^2 + 20x - 125 = 0$   h) $x^2 + 12x + 33 = 0$   l) $x^2 + 8x + 16 = 0$

**22.** Das rechts abgebildete Grundstück ist 567 m² groß. Berechnet seine Maße. Findet mehrere Möglichkeiten, eine passende quadratische Gleichung aufzustellen. Welche davon ist am günstigsten?

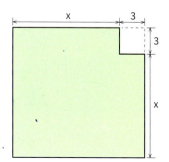

## 2.4 Strecken und Spiegeln der Normalparabel

**Einstieg**

a) Jeweils zwei Schüler bilden ein Team. Jedes Team bearbeitet einen Auftrag. Anschließend vergleicht ihr eure Ergebnisse mit denen der anderen Teams. Notiert dann gemeinsam eure Beobachtungen.

**Team 1**
Zeichnet die Graphen der Funktionen in ein Koordinatensystem:
$y = x^2$
$y = 2x^2$
$y = 3x^2$

**Team 2**
Zeichnet die Graphen der Funktionen in ein Koordinatensystem:
$y = x^2$
$y = -2x^2$
$y = -3x^2$

**Team 3**
Zeichnet die Graphen der Funktionen in ein Koordinatensystem:
$y = x^2$
$y = 0,5x^2$
$y = 0,25x^2$

**Team 4**
Zeichnet die Graphen der Funktionen in ein Koordinatensystem:
$y = x^2$
$y = -0,5x^2$
$y = -0,25x^2$

b) Stellt eine Vermutung auf, welche Bedeutung der Faktor a für den Graphen der Funktion mit der Gleichung $y = ax^2$ hat.

c) Denkt euch drei Beispiele wie oben aus und ergänzt eure schon vorliegenden Memory-Karten (siehe Seiten 52, 55 und 59) um diese drei Paare.

**Aufgabe 1**

**Positiver Streckfaktor**

a) Die Größe der Bildfläche (in m²) auf der Leinwand wird nach folgender Faustregel berechnet:
Quadriere den Abstand (in m) des Projektors von der Leinwand, dividiere das Ergebnis durch 5.
Berechne mithilfe dieser Faustregel die Größe der Bildfläche für die Abstände 1 m; 1,5 m; 2 m; ...; 5,5 m; 6 m.
Notiere den Funktionsterm für die Zuordnung f:
*Abstand (in m) → Größe der Bildfläche (in m²).*
Zeichne den Graphen und vergleiche mit der Normalparabel für $x \geq 0$.

b) Gehe aus von dem Graphen der Quadratfunktion mit der Funktionsgleichung $y = x^2$.
Bei jedem Punkt P der Normalparabel soll die y-Koordinate mit dem Faktor 2 multipliziert werden. Die x-Koordinate wird beibehalten. Aus den jeweiligen Bildpunkten P′ erhalten wir so einen neuen Graphen.
Zu welcher Funktion f gehört der neue Graph?
Vergleiche beide Graphen.

**Lösung**

a) *Wertetabelle:*

| Abstand (in m) | Bildgröße (in m²) |
|---|---|
| 1 | 0,2 |
| 1,5 | 0,45 |
| 2 | 0,8 |
| 2,5 | 1,25 |
| 3 | 1,8 |

| Abstand (in m) | Bildgröße (in m²) |
|---|---|
| 3,5 | 2,45 |
| 4 | 3,2 |
| 4,5 | 4,05 |
| 5 | 5 |
| x | $\frac{1}{5}x^2$ |

*Graph:*

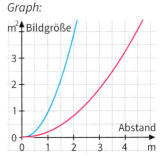

*Funktionsterm:* $f(x) = \frac{1}{5}x^2$

Der Graph ist flacher als die Normalparabel. Er entsteht daraus durch *Stauchen* parallel zur y-Achse. Dabei wird die x-Achse festgehalten.

## 2.4 Strecken und Spiegeln der Normalparabel

b)

| x | x² | f(x) |
|---|---|---|
| −2 | 4 | 8 |
| −1 | 1 | 2 |
| 0 | 0 | 0 |
| 1 | 1 | 2 |
| 2 | 4 | 8 |

Man erhält jeweils den neuen Funktionswert f(x), indem man den alten Funktionswert $x^2$ mit 2 multipliziert:
$f(x) = 2 \cdot x^2$

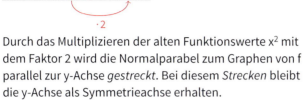
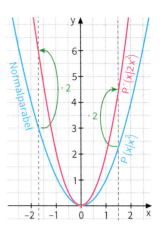

Durch das Multiplizieren der alten Funktionswerte $x^2$ mit dem Faktor 2 wird die Normalparabel zum Graphen von f parallel zur y-Achse *gestreckt*. Bei diesem *Strecken* bleibt die y-Achse als Symmetrieachse erhalten.

**Aufgabe 2**  **Negativer Streckfaktor**
a) Zeichne den Graphen der Funktion f mit $f(x) = -x^2$.
   Durch welche Abbildung erhält man den Graphen von f aus der Normalparabel?
b) Zeichne den Graphen der Funktion f mit $f(x) = -0{,}4 \cdot x^2$.
   Durch welche Abbildung erhält man den Graphen von f aus der Normalparabel?

**Lösung**

a) Der Term $-x^2$ geht aus dem Term $x^2$ durch Multiplizieren mit dem Faktor (−1) hervor:
$f(x) = (-1) \cdot x^2$

| x | x² | f(x) |
|---|---|---|
| −2 | 4 | −4 |
| −1 | 1 | −1 |
| 0 | 0 | 0 |
| 1 | 1 | −1 |
| 2 | 4 | −4 |

Das Multiplizieren mit (−1) ändert nur das Vorzeichen der 2. Koordinate eines Punktes.
Das bedeutet:
Die Normalparabel wird an der x-Achse gespiegelt.

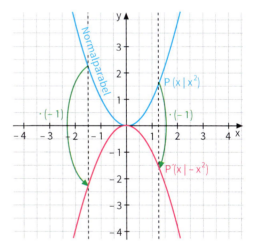

b) Der Term $-0{,}4 \cdot x^2$ geht aus dem Term $x^2$ durch Multiplizieren mit dem Faktor (−0,4) hervor:
$f(x) = (-0{,}4) \cdot x^2$

| x | x² | f(x) |
|---|---|---|
| −2 | 4 | −1,6 |
| −1 | 1 | −0,4 |
| 0 | 0 | 0 |
| 1 | 1 | −0,4 |
| 2 | 4 | −1,6 |

Das bedeutet:
Die Normalparabel wird mit dem Faktor 0,4 parallel zur y-Achse gestreckt und an der x-Achse gespiegelt.

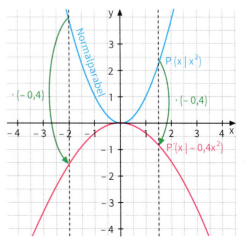

## Information

### Strecken der Normalparabel

Durch das Multiplizieren des Funktionsterms $x^2$ mit einem Faktor a (z.B. a = 3,6) wird die Parabel in Richtung der y-Koordinatenachse „gestreckt". Im Bild rechts wird ein Gummituch, auf dem eine Normalparabel gezeichnet ist, nach oben „gestreckt".

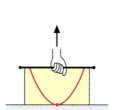
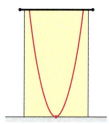

### Definition

Das **Strecken parallel** zur **y-Achse** mit dem Faktor a (a ≠ 0) ist eine Abbildung mit folgenden Eigenschaften:
Die y-Koordinate eines jeden Punktes des Graphen wird mit dem Faktor a multipliziert. Die x-Koordinate wird jeweils beibehalten. Man nennt a den **Streckfaktor** der Abbildung.

*Anmerkung:* Der Streckfaktor a kann positiv oder negativ sein. Das Strecken mit einem negativen Faktor kann man als Nacheinanderausführen des Streckens mit dem Betrag (positiven Faktor) und des Spiegelns an der x-Achse auffassen.

Streckfaktoren a mit |a| < 1 liefern Graphen, die gestaucht aussehen.

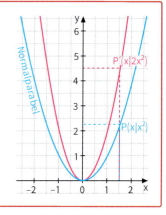

## Weiterführende Aufgaben

### Eigenschaften der gestreckten Normalparabel – Steilheit

3. Zeichne in das gleiche Koordinatensystem die Graphen der Funktionen mit
   $f_1(x) = 1,5x^2$;     $f_2(x) = -1,5x^2$;     $f_3(x) = 0,3x^2$;     $f_4(x) = -0,3x^2$.
   Beschreibe die Eigenschaften der Graphen. Welche Graphen sind steiler, welche flacher als die Normalparabel bzw. die gespiegelte Normalparabel?

---

Der Graph $y = ax^2$ (a ≠ 0) entsteht durch Strecken der Normalparabel parallel zur y-Achse.
Für a > 0 gilt:
(1) Der Graph ist nach oben geöffnet, er fällt im 2. Quadranten und steigt im 1. Quadranten.
(2) Der Ursprung O(0|0) ist als Scheitelpunkt der tiefste Punkt des Graphen.
(3) Bei a > 1 ist der Graph steiler, bei a < 1 flacher als die Normalparabel.

Für a < 0 gilt:
(1) Der Graph ist nach unten geöffnet, er steigt im 3. Quadranten und fällt im 4. Quadranten.
(2) Der Ursprung O(0|0) ist als Scheitelpunkt der höchste Punkt des Graphen.
(3) Für a = −1 ergibt sich die an der x-Achse gespiegelte Normalparabel.
(4) Bei a < −1 ist der Graph steiler, bei a > −1 flacher als die gespiegelte Normalparabel.

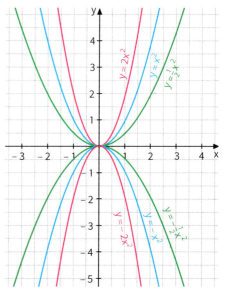

## 2.4 Strecken und Spiegeln der Normalparabel

**Lösen einer Gleichung der Form** $ax^2 = b$

4. Im Internet werden quadratische Steinfliesen zum Verkauf angeboten.
Welche Abmessungen haben die Fliesen?

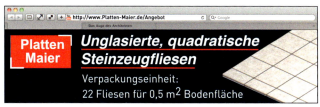

**Übungsaufgaben**

5. Lege eine Wertetabelle an und zeichne den Graphen der Funktion.
Gib Eigenschaften des Graphen an.
   a) $f(x) = \frac{1}{2}x^2$
   b) $f(x) = 1{,}2x^2$
   c) $f(x) = 0{,}8x^2$
   d) $f(x) = \frac{3}{2}x^2$
   e) $f(x) = 0{,}3x^2$

6. Für das Zeichnen einer gestreckten Normalparabel hast du keine Schablone.
Dennoch kannst du den Graphen mithilfe weniger Punkte gut zeichnen.

   **Zeichnen einer gestreckten Normalparabel**
   *Beispiel:* $y = \frac{1}{4}x^2$
   - Gehe vom Scheitelpunkt aus 1 nach rechts [links] und $\frac{1}{4} \cdot 1$ nach oben.
   - Gehe vom Scheitelpunkt aus 2 nach rechts [links] und $\frac{1}{4} \cdot 4$ nach oben.
   - Gehe vom Scheitelpunkt aus 3 nach rechts [links] und $\frac{1}{4} \cdot 9$ nach oben.

   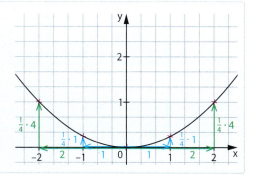

   a) Erläutere das obige Vorgehen und führe es durch.
   b) Zeichne ebenso die mit dem Faktor
      (1) 2;   (2) $-\frac{1}{2}$;   (3) $-3$
      gestreckte Normalparabel.

7. Wie entsteht der Graph der Funktion aus der Normalparabel?
Notiere seine Eigenschaften.
   a) $f(x) = -2{,}5x^2$
   b) $f(x) = 0{,}8x^2$
   c) $f(x) = -0{,}7x^2$
   d) $h(x) = 1{,}8x^2$

8. Die Funktion f hat den Term:
   a) $f(x) = 8x^2$
   b) $f(x) = -\frac{1}{2}x^2$
   c) $f(x) = -4{,}5x^2$
   d) $f(x) = 0{,}72x^2$
   (1) Welche der Punkte $P_1(0|0)$, $P_2(2|-18)$, $P_3(0{,}25|0{,}5)$, $P_4(0{,}3|8)$, $P_5(4|-8)$ gehören zum Graphen von f?
   (2) Bestimme die Stellen, an denen die Funktion den Wert 2 [−2; 4,5; −4,5; 0] annimmt.

9. Die Funktion f hat die Gleichung $y = ax^2$. Bestimme den Wert des Faktors a so, dass der Graph von f durch den Punkt P geht.
   a) $P(-1{,}2|-1{,}44)$
   b) $P(-0{,}8|3{,}2)$
   c) $P(6|-2{,}4)$
   d) $P(-4|-4)$

**10.** Finde zur Wertetabelle den Funktionsterm.

a)
| x | x² |
|---|---|
| −2 | 6 |
| −1 | 1,5 |
| 0 | 0 |
| 1 | 1,5 |
| 2 | 6 |

b)
| x | x² |
|---|---|
| −2 | −2 |
| −1 | −0,5 |
| 0 | 0 |
| 1 | −0,5 |
| 2 | −2 |

c)
| x | x² |
|---|---|
| −2 | 3 |
| 0 | 0 |
| 2 | 3 |
| 4 | 12 |

d)
| x | x² |
|---|---|
| −2 | −4 |
| −1 | −1 |
| 0 | 0 |
| 1 | −1 |
| 2 | −4 |

**11.** Notiere die Funktionsgleichung. Erkläre an zwei Teilaufgaben, wie du dabei vorgehst.

a)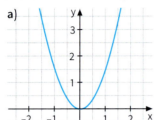

c)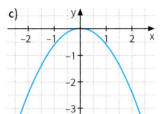

e)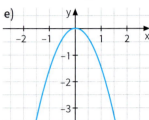

b)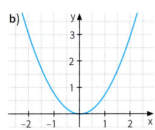

d)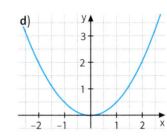

f)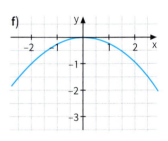

**12.** Finde den passenden Term zum Graph und begründe deine Zuordnung.

$f(x) = -0{,}3 x^2$
$g(x) = 2 x^2$
$h(x) = x^2$
$i(x) = \frac{1}{2} x^2$
$j(x) = -0{,}9 x^2$
$k(x) = -3{,}5 x^2$
$l(x) = \frac{2}{3} x^2$
$m(x) = 0{,}5 x^2$

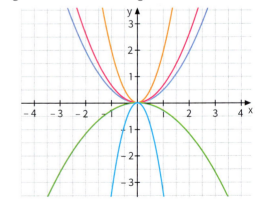

**Das kann ich noch!**

**A)** Berechne x (Maße in cm).

1) g∥h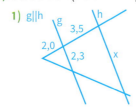

2) g∥h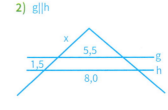

3) g∥h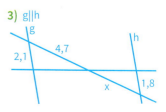

## 2.4 Strecken und Spiegeln der Normalparabel

Körper erreichen beim freien Fall hohe Geschwindigkeiten.

**13.** Beim senkrechten Fall einer Kugel von einem hohen Gebäude gilt für die Funktion
*Fallzeit t (in s) → Fallweg s (in m)* angenähert $s = 5\,t^2$.
a) Welchen Fallweg legt die Kugel in 0,5 s; 1 s; 1,5 s; 2 s; 2,5 s; 3 s zurück?
b) Das Bild zeigt hohe Bauwerke.
Berechne die Fallzeit bei den angegebenen Höhen.

**14.** Die Müngstener Brücke über die Wupper ist eine der beeindruckendsten Eisenbahnbrücken. Zum 100-jährigen Jubiläum erschien sogar eine Briefmarke. Der untere Brückenbogen hat eine Spannweite von w = 160 m und eine Höhe von h = 69 m.
Modelliere den unteren Brückenbogen mit einer Parabel; skizziere diese mit einem selbst gewählten Koordinatensystem in dein Heft. Erstelle eine Gleichung für die Parabel.

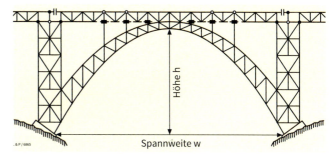

**15.** Die Schwingungsdauer eines Pendels ist die Zeitspanne, die das Pendel benötigt, um einmal hin und her zu schwingen. Die Länge ℓ des Pendels (in Metern) kann man näherungsweise aus der Schwingungsdauer T (in Sekunden) nach folgender Formel berechnen:
$\ell = \frac{1}{4} \cdot T^2$.
a) Wie lang muss man ein Pendel machen, damit seine Schwingungsdauer 1 s, 2 s, …, 5 s beträgt? Zeichne einen Graphen für die Funktion
*Schwingungsdauer T (in s) → Pendellänge ℓ (in m)*.
b) Welche Schwingungsdauer T hat ein Pendel der Länge
(1) 0,25 m;   (2) 0,75 m;   (3) 2,5 m;   (4) 6 m?
Lies am Graphen ab. Rechne auch.

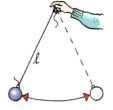

16. Gegeben sind Eigenschaften des Graphen einer Funktion mit einer Gleichung der Form
    y = ax². Gib eine Funktionsgleichung an. Dein Partner kontrolliert mit dem Rechner oder einem Programm.
    Tauscht die Rollen nach jeder Teilaufgabe.
    a) Die Parabel ist nach oben geöffnet und steiler als die Normalparabel.
    b) Die gestauchte Parabel ist steigend für x < 0 und fallend für x > 0.
    c) Der Punkt P (4 | 3,2) liegt auf dem Graphen.
    d) Der größte Funktionswert ist y = 0. Die Parabel ist steiler als die Normalparabel.

17. Zeichne die Graphen der Funktionen mit den Termen $f(x) = x^2$, $g(x) = (-x)^2$ und $h(x) = -x^2$.
    Vergleiche.

18. Die Normalparabel wird in Richtung der x-Achse mit dem Faktor 2 gestreckt, indem man bei jedem Punkt die x-Koordinate mit 2 multipliziert und die y-Koordinate beibehält.
    Zeichne den Graphen. Lies aus der Zeichnung ab, wie man den neuen Graphen aus der Normalparabel durch Strecken in Richtung der y-Achse gewinnen kann.
    Welchen Term hat die Funktion, die zu dem neuen Graphen gehört?

19. Bestimme die Lösungsmenge.
    a) $\frac{1}{2}x^2 = \frac{25}{8}$
    b) $0{,}3z^2 = 0{,}012$
    c) $\frac{1}{4}x^2 = 25$
    d) $\frac{1}{4}y^2 = 0$
    e) $4x^2 - 9 = 0$
    f) $4x^2 + 1 = 0$
    g) $\frac{1}{4}x^2 - \frac{1}{6}x^2 + \frac{2}{8}x^2 = 30$
    h) $(x+4)^2 + (x-4)^2 = 34$
    i) $(z+5) \cdot (z-8) = -3(z+8)$

20. ## Fallschirmspringen
    ist eine Freizeit- und Wettkampfsportart, die zum Flugsport gerechnet wird.
    Die Entwicklung neuer Trainingsmethoden und besserer Ausrüstung hat zur Sicherheit und Freude an diesem Sport beigetragen. Heute springen Fallschirmspringer in der Regel aus einer Höhe von etwa 3 500 Metern ab. Erst bei 700 Meter Höhe wird der Fallschirm geöffnet.

Beim Fall mit geschlossenem Fallschirm gilt für die zurückgelegte Strecke s (in m) in Abhängigkeit von der Fallzeit t (in s) näherungsweise: $s = 3t^2$.
Berechne, nach welcher Fallzeit der Fallschirmspringer den Fallschirm öffnen muss.

## 2.5 Strecken und Verschieben der Normalparabel – Gleichungen der Form $ax^2 + bx + c = 0$

**Einstieg**

a) Zeichnet die Parabel, die sich Franziska ausgedacht hat. Notiert auch den zugehörigen Funktionsterm.
b) Stellt euch abwechselnd gegenseitig solche Parabelrätsel mithilfe von Graph bzw. Funktionsterm.
c) Ergänzt eure schon vorhandenen Memory-Karten (siehe Seite 52, 55, 59 und 64) jeweils um zwei weitere Paare.

*Ich verschiebe die Normalparabel um 1 Einheit nach links, strecke den neuen Graphen mit 0,5 und verschiebe dann um 1,2 Einheiten nach unten.*

**Aufgabe 1**

**Strecken und Verschieben der Normalparabel**

Zeichne die Normalparabel. Führe hintereinander die folgenden Abbildungen aus:
(1) Verschieben um 2 Einheiten nach rechts;
(2) Strecken parallel zur y-Achse mit dem Faktor 2,5;
(3) Verschieben um 1,4 Einheiten nach oben.

Durch das Nacheinanderausführen der Abbildungen erhältst du schließlich den Graphen einer neuen Funktion f. Bestimme den Funktionsterm von f.
Welche Koordinaten hat der Scheitelpunkt des Graphen von f?
Gib den Funktionsterm auch in der Form $f(x) = ax^2 + bx + c$ an.

**Lösung**

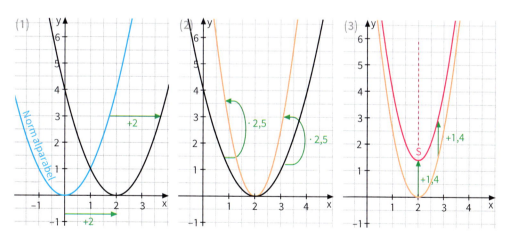

(1) Die nach rechts verschobene Normalparabel gehört zu einer Funktion $f_1$ mit dem Term:
$f_1(x) = (x - 2)^2$
(2) Beim Strecken des Graphen von $f_1$ wird die y-Koordinate eines jeden Punktes mit dem Faktor 2,5 multipliziert. Der Funktionsterm lautet daher: $f_2(x) = 2{,}5 \cdot (x - 2)^2$
(3) Das Verschieben nach oben vergrößert jeden Funktionswert um 1,4. Die Funktion f hat daher den Funktionsterm: $f(x) = 2{,}5 \cdot (x - 2)^2 + 1{,}4$

Die Koordinaten des Scheitelpunktes S lassen sich aus dem Funktionsterm ablesen: S(2|1,4).
Durch Umformen erhält man:

$f(x) = 2{,}5 \cdot (x - 2)^2 + 1{,}4$
$\quad = 2{,}5 \cdot (x^2 - 4x + 4) + 1{,}4$
$\quad = 2{,}5 x^2 - 10 x + 11{,}4$

**Information**

**Scheitelpunktform des Funktionsterms einer quadratischen Funktion**

Der Graph zu $f(x) = a \cdot (x + d)^2 + e$ entsteht durch Verschieben der Normalparabel um $|d|$ Einheiten parallel zur x-Achse, anschließendem Strecken parallel zur y-Achse mit dem Faktor a und nochmaligen Verschieben parallel zur y-Achse um $|e|$ Einheiten.

$f(x) = a \cdot (x + d)^2 + e$ bezeichnet man als *Scheitelpunktform des Funktionsterms*. Aus ihr kann man die Koordinaten des Scheitelpunktes ablesen: $S(-d \mid e)$.

Durch Umformen erhält man, dass f eine quadratische Funktion ist:

$f(x) = a \cdot (x + d)^2 + e$

$\quad = a \cdot (x^2 + 2dx + d^2) + e$

$\quad = \underbrace{a}x^2 + \underbrace{2ad}x + \underbrace{ad^2 + e}$

$\quad = ax^2 + bx + c \qquad$ mit $b = 2ad$ und $c = ad^2 + e$

---

> Für $d < 0$ nach rechts, für $d > 0$ nach links.
> Für $e > 0$ nach oben, für $e < 0$ nach unten.

**Satz**

Man erhält den Graphen einer quadratischen Funktion f mit $f(x) = a(x + d)^2 + e$, indem man die Normalparabel nacheinander

- parallel zur y-Achse mit dem Faktor a streckt;
- um $|d|$ Einheiten parallel zur x-Achse verschiebt; nach rechts für $d < 0$, nach links für $d > 0$.
- um $|e|$ Einheiten parallel zur y-Achse verschiebt; nach oben für $e > 0$, nach unten für $e < 0$.

Der Scheitelpunkt des Graphen ist $S(-d \mid e)$.

*Beispiele:*

$f(x) = 2(x - 3)^2 - 1$ $\qquad$ $f(x) = \frac{1}{2}(x + 1)^2 + 2$ $\qquad$ $f(x) = -\frac{1}{2}(x - 2)^2 + 3$

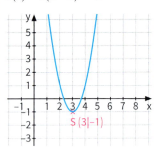
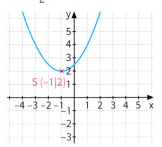
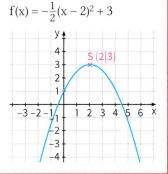

---

**Weiterführende Aufgaben**

**Von der allgemeinen Form $ax^2 + bx + c$ zur Scheitelpunktform**

2. Die quadratische Funktion hat den Term:

   a) $f(x) = 3x^2 - 6x + 6$

   b) $f(x) = -\frac{1}{4}x^2 + \frac{1}{4}x - 1$

   c) $f(x) = ax^2 + bx + c$ mit $a \neq 0$

   Forme den Funktionsterm wie im Beispiel rechts in die Scheitelpunktform um.
   Gib an, wie man den Graphen von f aus der Normalparabel erzeugen kann.
   Notiere die Koordinaten des Scheitelpunktes und die Gleichung der Symmetrieachse.

$f(x) = -2x^2 - 12x - 1$
$\quad = -2(x^2 + 6x) - 1$
$\quad = -2(x^2 + 6x + 3^2 - 3^2) - 1$
$\quad = -2(x^2 + 6x + 9) + 2 \cdot 9 - 1$
$\quad = -2(x + 3)^2 + 17$

Der Graph von f hat den Scheitelpunkt $S(-3 \mid 17)$.

Die Symmetrieachse hat die Gleichung $x = -3$.

**Öffnung des Graphen nach oben oder unten**

3. **a)** Zeichne die Graphen der quadratischen Funktionen mit

   $f_1(x) = 0{,}6x^2 - 1{,}2x + 1;$  $\qquad\qquad\qquad$ $f_2(x) = -1{,}4x^2 + 5{,}6x - 3{,}6.$

   Bestimme die Koordinaten der Scheitelpunkte. Welche Parabel ist nach unten geöffnet?

   **b)** Die quadratische Funktion f hat den Term $f(x) = a \cdot (x + d)^2 + e$ mit $a \neq 0$.

   Untersuche, unter welcher Bedingung der Scheitelpunkt $S(-d|e)$ der höchste Punkt des Graphen ist und unter welcher Bedingung S der tiefste Punkt des Graphen ist.

---

> Der Graph einer jeden quadratischen Funktion f mit $f(x) = ax^2 + bx + c$ $(a \neq 0)$ ist eine Parabel, deren Symmetrieachse die Parallele zur y-Achse durch den Scheitelpunkt ist.
> Der Graph von f ist nach oben geöffnet, falls $a > 0$, nach unten geöffnet, falls $a < 0$.

---

**Allgemeine quadratische Gleichung – Normalform der quadratischen Gleichung**

4. Führe wie im Beispiel die Gleichung $3x^2 - 15x - 42 = 0$ zunächst auf die Form $x^2 + px + q = 0$ zurück.
   Löse dann mithilfe quadratischer Ergänzung.

   $\begin{aligned} 2x^2 - 10x + 8 &= 0 \quad |:2 \\ x^2 - 5x + 4 &= 0 \end{aligned}$

---

> Zum Lösen einer *allgemeinen quadratischen Gleichung* $ax^2 + bx + c = 0$ mit beliebigem $a \neq 0$ führt man diese Gleichung erst auf die *Normalform* $x^2 + px + q = 0$ der quadratischen Gleichung zurück: $x^2 + \frac{b}{a}x + \frac{c}{a} = 0$ und führt das Verfahren der quadratischen Ergänzung durch. Eine quadratische Gleichung kann keine, eine oder zwei Lösungen haben.

---

**Übungsaufgaben**

5. Zeichne die Normalparabel. Führe hintereinander die angegebenen Abbildungen aus. Skizziere schrittweise die Graphen. Du erhältst schließlich den Graphen einer neuen Funktion f. Welche Koordinaten hat sein Scheitelpunkt? Notiere den Funktionsterm von f.

   **a)** (1) Verschieben um 4 Einheiten nach rechts;

   (2) Strecken in Richtung der y-Achse mit dem Faktor $(-2)$;

   (3) Verschieben um 4,5 Einheiten nach unten.

   **b)** (1) Verschieben um 2,5 Einheiten nach links;

   (2) Strecken in Richtung der y-Achse mit dem Faktor 0,3;

   (3) Spiegeln an der x-Achse;

   (4) Verschieben um 5 Einheiten nach oben.

6. **a)** Die Normalparabel wird um 1 Einheit nach links verschoben, dann in Richtung der y-Achse mit dem Faktor $(-1{,}5)$ gestreckt, schließlich um 4 Einheiten nach oben verschoben. Zu welcher Funktion f gehört dieser Graph? Notiere den Term in der Form $f(x) = ax^2 + bx + c$. Gib den Scheitelpunkt des Graphen und die Gleichung der Symmetrieachse an.

   **b)** Ändere in Teilaufgabe a) die Reihenfolge der Abbildungen. Was fällt dir auf?

   (1) erst nach links verschieben, dann nach oben verschieben, zum Schluss strecken;

   (2) erst nach oben verschieben, dann nach links verschieben, zum Schluss strecken;

   (3) erst nach oben verschieben, dann strecken, zum Schluss nach links verschieben;

   (4) erst strecken, dann nach links verschieben, zum Schluss nach oben verschieben;

   (5) erst strecken, dann nach oben verschieben, zum Schluss nach links verschieben.

7. Geht von der Normalparabel aus.
   Führt mithilfe von Skizzen zwei der folgenden Abbildungen hintereinander aus:
   (1) Verschieben in Richtung der x-Achse um 3 Einheiten nach rechts;
   (2) Verschieben in Richtung der y-Achse um 2 Einheiten nach oben;
   (3) Spiegeln an der x-Achse;
   (4) Strecken in Richtung der y-Achse mit dem Faktor 2,5.
   Bei welchem Paar von Abbildungen erhaltet ihr beim Vertauschen der Reihenfolge am Schluss unterschiedliche Graphen?

8. Beschreibe, wie man den Graphen von f schrittweise aus der Normalparabel gewinnen kann. Gib an, ob die Parabel nach oben oder nach unten geöffnet ist. Skizziere die einzelnen Parabeln. Notiere den Funktionsterm in der Form $f(x) = ax^2 + bx + c$.
   a) $f(x) = 3 \cdot (x - 2,5)^2 - 4,5$
   b) $f(x) = -0,2 \cdot (x + 3)^2 + 1$
   c) $f(x) = -1,5x^2 - 2$

9. Die Scheitelpunktform des Funktionsterms gestattet eine schnelle Zeichnung des Graphen.
   a) Erläutere das Vorgehen rechts und führe es durch.
   b) Zeichne ebenso die Graphen zu:
      (1) $g(x) = 2(x + 1)^2 + 3$
      (2) $h(x) = -\frac{3}{2}(x + 4)^2 - 3$
      (3) $k(x) = -(x + 1)^2 - 2$
      (4) $l(x) = -\frac{1}{2}(x + 2)^2 + 1$

   Zeichnen des Graphen zu $f(x) = \frac{1}{2}(x - 3)^2 - 1$:
   • Zeichne den Scheitelpunkt $S(3|-1)$.
   • Gehe von S aus 1 nach rechts [nach links] und $\frac{1}{2} \cdot 1$ nach oben.
   • Gehe von S aus 2 nach rechts [nach links] und $\frac{1}{2} \cdot 4$ nach oben.

10. Der Graph der quadratischen Funktion f hat S als Scheitelpunkt und geht durch den Punkt P. Bestimme den Funktionsterm von f in der Form $f(x) = ax^2 + bx + c$.
    Ist der Scheitelpunkt der höchste oder der tiefste Punkt der Parabel?
    *Hinweis:* Stelle den Term zunächst in der Scheitelpunktform $a(x + d)^2 + e$ auf.
    a) $S(3|-1); P(1|5)$
    b) $S(-2,5|3); P(0|-1)$
    c) $S(1,5|0); P(5,5|1)$

11. Forme den Funktionsterm um in die Scheitelpunktform $a(x + d)^2 + e$. Notiere dann die Koordinaten des Scheitelpunktes. Ist die Parabel nach oben oder nach unten geöffnet?
    a) $f(x) = \frac{1}{2}x^2 - 5x + 8$
    b) $f(x) = -2x^2 + 6x - 2,5$
    c) $f(x) = \frac{3}{2}x^2 - 8x + \frac{5}{2}$
    d) $f(x) = -3x^2 - 6x + 9$
    e) $f(x) = -3x^2 + 6x + 5$
    f) $f(x) = \frac{1}{2}x^2 + 5x$
    g) $f(x) = x^2 - 4x + 3,5$
    h) $f(x) = -x^2 + \frac{1}{3}x$
    i) $f(z) = -1,5z^2 - 6z - 7,5$

12. Kontrolliere die Hausaufgaben zur Bestimmung des Scheitelpunkts.

    **Anna**
    $f(x) = 2x^2 + 4x + 2$
    $= 2(x+2)^2 - 4 + 2$
    $= 2(x+2)^2 - 2$
    $S(-2|-2)$

    **Ben**
    $g(x) = 2x^2 - 8x - 2$
    $= 2(x^2 - 4x - 1)$
    $= 2((x-2)^2 - 5)$
    $S(2|-5)$

    **Carla**
    $h(x) = \frac{1}{2}x^2 - 3x + 1$
    $= \frac{1}{2}(x^2 - 6x + 2)$
    $= \frac{1}{2}((x-3)^2 - 7)$
    $S(3|-3,5)$

    **David**
    $i(x) = -3x^2 - 12x + 1$
    $= -3(x^2 + 4x)$
    $= -3(x+2)^2 + 12$
    $S(-2|12)$

## 2.5 Strecken und Verschieben der Normalparabel – Gleichungen der Form $ax^2 + bx + c = 0$

**13.** Bestimme die Koordinaten des Scheitelpunktes der quadratischen Funktion f:
  a) $f(x) = -x^2 + 2x + 1$
  b) $f(x) = \frac{1}{4}x^2 - x + 2$
  c) $f(x) = \frac{3}{2}x^2 + \frac{x}{2}$

  Welche der folgenden Punkte
  $P_1(0|1)$;  $P_2(0|2)$;  $P_3(1|2)$;  $P_4(2|1)$;  $P_5(-2|5)$;  $P_6(0|0)$
  liegen auf dem Graphen?

**14.** Die quadratische Funktion f hat die Gleichung $y = (x + 2)^2$. Mit welchem Faktor muss man den Graphen von f in Richtung der y-Achse strecken, damit der Graph der neuen Funktion $f_1$ die y-Achse im Punkt $P(0|1)$ schneidet? Notiere die Gleichung von $f_1$.

**15.** Notiere den Funktionsterm in der Scheitelpunktform und in der Form $ax^2 + bx + c$.

a)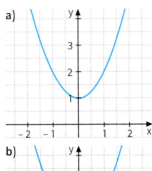

c)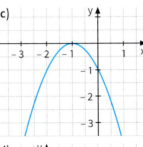

e)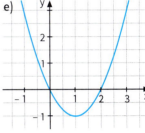

b)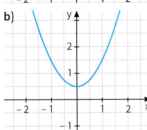

d)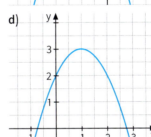

f)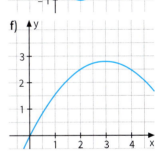

**16.** Gegeben sind Eigenschaften des Graphen einer Funktion mit dem Term $f(x) = ax^2 + bx + c$. Gib verschiedene Funktionsgleichungen an. Kontrolliere mit dem Rechner.
  a) Der Graph ist eine nach unten geöffnete und gestreckte Parabel. Der Scheitelpunkt liegt im 4. Quadranten.
  b) Die gestauchte Parabel fällt für $x < 12$ und steigt für $x > 12$. Der kleinste Funktionswert ist 8.
  c) Die Gleichung der Symmetrieachse ist $x = -9,8$.
  d) Der Scheitelpunkt liegt auf der x-Achse. Der Schnittpunkt mit der y-Achse bei $(0|16)$.

**17.** Die beiden Bögen einer Brücke sollen parabelförmig sein.
  Führe ein geeignetes Koordinatensystem ein und bestimme die Gleichungen der beiden Parabeln.

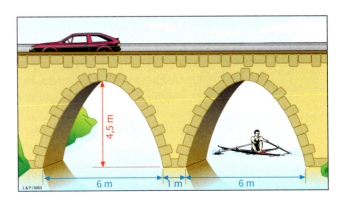

# Quadratische Funktionen und Gleichungen

18. Der Graph der quadratischen Funktion geht durch die Punkte P(0|5), Q(3|2) und R(5|10). Bestimme die Funktionsgleichung.

19. Gestaltet gemeinsam ein Plakat zu Parabeln.

20. Bestimme die Lösungsmenge.
    a) $3x^2 + 24x + 21 = 0$
    b) $2x^2 + 2x - 12 = 0$
    c) $\frac{1}{4}x^2 + 3x - 7 = 0$
    d) $0{,}1y^2 + y + 2{,}4 = 0$
    e) $9y^2 - 24y + 7 = 0$
    f) $\frac{1}{3}z^2 - 5z + 18 = 0$

Lösungen zu Aufgabe 20: {−14; 2}, {−7; −1}, {−3; 2}, {6; 9}, {−6; −4}, {1/3; 7/3}

21. a) $\frac{1}{2}x^2 - 7x + 12 = 0$
    b) $5x^2 - 20x + 15 = 0$
    c) $0{,}2z^2 + 3z - 20 = 0$
    d) $2x^2 - 28x + 80 = 0$
    e) $0{,}1y^2 + 1{,}5y - 3{,}4 = 0$
    f) $5x^2 - 8x + 3 = 0$
    g) $\frac{1}{2}x^2 + 4x + 10 = 0$
    h) $140z + 98 + 50z^2 = 0$
    i) $36 + 15y^2 - 51y = 0$

22. Für den Benzinverbrauch B (in l pro 100 km) in Abhängigkeit von der im 5. Gang gefahrenen Geschwindigkeit v (in $\frac{km}{h}$) gilt: $B = 0{,}001 v^2 - 0{,}1 v + 6{,}3$
    a) Bei welcher Geschwindigkeit beträgt der Benzinverbrauch 7 l pro 100 km?
    b) Wie stark muss man die Geschwindigkeit verringern, damit der Benzinverbrauch um 1 l pro 100 km gesenkt wird?

23. Micha spritzt mit einem Wasserschlauch im Garten. Bei bestimmter Haltung und Wasserdruck bewegt sich das Wasser auf einer Parabel mit der Gleichung
    $y = -\frac{1}{9}(x-3)^2 + 2$.
    Zeichne die Bahn des Wasserstrahls.
    Wie weit reicht der Wasserstrahl?

24. Die quadratische Funktion f hat den Term:
    a) $f(x) = x^2 - 4$
    b) $f(x) = x^2 + 1$
    c) $f(x) = x^2 - 4x$
    d) $f(x) = x^2 - 2x$
    e) $f(x) = -\frac{1}{2}x^2 + 2x$
    f) $f(x) = 2x^2 + 4x$
    g) $f(x) = \frac{1}{3}x^2 + 2x + \frac{5}{3}$
    h) $f(x) = -\frac{3}{2}x^2 + 6x + 3$
    i) $f(x) = 0{,}4x^2 + 0{,}6x - 0{,}4$

    (1) Zeichne den Graphen von f und auch dessen Symmetrieachse.
    (2) Lies aus der Zeichnung die gemeinsamen Punkte des Graphen mit der x-Achse ab. Wie liegen diese Punkte bezüglich der Symmetrieachse?
    (3) Berechne die Nullstellen der Funktion und vergleiche das Ergebnis mit (2).

25. Berechne zunächst die Nullstellen der Funktion. Beantworte damit folgende Fragen:
    (1) Welche Symmetrieachse besitzt der Graph?
    (2) Welcher Punkt ist Scheitelpunkt des Graphen? Ist der Graph nach oben oder nach unten geöffnet? Ist der Scheitelpunkt höchster oder tiefster Punkt des Graphen?
    (3) Welchen Punkt $P_1$ hat der Graph mit der y-Achse gemeinsam? Welcher Punkt $P_2$ des Graphen hat die gleiche y-Koordinate wie $P_1$?
    a) $y = x^2 - 10x + 9$
    b) $y = x^2 + 6x + 9$
    c) $y = \frac{3}{4}x^2 + 6x + 9$
    d) $y = -2x^2 + 6x - 2{,}5$
    e) $y = x^2 - 2{,}4x - 0{,}81$
    f) $s = \frac{1}{4}t^2 - t$

## 2.5 Strecken und Verschieben der Normalparabel – Gleichungen der Form $ax^2 + bx + c = 0$

**26.** Die quadratische Funktion f hat den Term $f(x) = x^2 + 8x + r$. Gib für r eine Zahl an, sodass f
  a) zwei Nullstellen,   b) genau eine Nullstelle,   c) keine Nullstelle hat.

**27.** In welchem Bereich steigt der Graph der quadratischen Funktion, in welchem Bereich fällt der Graph? In welchem Bereich liegen Punkte des Graphen oberhalb, in welchem Bereich unterhalb der x-Achse?
  a) $y = 2 \cdot [(x-1)^2 - 36]$
  b) $y = -(x + 2{,}5)^2 + 1$
  c) $y = -4x^2 - 80x - 375$
  d) $y = -\frac{1}{5}x^2 + 9x - 100$
  e) $y = -0{,}3x^2 - 1{,}2x + 0{,}3$
  f) $y = \frac{2}{5}x^2 - 4x + 14$

**28.** Gegeben sind Gleichungen quadratischer Funktionen der Form $y = ax^2 + bx + c$.
  a) Stelle die Graphen der Funktionen mit dem Rechner so dar, dass sie gut zu sehen sind.
  b) Skizziere die Graphen und gib den gewählten Zeichenbereich an.
  c) Gib Eigenschaften der Graphen (Scheitelpunkt, Schnittpunkte mit der x-Achse, Steigen und Fallen des Graphen, Gleichung der Symmetrieachse) und den Wertebereich von f an.
  (1) $y = 2x^2 + 13x - 23$
  (2) $y = 0{,}023x^2 + 3{,}2x - 12{,}2$
  (3) $y = -56x^2 + 6{,}4x + 0{,}56$
  (4) $y = 234x^2 - 28x + 107$

**29.** Wird aus einem Flugzeug in der Höhe h (in m) mit der Geschwindigkeit v (in $\frac{m}{s}$) ein Gegenstand abgeworfen, so bewegt er sich näherungsweise auf einer Parabel mit der Gleichung $y = -\frac{5}{v^2}x^2 + h$.
Dabei bezeichnet y die Höhe des Körpers und x die Entfernung von der Abwurfstelle.
  a) Ein Flugzeug fliegt mit der Geschwindigkeit $60 \frac{m}{s}$ und wirft in einer Höhe von 400 m ein Versorgungspaket ab. In welcher Entfernung von der Abwurfstelle landet das Paket?
  b) Löse Teilaufgabe a) für eine doppelt so große (1) Höhe; (2) Geschwindigkeit. Was stellst du fest?

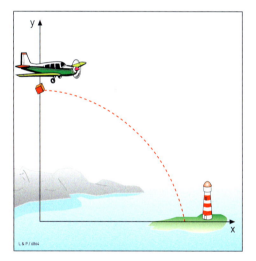

**TAB 30.** Erstelle ein Arbeitsblatt in deiner Tabellenkalkulation, in das man den Streckfaktor a, die Verschiebung in x-Richtung und die Verschiebung in y-Richtung eingeben kann. Erstelle eine Wertetabelle für die Funktion $f(x) = a(x + d)^2 + e$.
Achte beim Rückgriff auf die Parameter a, d und e auf direkte Adressierung. Zeichne ein (Punkt-)Diagramm.
Verändere den Streckfaktor sowie die Verschiebungen.
*Hinweis:* Es ist günstig, die Achsen *fest* zu skalieren.

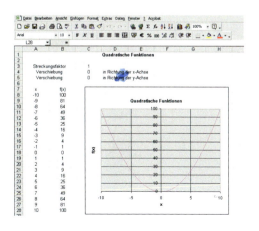

Im Blickpunkt

# Bremsen und Anhalten von Fahrzeugen

## Zu hohe Geschwindigkeit ist die Unfallursache Nr. 1

**Stuttgart:** Hohe Geschwindigkeit ist nach einem Bericht eines Automobilclubs die häufigste Unfallursache. Auf die Frage der Polizei, wie es zu dem Unfall kam, kommt häufig von dem am Unfall Beteiligten: „Ich hab' das andere Fahrzeug zu spät gesehen, konnte nicht mehr rechtzeitig bremsen."

Hier erfährst du mehr zum Thema Bremsen und Anhalten. In einem Lehrbuch für Fahrschulen ist eine einfache Faustformel für die Länge des Bremsweges eines Autos angegeben:

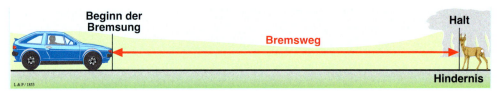

Vom Niedertreten des Bremspedals bis zum Stillstand des Fahrzeugs legt es einen bestimmten Weg zurück. Dieser Weg wird Bremsweg genannt. Für seine Länge gilt die Faustregel:

$$\text{Bremsweg (in m)} = \frac{\text{Geschwindigkeit (in } \frac{km}{h})}{10} \cdot \frac{\text{Geschwindigkeit (in } \frac{km}{h})}{10} : 2$$

In Wirklichkeit hängt der Bremsweg natürlich noch vom Fahrzeug und den Straßenverhältnissen ab.

Die Bremsweglänge $s_B$ eines Fahrzeugs lässt sich nach der Formel rechts ungefähr berechnen. Die Variable a steht für den so genannten Verzögerungswert. Dieser hängt von der Fahrbahnbeschaffenheit und der Fahrzeugart ab.

$$s_B \text{ (in m)} = \frac{(v \text{ in } \frac{km}{h})^2}{26 \cdot a}$$

| Asphaltierte Fahrbahn | Verzögerungswert a für Pkw mit ABS |
|---|---|
| trocken | 8 |
| nass | 6 |
| schneebedeckt | 3 |
| vereist | 2 |

| Fahrzeugart mit ABS, trockener Asphalt | Verzögerungswert a (trockene Fahrbahn) |
|---|---|
| Pkw | 8 |
| Lkw | 5 |
| Motorrad | 10 |
| Fahrrad | 3 |

1. a) Berechne für die Geschwindigkeiten 25 $\frac{km}{h}$, 50 $\frac{km}{h}$, 100 $\frac{km}{h}$ und 130 $\frac{km}{h}$ die Länge $s_B$ des Bremsweges für verschiedene Fahrbahnoberflächen und (sinnvolle) Fahrzeuge. Verwende auch die Faustformel.
   *Hinweis:* Rechne ohne Einheiten.
   b) Untersuche, wie sich eine Verdoppelung der Geschwindigkeit auf die Länge des Bremsweges auswirkt.

## Im Blickpunkt

**2.** Zeichne in ein Koordinatensystem die Graphen für die Funktion
*Geschwindigkeit → Länge des Bremsweges*
für Bremswege bei trockener, nasser, schneebedeckter und vereister Straßenoberfläche.
Vergleiche die Bremsweglängen mit den nach der Faustformel berechneten.

**3.** Vom Erkennen einer Gefahr bis zum vollen Ansprechen der Bremse vergeht beim geübten aufmerksamen Fahrer etwa eine Sekunde, die so genannte Schrecksekunde.
In dieser Zeit fährt das Auto ungebremst weiter; den dabei zurückgelegten Weg nennt man *Reaktionsweg*.

a) Die Fahrschul-Faustformel für die Länge des Reaktionsweges $s_R$ lautet:

> **Der Reaktionsweg**
> Vom Sehen eines Hindernisses bis zum Niedertreten des Bremspedals legt das Fahrzeug einen bestimmten Weg zurück. Dieser Weg wird Reaktionsweg genannt. Für seine Länge gilt die Faustformel:
>
> **Reaktionsweg in m = $\left(\text{Geschwindigkeit in } \frac{km}{h} : 10\right) \cdot 3$**

Zeichne den Graphen der Funktion *Geschwindigkeit $\left(\text{in } \frac{km}{h}\right)$ → Reaktionsweg (in m)*.

b) Berechne genau die Länge des Weges $s_R$, den ein Fahrzeug mit der Geschwindigkeit $v = 50 \frac{km}{h}$ in einer Sekunde zurücklegt.

c) Zeige allgemein: Für die genaue Länge des Reaktionsweges gilt:

$$s_R \text{ (in m)} = \frac{v \text{ in } \frac{km}{h}}{3{,}6}$$

Überlege:
Geschwindigkeit $\left(\text{in } \frac{km}{h}\right)$
↓ : 3,6
Geschwindigkeit $\left(\text{in } \frac{m}{s}\right)$

Zeichne zum Vergleich den Graphen zusätzlich in das Diagramm aus Teilaufgabe a) ein.

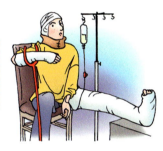

**4. Der Anhalteweg**
Der Anhalteweg $s_A$ ist der Weg vom Erkennen einer Gefahr bis zum Stillstand des Fahrzeugs:
**Länge des Anhalteweges = Länge des Reaktionsweges + Länge des Bremsweges**

a) Zeige: $s_A \text{ (in m)} = \frac{v \text{ in } \frac{km}{h}}{3{,}6} + b \cdot \left(v \text{ in } \frac{km}{h}\right)^2$ mit einem Faktor b, der vom Verzögerungswert a abhängt.

b) Zeichne den Graphen der Funktion
*Geschwindigkeit $\left(\text{in } \frac{km}{h}\right)$ → Länge des Anhalteweges (in m)* bei
(1) trockener Straße, (2) bei nasser Straße.

c) Lies aus dem Graphen die Länge der Anhaltewege für folgende Fahrzeuge ab:
Fahrrad $\left(15 \frac{km}{h}\right)$, Motorrad $\left(25 \frac{km}{h}; 50 \frac{km}{h}\right)$, Pkw $\left(80 \frac{km}{h}, 100 \frac{km}{h}, 130 \frac{km}{h}\right)$.

d) Vergleiche für die in Teilaufgabe c) angegebenen Geschwindigkeiten jeweils die Reaktionslänge mit der Bremsweglänge.

**5.** Du fährst mit einem **a)** Fahrrad $\left(v = 15 \frac{km}{h}\right)$; **b)** Motorrad $\left(v = 50 \frac{km}{h}\right)$.
Überlege und berechne, welchen Sicherheitsabstand du zu einem vorausfahrenden Pkw, der die gleiche Geschwindigkeit wie du hat, einhalten solltest.

## 2.6 Strategien zum Lösen quadratischer Gleichungen

**Einstieg**

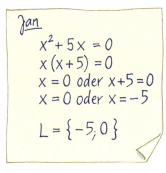

Vergleicht die Lösungswege und bewertet sie.

**Aufgabe 1** Bestimme die Lösungsmenge der quadratischen Gleichung.

a) $3x^2 - 75 = 0$   b) $4x^2 + 6x = 0$   c) $-4x^2 - 12x + 7 = 0$

**Lösung**

a) $3x^2 - 75 = 0 \quad |+75$
$\phantom{aa}3x^2 = 75 \quad |:3$
$\phantom{aaaa}x^2 = 25$
$x = 5 \text{ oder } x = -5$
$L = \{-5; 5\}$

b) $4x^2 + 6x = 0$
Durch Ausklammern von x erhalten wir eine Gleichung vom Typ $T_1 \cdot T_2 = 0$.
$x \cdot (4x + 6) = 0$
$x = 0 \text{ oder } 4x + 6 = 0$
$x = 0 \text{ oder } 4x = -6$
$x = 0 \text{ oder } x = -1{,}5$
$L = \{-1{,}5; 0\}$

c) $-4x^2 - 12x + 7 = 0 \quad |:(-4)$
$x^2 + 3x - \frac{7}{4} = 0 \quad |+\frac{7}{4}$
$x^2 + 3x \phantom{aa} = \frac{7}{4} \quad |+\left(\frac{3}{2}\right)^2$

Nach quadratischem Ergänzen können wir die linke Seite der Gleichung als Quadrat schreiben:
$x^2 + 3x + \left(\frac{3}{2}\right)^2 = \frac{7}{4} + \left(\frac{3}{2}\right)^2$
$\left(x + \frac{3}{2}\right)^2 = \frac{7}{4} + \frac{9}{4} = \frac{16}{4} = 4$
$x + \frac{3}{2} = -2 \text{ oder } x + \frac{3}{2} = 2$
$x = -\frac{7}{2} \text{ oder } x = \frac{1}{2}$
$L = \{-\frac{7}{2}; \frac{1}{2}\}$

**Information**

**(1) Lösungsformel für quadratische Gleichungen**

Rechts siehst du nochmal ein Beispiel für das Lösen einer quadratischen Gleichung mithilfe quadratischer Ergänzung. Dieses Lösen einer quadratischen Gleichung mithilfe einer quadratischen Ergänzung kann man allgemein durchführen:

$x^2 + px + q = 0 \quad |-q$
$x^2 + px \phantom{aaa} = -q \quad |+\left(\frac{p}{2}\right)^2$
$x^2 + px + \left(\frac{p}{2}\right)^2 = -q + \left(\frac{p}{2}\right)^2$
$\left(x + \frac{p}{2}\right)^2 = \left(\frac{p}{2}\right)^2 - q$
$x + \frac{p}{2} = \sqrt{\left(\frac{p}{2}\right)^2 - q} \text{ oder } x + \frac{p}{2} = -\sqrt{\left(\frac{p}{2}\right)^2 - q}$
$x = -\frac{p}{2} + \sqrt{\left(\frac{p}{2}\right)^2 - q} \text{ oder } x = -\frac{p}{2} - \sqrt{\left(\frac{p}{2}\right)^2 - q}$

$x^2 - 10x + 21 = 0 \quad |-21$
$x^2 - 10x = -21 \quad |+25$
$x^2 - 10x + 25 = -21 + 25 \quad |\text{binomische Formel}$
$(x - 5)^2 = 4$
$x - 5 = 2 \text{ oder } x - 5 = -2$
$x = 7 \text{ oder } x = 3$

Diese Umformung ist möglich, falls $\left(\frac{p}{2}\right)^2 - q \geq 0$; andernfalls hat die quadratische Gleichung keine Lösung.

## 2.6 Strategien zum Lösen quadratischer Gleichungen

> **Lösungsformel für quadratische Gleichungen in der Normalform**
>
> Die quadratische Gleichung $x^2 + px + q = 0$ hat die Lösungen
>
> $x_1 = -\frac{p}{2} + \sqrt{\left(\frac{p}{2}\right)^2 - q}$ und $x_2 = -\frac{p}{2} - \sqrt{\left(\frac{p}{2}\right)^2 - q}$, falls der Term unter der Wurzel positiv ist.

Für $\left(\frac{p}{2}\right)^2 - q = 0$ hat die quadratische Gleichung nur *eine* Lösung, nämlich $x = -\frac{p}{2}$.

Für $\left(\frac{p}{2}\right)^2 - q < 0$ hat die quadratische Gleichung *keine* Lösung,

*discriminare* (lat.) trennen, schneiden

Den Term $\left(\frac{p}{2}\right)^2 - q$ bezeichnet man auch als *Diskriminante D*, da er über die Anzahl der Lösungen entscheidet.

### (2) Strategien zum Lösen quadratischer Gleichungen

Soll eine quadratische Gleichung ohne Verwendung von GTR oder CAS gelöst werden, kann man folgendermaßen vorgehen: Bei einer (allgemeinen) quadratischen Gleichung $ax^2 + bx + c = 0$ dividiert man zunächst durch den Vorfaktor a, um sie in die Form $x^2 + px + q = 0$ zu bringen. Dabei ist $p = \frac{b}{a}$ und $q = \frac{c}{a}$. Danach unterscheidet man drei Fälle:

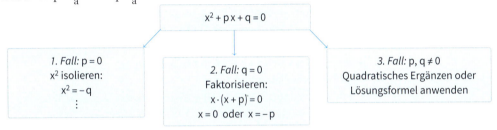

### (3) Lösen quadratischer Gleichungen am Grafikbildschirm des Rechners

Zum Lösen einer quadratischen Gleichung wie z. B. $2x^2 + 4x = 9$ formt man diese so um, dass die rechte Seite Null ist:
$2x^2 + 4x - 9 = 0$
Die Lösungen dieser Gleichung sind dann die Nullstellen der quadratischen Funktion f mit
$f(x) = 2x^2 + 4x - 9$.

 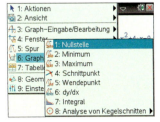

Am Grafikbildschirm des Rechners kann man die Nullstellen dieser Funktion näherungsweise mithilfe des Befehls *Null* aus dem Menü *Graph analysieren* ermitteln. Dazu muss man ein Intervall angeben, in dem die zu bestimmende Nullstelle liegt: *Untere Schranke* und *Obere Schranke* dienen zur Eingabe der Intervallgrenzen.

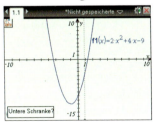 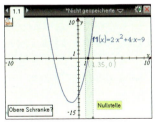 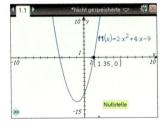

### (4) Lösen quadratischer Gleichungen mit CAS

Rechner mit einem CAS ermitteln die Menge der Nullstellen einer Funktion mithilfe des Befehles **Löse** (englisch: solve).

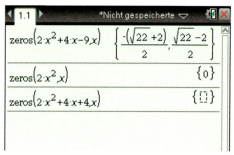

Beim Rechnen mit CAS kann man quadratische Gleichungen mithilfe der Nullstellen der zugehörigen quadratischen Funktion lösen (**zeros**) oder den **solve**-Befehl verwenden.

**Übungsaufgaben**

2. Bestimme die Lösungsmenge. Nutze dazu die quadratische Ergänzung oder den Satz: „Ein Produkt ist gleich null, wenn wenigstens einer der Faktoren null ist, sonst nicht."
   a) $x^2 - 6x + 8 = 0$
   b) $8x^2 + 4x = 4$
   c) $-x^2 + 6x - 7 = 0$
   d) $x^2 + 9x = 0$
   e) $x^2 - 14x = -49$
   f) $2x^2 - 12x + 20 = 0$

3. Erkläre sowohl an der Gleichung als auch an der Parabel:
   a) Für welche Werte von r hat die Lösungsmenge der Gleichung $x^2 = r$ kein, genau ein, genau zwei Elemente?
   b) Für welche Werte von r hat die Lösungsmenge der Gleichung $(x - 3)^2 = r$ kein, genau ein, genau zwei Elemente?
   c) Für welche Werte von r hat die Lösungsmenge der Gleichung $(x + d)^2 = r$ kein, genau ein, genau zwei Elemente?

4. Bestimme die Lösungsmenge mit einer Methode deiner Wahl.
   a) $x^2 - 6x - 187 = 0$
   b) $x^2 + 2,55x - 4,5 = 0$
   c) $x^2 - 16x + 64 = 0$
   d) $x^2 + 9x - 52 = 0$
   e) $x^2 + 4x = 0$
   f) $x^2 + 10,8x - 63 = 0$
   g) $x^2 - 7x + 12 = 0$
   h) $5x^2 + 25x - 10 = 0$
   i) $2x^2 - 3x - 104 = 0$
   j) $3y^2 - 4,4y - 9,6 = 0$
   k) $9x^2 + 66x + 137 = 0$
   l) $\frac{4}{9}z^2 - 2z + \frac{5}{2} = 0$
   m) $2a^2 + 14a = 0$
   n) $5y^2 + 14y = 0$
   o) $\frac{5}{6}z^2 - 4z + \frac{24}{5} = 0$

5. Kontrolliere Stefans Hausaufgabe.

   $x^2 - 4x = 1$
   $x(x - 4) = 1$
   $x = 1$ oder $x - 4 = 1$
   $L = \{1; -3\}$

6. Bestimme die Lösungsmenge.
   a) $12x^2 - 3 = 0$
   b) $9x^2 + 16x = 0$
   c) $x^2 - 17x + 30 = 0$
   d) $2x^2 + 15x + 28 = 0$
   e) $x^2 + 6x + 10 = 65$
   f) $-3x^2 + 12 = 0$
   g) $12x = 5x^2$
   h) $8 - 9x + x^2 = 0$
   i) $(2x - 5)^2 - (x - 6)^2 = 80$
   j) $(x - 6)(x - 5) + (x - 7)(x - 4) = 10$
   k) $(2x^2 - x - 10)(2x - 5) = 0$
   l) $(4x^2 - 28x + 49)(7x + 2) = 0$

7. Erstelle eine Zusammenfassung über die verschiedenen Verfahren zum Lösen von quadratischen Gleichungen. Vergleiche sie mit deinem Partner.
   Erstellt anschließend gemeinsam ein Plakat und präsentiert dieses vor der Klasse.

## 2.6 Strategien zum Lösen quadratischer Gleichungen

8. Kontrolliere Carolines Hausaufgaben.

a) $x^2 - 3x - 4 = 0$
$x_{1/2} = -\frac{3}{2} \pm \sqrt{\left(\frac{3}{2}\right)^2 - (-4)}$
$= -\frac{3}{2} \pm \sqrt{\frac{9}{4} + \frac{16}{4}}$
$= -\frac{3}{2} \pm \frac{5}{2}$
$L = \{1, -4\}$

b) $x^2 + 3x = -10$
$x_{1/2} = -\frac{3}{2} \pm \sqrt{\left(\frac{3}{2}\right)^2 - (-10)}$
$= -\frac{3}{2} \pm \sqrt{\frac{9}{4} + \frac{40}{4}}$
$= -\frac{3}{2} \pm \frac{7}{2}$
$L = \{-5; 2\}$

c) $z^2 + 7 + 10z = 0$
$z_{1/2} = -\frac{7}{2} \pm \sqrt{\left(\frac{7}{2}\right)^2 - 10}$
$= -\frac{7}{2} \pm \sqrt{\frac{49}{4} - \frac{40}{4}}$
$= -\frac{7}{2} \pm \frac{3}{2}$
$L = \{5; 2\}$

9. Für welche reellen Zahlen gilt:
    a) Das Quadrat der Zahl vermindert um ihr Fünffaches beträgt 14.
    b) Das Produkt aus der Zahl und der um 6 vergrößerten Zahl beträgt 7 [−9; −10].
    c) Das Neunfache des Quadrats der Zahl ist das Quadrat der um 25 größeren Zahl.

10. Marvin behauptet: „Quadratische Gleichungen haben die Lösung $x_{1/2} = -\frac{p}{2} \pm \sqrt{\left(\frac{p}{2}\right)^2 - q}$."
    Welche Voraussetzungen muss er noch angeben?

11. Kontrolliere Pascals Hausaufgabe rechts.

a) $7x^2 = 2x \quad |:x$
$7x = 2 \quad |:7$
$x = \frac{2}{7}$
$L = \left\{\frac{2}{7}\right\}$

b) $2x^2 + 4x - 12 = 0$
$x_{1,2} = -\frac{4}{2} \pm \sqrt{\left(\frac{4}{2}\right)^2 - (-12)}$
$= -2 \pm \sqrt{16}$
$L = \{-6; 2\}$

**Das kann ich noch!**

A) Die Abbildungen zeigen Drahtmodelle von Körpern (Maße in cm). Bestimme x aus der Gesamtkantenlänge s des Körpers.

1)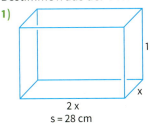
s = 28 cm

2)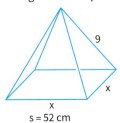
s = 52 cm

3)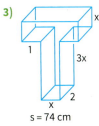
s = 74 cm

B) Die nebenstehende Abbildung zeigt das Netz eines Prismas.
  1) Stelle das Prisma im Schrägbild mit einem Verzerrungswinkel von 45° und dem Verkürzungsfaktor $q = \frac{1}{2}$ dar.
  2) Berechne den Oberflächeninhalt und das Volumen des Prismas.

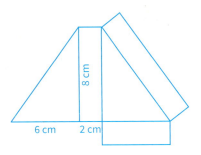

## 2.7 Schnittpunkte von Parabeln und Geraden

**Einstieg**  Zeichnet die Parabel zu $y = -x^2 - 4x$ sowie die Gerade mit der Gleichung $y = 4 + x$. Ermittelt die Schnittpunkte der beiden Graphen zeichnerisch und rechnerisch.
Ändert dann die Steigung der Geraden so, dass andere Anzahlen gemeinsamer Punkte von Parabel und Gerade entstehen. Beschreibt die möglichen Fälle.

**Aufgabe 1** **Gemeinsame Punkte von Parabel und Gerade**
a) Zeichne die Parabel zu $f(x) = x^2 - 2x - 1$ sowie die Gerade zu $g(x) = 1 - x$.
Lies die Koordinaten der gemeinsamen Punkte ab.
b) Berechne die Koordinaten der gemeinsamen Punkte zur Kontrolle.
c) Ändere den y-Achsenabschnitt der gegebenen Parabel. Welche anderen Anzahlen gemeinsamer Punkte von Parabel und Gerade sind möglich?

**Lösung**

a) Die Gerade zeichnen wir mithilfe von y-Achsenabschnitt und Steigung. Zum Zeichnen der Parabel formen wir die Normalform in die Scheitelpunktsform um:
$f(x) = x^2 - 2x - 1$
$\quad\quad\, = (x-1)^2 - 1 - 1$
$\quad\quad\, = (x-1)^2 - 2$
Die beiden Graphen schneiden sich (im Rahmen der Zeichengenauigkeit) in den beiden Punkten $S_1(-1\,|\,2)$ und $S_2(2\,|-1)$.

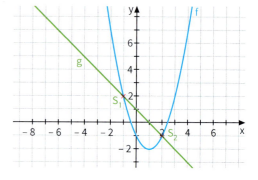

b) An den Stellen, an denen beide Graphen gemeinsame Punkte haben, stimmen die y-Werte beider Funktionen überein. Also muss dort gelten:
$x^2 - 2x - 1 = 1 - x \quad\quad |+1+x$
$x^2 - x = 2 \quad\quad\quad\quad\quad |\text{quadratische Ergänzung}$
$(x - 0{,}5)^2 = 2 + 0{,}5^2 = 2{,}25$
$x - 0{,}5 = 1{,}5 \text{ oder } x - 0{,}5 = -1{,}5$
$x = 2 \text{ oder } x = -1$
Die y-Werte erhalten wir durch Einsetzen in einen der beiden Funktionsterme:
$g(2) = 1 - 2 = -1$ sowie $g(-1) = 1 - (-1) = 2$. Damit haben wir die zeichnerisch gefundenen Schnittpunkte rechnerisch bestätigt.

c) Verschieben wir die Gerade g nach unten, so rücken die Schnittpunkte immer näher zusammen. Schließlich berührt die Gerade die Parabel nur noch in einem Punkt. Der Zeichnung kann man entnehmen, dass dies für die Gerade mit der Gleichung $h(x) = -1{,}25 - x$ und den gemeinsamen Punkt $P(0{,}5\,|-1{,}75)$ zutrifft. Verschiebt man die Gerade noch weiter nach unten, so hat sie keinen gemeinsamen Punkt mehr mit der Parabel mehr. Dies trifft z. B. zu für die Gerade mit der Gleichung $i(x) = -2 - x$. Eine Parabel und eine Gerade können somit keinen, einen oder zwei gemeinsame Punkte haben.

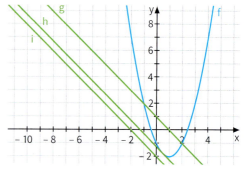

## 2.7 Schnittpunkte von Parabeln und Geraden

**Weiterführende Aufgaben**

### Bestimmen der Schnittpunkte mit einem Funktionsplotter

2. a) Wie bei Geraden kann man mit dem GTR auf verschiedene Weisen untersuchen, welche gemeinsamen Punkte eine Parabel und eine Gerade aufweisen. Untersuche am Beispiel von Aufgabe 1, wie du bei deinem Rechner vorgehen musst.

(1) Mit dem Befehl *Spur* kannst du die Koordinaten einzelner Punkte der Graphen ablesen. Dabei kannst du mit den Cursortasten ▲ und ▼ zwischen den Graphen wechseln.

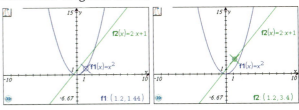

(2) Du kannst auch im Menü *Tabelle* eine Wertetabelle anzeigen. In ihr kannst du dann die Koordinaten der Schnittpunkte näherungsweise ablesen.

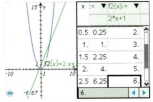

(3) Du kannst aber auch aus dem Menü Graph analysieren den Befehl *Schnittpunkt* verwenden, um die Koordinaten des Schnittpunktes automatisch bestimmen zu lassen.

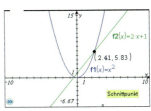

b) Bestimme ebenso mit dem GTR die Lösungsmenge der quadratischen Gleichung:
(1) $3 - x = x^2$    (2) $x^2 + 3x - 2 = 0$    (3) $x^2 = 4x - 4$    (4) $x^2 + 2 = x$

### Schnittpunkte von zwei Parabeln

3. a) Untersuche zeichnerisch und rechnerisch, ob die Parabeln zu $p(x) = x^2 + 2x - 8$ sowie $q(x) = -x^2 + 4$ gemeinsame Punkte aufweisen.
   b) Erläutere mithilfe von Skizzen, welche anderen Anzahlen an gemeinsamen Punkten bei zwei Parabeln möglich sind.

**Information**

> Sowohl Parabel und Gerade als auch Parabel und Parabel können sich
> - in zwei gemeinsamen Punkten schneiden oder
> - in einem gemeinsamen Punkt schneiden oder treffen
> - keine gemeinsamen Punkte haben.

**Übungsaufgaben**

4. Bestimme die gemeinsamen Punkte der beiden Funktionsgraphen zeichnerisch. Kontrolliere dann rechnerisch.
   a) $f(x) = x^2$,           $g(x) = 1,5x + 1$
   b) $f(x) = 2x^2$,          $g(x) = 1,8x - 1$
   c) $f(x) = 2x^2 + 2x + 2$, $g(x) = 3x$
   d) $f(x) = x^2 - 4x + 6$,  $g(x) = -2x + 2$
   e) $f(x) = x^2 + 6x + 5$,  $g(x) = -x - 4$
   f) $f(x) = x^2 - 6$,       $g(x) = 2x + 2$

5. Gib eine Gleichung an, deren Lösungsmenge man aus dem Bild ablesen kann.
   Notiere die quadratische Gleichung in der Normalform $x^2 + px + q = 0$.

   a) 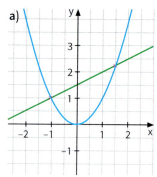  b) 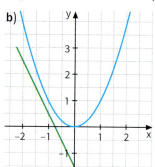  c)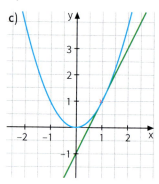

6. Untersuche die beiden Parabeln zeichnerisch und rechnerisch auf gemeinsame Punkte.
   a) $f(x) = x^2 - 4$, $g(x) = \frac{1}{2}x^2$
   b) $f(x) = x^2 + 4x + 6$, $g(x) = -x^2 + 4$
   c) $f(x) = x^2 + 4x$, $g(x) = \frac{1}{2}x^2 - 6$
   d) $f(x) = 2x^2 - 4x + 2$, $g(x) = x^2 + 2x + 2$

7. Bestimme die gemeinsamen Punkte des Graphen von f mit den Geraden zu den Gleichungen
   (1) $y = -2x - 3$;    (2) $y = -\frac{2}{3}x + 2$;    (3) $y = x - 3{,}25$
   mit dem Graphen der Funktion f mit folgendem Term:
   a) $f(x) = (x + 1)^2$;    b) $f(x) = x^2 - 6x + 9$.

8. Ermittle die Gleichung einer linearen Funktion g, die mit der Funktion f
   (1) genau zwei Punkte,    (2) genau einen Punkt,    (3) keinen Punkt
   gemeinsam hat.
   a) $f(x) = (x - 12)^2$    b) $f(x) = (x + 5)^2$    c) $f(x) = (x - 2)^2 - 3$    d) $f(x) = (x + 1)^2 - 2$

9. a) Ordne mit Begründung die folgenden Gleichungen den unten abgebildeten Graphen zu.
      Markiere auch jeweils die Schnittpunkte, die durch die Lösungen bestimmt werden.
      (1) $(x + 4)^2 = 4$    (3) $x^2 + 8x = -12$    (5) $x^2 + 8x + 12 = 0$
      (2) $x^2 = -8x - 12$    (4) $x^2 + 12 = -8x$    (6) $(x + 4)^2 - 3 = 1$
   b) Bestimme jeweils die Lösungsmenge. Was fällt dir auf?

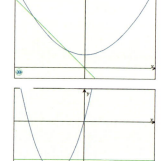 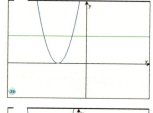 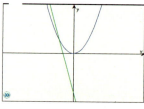

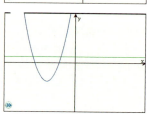 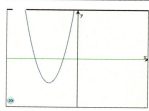

Im Blickpunkt

# Goldener Schnitt

Betrachte das Bild vom Alten Rathaus in Leipzig. Der Turm befindet sich nicht in der Mitte des Gebäudes; er teilt es nicht in zwei genau gleich große Hälften, also nicht im Verhältnis 1 : 1.

Das Längenverhältnis der längeren zur kürzeren Seite beträgt etwa 3 : 2, allerdings nicht ganz genau. Aber auch das Verhältnis der Gesamtstrecke zur längeren Seite beträgt etwa 3 : 2. Prüfe beides durch Messen und Rechnen nach.

Diese Art der Teilung empfindet man als besonders ausgewogen und schön. Man nennt sie deshalb *harmonische Teilung* oder den *goldenen Schnitt*:
Die Gesamtstrecke verhält sich zur längeren Strecke wie die längere Strecke zur kürzere Strecke.

1. a) Zeichne einen Turm mit Dach oder einen Baum. Kannst du in deiner Zeichnung den goldenen Schnitt entdecken?
   b) Suche weitere Beispiele (Gebäude, Möbel, Kunstbücher), bei denen etwas im goldenen Schnitt geteilt wurde.

2. Der goldene Schnitt ist auch bei vielen Bauwerken und Statuen der Antike zu finden.
   a) Oft teilt der Bauchnabel eine Statue im goldenen Schnitt. Links siehst du die Statue des Davids von Michelangelo. Prüfe die Behauptung.
   b) Wie ist das bei deinem Körper?

3. Wie findet man nun aber den genauen Teilungspunkt z. B. für eine 90 m lange Strecke?
   Die Verhältnisgleichung lautet
   $90 : (90 - x) = (90 - x) : x$; also $\frac{90}{90-x} = \frac{90-x}{x}$
   Löse diese Gleichung.
   Kontrolliere am Foto des Alten Leipziger Rathauses.

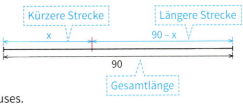

**Im Blickpunkt**

4. Wird eine Strecke $\overline{AB}$ der Länge s durch einen Punkt C so geteilt, dass sich die Gesamtstrecke zur längeren Teilstrecke so verhält wie die längere Teilstrecke zur kürzeren Teilstrecke, also $s:x = x:y$, so sagt man, dass der Punkt C die Strecke $\overline{AB}$ im *goldenen Schnitt* teilt.

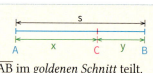

**Phidias**, griechischer Bildhauer (Φειδίας; 490–430 v. Chr.), hat Werke geschaffen, in denen das Verhältnis des goldenen Schnittes oft vorkommt.

a) Gegeben ist     (1) s = 10 cm;     (2) x = 8 cm;     (3) y = 3 cm.
Berechne x, y bzw. s.

b) Beweise allgemein:

Wird eine Strecke im goldenen Schnitt geteilt, so gilt für das Verhältnis der Gesamtstrecke zur längeren Teilstrecke: $\frac{s}{x} = \frac{1+\sqrt{5}}{2}$

Für die Zahl $\frac{1+\sqrt{5}}{2}$ schreibt man auch abkürzend den griechischen Großbuchstaben Φ.

c) Der griechische Staatsmann Perikles übertrug Phidias die oberste Leitung über die Bauten auf der Akropolis in Athen. Dabei entstand in den Jahren 447–432 v. Chr. auch der Parthenon-Tempel.
Miss im Bild nach, dass an dessen Säuleneingang mehrere Strecken im Verhältnis des goldenen Schnitts geteilt sind:

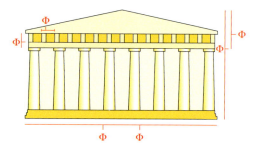

5. Für die Teilung einer Strecke $\overline{AB}$ im goldenen Schnitt ist folgende Konstruktion angegeben:
   (1) Konstruiere den Mittelpunkt M der Strecke $\overline{AB}$.
   (2) Konstruiere in B eine Orthogonale zur Strecke $\overline{AB}$.
   (3) Zeichne einen Kreis um B durch M. Sein Schnittpunkt mit der Orthogonalen ist H.
   (4) Verbinde die Punkte A und H.
   (5) Zeichne einen Kreis um H durch B. Sein Schnittpunkt mit der Strecke $\overline{AH}$ ist F.
   (6) Zeichne einen Kreis um A durch F. Sein Schnittpunkt mit der Strecke $\overline{AB}$ ist der Punkt D. D teilt die Strecke $\overline{AB}$ im goldenen Schnitt.

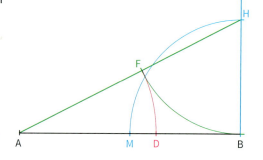

Weise rechnerisch nach, dass der Punkt D die Strecke $\overline{AB}$ im Verhältnis des goldenen Schnittes teilt.

6. Untersucht, ob ihr an anderen Gebäuden oder Lebewesen Strecken finden könnt, die im goldenen Schnitt geteilt sind. Ihr könnt dazu auch im Internet recherchieren.

## 2.8 Modellieren – Anwenden von quadratischen Gleichungen

**Ziel**  Du kannst schon Sachprobleme lösen, bei deren Modellierung eine lineare Gleichung oder ein Gleichungssystem entsteht. Hier bearbeitest du Probleme, die auf eine quadratische Gleichung führen.

→ Ein schönes Urlaubsfoto wurde vergrößert auf 20 cm x 30 cm, es soll nun noch mit einem Passepartout umgeben und gerahmt aufgehängt werden.
Das Passepartout soll überall die gleiche Breite haben. Die Fläche des Passepartouts soll genau so groß sein wie die Fläche des Bildes.
Berechne die Breite des Passepartouts.

**(1) Aufstellen der Gleichung für die Bedingung an das Passepartout:**

Breite des Passepartouts (in cm): x
Flächeninhalt des Bildes (in cm²): 20 · 30
Um die Größe des Rahmens zu berechnen, benutzen wir folgende Idee: Er ist so groß wie das, was übrig bleibt, wenn man vom großen Rechteck die innere Bildfläche entfernt.
Flächeninhalt im Rahmen: (20 + 2 · x) · (30 + 2 · x)
Flächeninhalt des Passepartouts: (20 + 2 · x) · (30 + 2 · x) − 20 · 30
Gleichung: (20 + 2 · x) · (30 + 2 · x) − 20 · 30 = 20 · 30

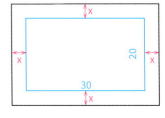

**(2) Lösen der Gleichung:**

$$
\begin{aligned}
(20 + 2 \cdot x) \cdot (30 + 2 \cdot x) - 20 \cdot 30 &= 20 \cdot 30 \\
600 + 60x + 40x + 4x^2 - 600 &= 600 \\
4x^2 + 100x &= 600 \quad |:4 \\
x^2 + 25x &= 150 \quad \left|+\left(\tfrac{25}{2}\right)^2\right. \\
\left(x + \tfrac{25}{2}\right)^2 &= 150 + 156{,}25 \\
x + 12{,}5 = 17{,}5 \quad &\text{oder} \quad x + 12{,}5 = -17{,}5 \\
x = 5 \quad &\text{oder} \quad x = -30
\end{aligned}
$$

Du kannst die Gleichung auch mit der Lösungsformel oder dem GTR lösen.

**(3) Überprüfen einer einschränkenden Bedingungen und Interpretation der Lösungen:**
Die Gleichung hat die beiden Lösungen x = 5 und x = −30. Da nur positive Werte für die Rahmenbreite zulässig sind, entfällt die Lösung −30 für den Sachverhalt des Passepartouts.

**(4) Probe:**
Flächeninhalt des Gesamtbildes (in cm²): (30+2 · 5) · (20+2 · 5) = 40 · 30 = 1200
Flächeninhalt des Fotos (in cm²):         30 · 20 = 600
Das Foto ist also halb so groß wie das Gesamtbild.

**(5) Ergebnis:**
Das Passepartout hat eine Breite von 5 cm. Das Gesamtbild (ohne Rahmen) ist 40 cm x 30 cm.

**Zum Üben**

1. Das Rechteck ABCD mit den Seitenlängen 2,0 cm und 1,8 cm soll wie im Bild zerlegt werden. Dabei soll der Flächeninhalt des roten Quadrats gleich dem Flächeninhalt des grünen Rechtecks sein. Zeichne die Figur.

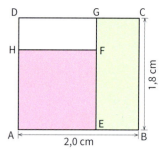

2. Gegeben ist ein Vieleck, dessen Ecken alle auf einem Kreis liegen. Wie viele Seiten hat ein solches Vieleck, bei dem
   a) die Anzahl der Diagonalen
      (1) 44; (2) 35; (3) 135 beträgt;
   b) die Summe aus der Anzahl der Diagonalen und der Anzahl der Seiten 120 beträgt?

*Statt Oberflächeninhalt sagt man auch Größe der Oberfläche.*

3. Bestimme die ursprüngliche Seitenlänge.
   a) Wenn man bei einem Würfel die Seitenlängen um 1 cm vergrößert, so vergrößert sich sein Volumen um 127 cm³.
   b) Wenn man bei einem Würfel die Seitenlängen verdoppelt und noch um 1 cm vergrößert, so vergrößert sich der Oberflächeninhalt um 576 cm².

4. Gegeben ist ein Rechteck mit den Seitenlängen 6 cm und 5 cm.
   a) Verändere alle Seiten um jeweils dieselbe Länge, sodass der Flächeninhalt
      (1) $\frac{2}{3}$; (2) das 3-fache des ursprünglichen Inhalts beträgt.
      Bestimme die neuen Seitenlängen.
   b) Ändere die Seitenlängen so ab, dass bei gleichem Flächeninhalt der Umfang des Rechtecks (1) um 1 cm; (2) um $\frac{1}{3}$ cm vergrößert wird. Bestimme die neuen Seitenlängen.

5. Ein Prisma mit quadratischer Grundfläche hat eine Höhe von 5 cm. Berechne die Seitenlänge der quadratischen Grundfläche, falls gilt:
   a) Die Grundfläche ist
      (1) um 14 cm²; (2) um 24 cm²
      größer als eine Seitenfläche.
   b) Die gesamte Oberfläche hat eine Größe von
      (1) 48 cm²; (2) 288 cm²; (3) 112 cm².

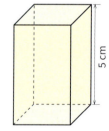

6. Bestimme die Längen der Seiten eines Rechtecks, von dem bekannt ist:
   a) Der Umfang des Rechtecks beträgt 23 cm, der Flächeninhalt beträgt 30 cm².
   b) Der Flächeninhalt des Rechtecks beträgt 17,28 cm², die Längen benachbarter Seiten unterscheiden sich um 1,2 cm.

7. Wenn man bei einem Quadrat die Länge verdoppelt und die Breite um 5 cm verringert, so erhält man ein Rechteck, dessen Fläche um 24 cm² größer ist als die Fläche des Quadrats. Welche Seitenlänge hat das Quadrat?

8. Nach einer Jugendfreizeit will sich jeder Teilnehmer von jedem anderen durch Abklatschen verabschieden. Lina sagt: „Dafür sind 325 Handklatscher nötig. Wie lange soll das denn dauern?" Berechne die Anzahl der Teilnehmer.

## Zum Selbstlernen 2.8 Modellieren – Anwenden von quadratischen Gleichungen

9. Das Rechteck mit den Seitenlängen 4 m und 3 m soll in ein Quadrat und drei Rechtecke wie im Bild zerlegt werden. Dabei soll der Flächeninhalt der roten Fläche aus Rechteck und Quadrat 7 m² sein.
   Wie lang kann die Quadratseite gewählt werden?
   Stelle eine Gleichung auf, formuliere eine einschränkende Bedingung. Überprüfe dein Ergebnis an einer Zeichnung.

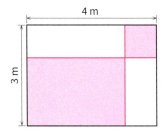

10. Die Quadratseite ist 5 cm lang. Die blaue Fläche hat den angegebenen Flächeninhalt. Berechne die Seitenlänge x.

    a) A = 17,62 cm²  
    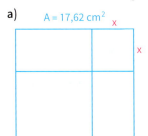
    
    b) A = 17,32 cm²  
    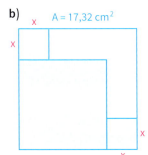
    
    c) A = 14,92 cm²  
    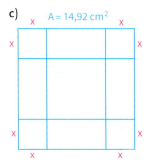

11. Auf einem Blatt sind n Geraden gezeichnet. Dabei schneidet jede Gerade jede andere. Es gibt 78 Schnittpunkte; durch keinen von ihnen gehen mehr als zwei der gezeichneten Geraden. Bestimme die Anzahl n der Geraden.

12. Einem Quadrat ABCD mit der Seitenlänge 10 cm ist ein Rechteck PQRS einbeschrieben.
    Wo muss der Punkt P auf der Seite $\overline{AB}$ gewählt werden, damit der Flächeninhalt des Rechtecks
    (1) die Hälfte         (2) ein Viertel
    von dem des Quadrats beträgt?

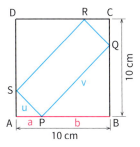

**Leonhard Euler**
*15.04.1707 in Basel
†07.09.1783 in Sankt Petersburg

13. Aus der 1768 erschienenen „Vollständigen Anleitung zur Algebra" von Leonhard Euler:

    a) Jemand kauft ein Pferd für einige Reichsthaler, verkauft es wieder für 119 Reichsthaler und gewinnt daraus so viel Prozent als das Pferd gekostet; nun ist die Frage, wie teuer ist dasselbe eingekauft worden.
    b) Einige Kaufleute bestellen einen Faktor und schicken ihn nach Archangelsk, um daselbst einen Handel abzuschliessen. Jeder von ihnen hat zehnmal so viel Reichsthaler eingelegt, wie es Personen sind. Nun gewinnt der Faktor an je 100 Reichsthaler zweimal so viele wie die Anzahl der Personen ist. Wenn man dann den 100. Teil des ganzen Gewinns mit $2\frac{2}{9}$ multipliziert, so kommt die Zahl der Gesellschafter heraus. Wie viele sind ihrer gewesen?

*Erläuterungen:* Ein Faktor bezeichnet hier den Leiter einer Handelsniederlassung (Faktorei). Archangelsk ist ein Hafen am Weißen Meer, über den vom 16. bis zum 18. Jahrhundert der englische und holländische Warenverkehr mit dem Moskauer Reich erfolgte.

## 2.9 Optimierungsprobleme mit quadratischen Funktionen – Lösungsstrategien

**Einstieg**

Die Aufführungen eines Jugendtheaters haben bei einem Eintrittspreis von 8 € durchschnittlich 200 Besucher. Eine Umfrage ergibt, dass eine Preisermäßigung um 0,50 € (bzw. 1,00 €; 1,50 €; ...) die Anzahl der Zuschauer um 20 (bzw. um 40; 60; ...) ansteigen lassen würde. Bestimme den Eintrittspreis, der die maximalen Einnahmen erwarten lässt.

**Aufgabe 1**

**Strategien zum Lösen eines Optimierungsproblems**

Der Tanzclub hat zur Zeit 62 Mitglieder. Eine Umfrage unter Jugendlichen hat ergeben, dass eine Senkung des monatlichen Beitrages um 1,00 € (2,00 €; 3,00 €; ...) die Mitgliederanzahl um 10 (20; 30; ...) ansteigen lassen würde. Bestimme die Preissenkung, die zur größtmöglichen Beitragseinnahme des Tanzclubs führt. Beschreibe verschiedene Lösungswege.

**Lösung**

(1) *Tabellarisches Vorgehen – Planmäßiges Probieren*

Wir berechnen in einer Tabelle für verschiedene Preissenkungen die zugehörige Beitragseinnahme. Eine Preissenkung um 2,00 € von 9,50 € auf 7,50 € Monatsbeitrag sollte maximale

| Preissenkung (in €) | Beitrag (in €) | Mitgliederanzahl | Gesamteinnahmen (in €) |
|---|---|---|---|
| 0 | 9,50 | 62 | 589,00 |
| 1,00 | 8,50 | 72 | 612,00 |
| 2,00 | 7,50 | 82 | 615,00 |
| 3,00 | 6,50 | 92 | 598,00 |

Gesamteinnahmen von 615,00 € ergeben. Fraglich ist aber noch, ob ein Zwischenwert wie eine Preissenkung um z. B. 1,50 € oder 2,50 € noch bessere Einnahmen ergeben würde.

(2) *Grafisches Vorgehen mithilfe einer Funktionsgleichung*

Um auch Zwischenwerte genau zu erfassen, erstellen wir eine Gleichung für die Funktion *Preissenkung (in €) → Gesamteinnahme (in €)*.

Preissenkung (in €):   x
Neuer Beitrag (in €):   9,50 − x
Neue Mitgliederanzahl:   62 + 10x, da 10 neue Mitglieder pro € hinzu kommen
Gesamteinnahmen y (in €):   y = (9,50 − x) · (62 + 10x)

Die Funktion zu dieser Funktionsgleichung ist eine quadratische Funktion.

Da die Preissenkung nicht größer sein kann als der monatliche Beitrag, ist als einschränkende Bedingung 0 ≤ x ≤ 9,5 zu beachten.
Der Graph ist ein Teil einer Parabel. Aus ihrem Scheitelpunkt können wir die gesuchte Preissenkung als x-Koordinate und die dazu gehörige Gesamteinnahme als y-Koordinate entnehmen.

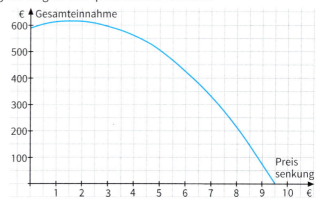

Die Grafik ergibt einen x-Wert von ca. 1,5 und einen y-Wert von ca. 615.

## 2.9 Optimierungsprobleme mit quadratischen Funktionen – Lösungsstrategien

**(3) Algebraische Bestimmung des Scheitelpunktes der Parabel**
Die Koordinaten des Scheitelpunktes können wir auf zwei Weisen genau bestimmen:

a) *Umformen des Funktionsterms in die Scheitelpunktform*
$$y = (9{,}50 - x)(62 + 10x)$$
$$= -10x^2 + 33x + 589$$
$$= -10[x^2 - 3{,}3x - 58{,}9]$$
$$= -10[(x - 1{,}65)^2 - 2{,}7225 - 58{,}9]$$
$$= -10(x - 1{,}65)^2 + 616{,}225$$
Der Scheitelpunkt $S(1{,}65 | 616{,}225)$ ist der höchste Punkt der Parabel.

b) *Bestimmen des Scheitelpunkts mithilfe der Nullstellen*
Die Parabel hat eine Symmetrieachse, die parallel zur y-Achse durch den Scheitelpunkt verläuft. Dann liegen auch die gemeinsamen Punkte der Parabel mit der x-Achse symmetrisch zu dieser Symmetrieachse. Die Schnittpunkte der Parabel mit der x-Achse lassen sich gut aus der Linearfaktorzerlegung des Funktionstermes ermitteln:
$(9{,}50 - x) \cdot (62 + 10x) = 0$    *Bestimmen der Nullstellen*
$9{,}50 - x = 0$ *oder* $62 + 10x = 0$
$\phantom{9{,}50 - }x = 9{,}5$ *oder* $\phantom{62 + 10}x = -6{,}2$
Da die beiden Nullstellen symmetrisch zur Symmetrieachse der Parabel liegen, geht die Symmetrieachse durch die Mitte der beiden Nullstellen, also durch
$$\frac{9{,}5 + (-6{,}2)}{2} = 1{,}65.$$
An dieser Stelle hat die Funktion den Wert $(9{,}50 - 1{,}65) \cdot (62 + 10 \cdot 1{,}65) = 616{,}225$.

Für eine sinnvolle Angabe des Ergebnisses muss noch gerundet werden, da es nicht $62 + 10 \cdot 1{,}65 = 78{,}5$ Tanzclubmitglieder geben kann. Rundet man die Preissenkung auf 1,60 €, so ergeben sich 78 Mitglieder. Jeder zahlt einen Beitrag von 7,90 €, sodass die Gesamteinnahme des Tanzclubs $78 \cdot 7{,}90\,€ = 616{,}20\,€$ beträgt.

**Information**

**(1) Maximum, Minimum, Extremwert**
Hat eine quadratische Funktion als Graph eine nach oben geöffnete Parabel, so ist der Scheitelpunkt der tiefste Punkt des Graphen. Die y-Koordinate des Scheitelpunktes bezeichnet man auch als **Minimum** der Funktion. Entsprechend nennt man bei einer nach unten geöffneten Parabel die y-Koordinate des Scheitelpunkts **Maximum**, da dies der größtmögliche Funktionswert ist. Die Begriffe Minimum und Maximum fasst man zusammen in dem Oberbegriff **Extremwert**. Dies ist der kleinst- bzw. größtmögliche Funktionswert.

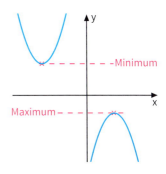

**(2) Bestimmen des Extremwerts einer quadratischen Funktion**
Den Extremwert einer quadratischen Funktion kann man auf verschiedene Weisen bestimmen.
a) *tabellarisch*
Durch Ablesen in einer Wertetabelle erhält man im Allgemeinen einen Näherungswert für den Extremwert. Verfeinert man die Schrittweite, mit der die Tabelle erstellt wurde, so kann man den Näherungswert verbessern.
b) *grafisch*
Am Graphen kann man den Extremwert als y-Koordinate des Scheitelpunktes ablesen; im Allgemeinen erhält man auch so nur einen Näherungswert.

**c)** *algebraisch*

Zum Berechnen der Koordinaten des Scheitelpunkts kann man so vorgehen:

*Dieser Weg ist immer möglich.*

*1. Weg:*

Man findet die Koordinaten des Scheitelpunkts, indem man den Funktionsterm in die Scheitelpunktform $a(x + d)^2 + e$ umformt.
$S(-d \mid e)$ sind dann die Koordinaten des Scheitelpunkts.

*2. Weg:*

Wenn die quadratische Funktion zwei Nullstellen hat, findet man die x-Koordinate des Scheitelpunkts des Graphen als Mitte zwischen den Nullstellen. Die y-Koordinate des Scheitelpunkts ist der zugehörige Funktionswert. Beim Berechnen erhält man den genauen Extremwert.

**Weiterführende Aufgabe**

**Bestimmen des Extremwertes mithilfe des Rechners**

**2.** Auch mit einem Rechner kannst du näherungsweise den kleinsten bzw. größten Funktionswert einer quadratischen Funktion bestimmen.

**a)** Betrachte das Beispiel und untersuche, wie du bei deinem Rechner vorgehen musst.

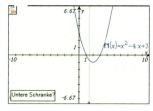
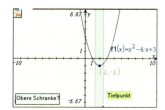
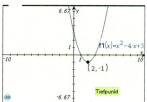

**b)** Ermittle entsprechend den kleinsten bzw. größten Funktionswert für:

(1) $f(x) = 2x^2 - 7x + 3$  (3) $h(x) = -\frac{2}{3}x^2 + 4x - 2$  (5) $j(x) = -x^2 - 6x + 2$

(2) $g(x) = -3x^2 + 8x - 5$  (4) $i(x) = x^2 + 5x - 1$  (6) $k(x) = \frac{3}{4}x^2 + \frac{2}{3}x - 3$

**Übungsaufgaben**

**3.** Ein Elektronik-Versand verkauft monatlich 600 Digitalmultimeter zu einem Stückpreis von 50 €. Die Marketingabteilung hat herausgefunden, dass eine Preissenkung zu einer dazu proportionalen Absatzerhöhung führen würde, und zwar je 1 € Preissenkung 20 mehr verkaufte Digitalmultimeter.
Bestimme den Preis, der die maximalen Einnahmen ergibt.

**4.** Ein Verlag gibt eine Fachzeitschrift heraus, die zu einem jährlichen Abonnementpreis von 60 € an 5 000 Bezieher geliefert wird. Dem Verlag entstehen jährlich auflagenunabhängige Kosten (z. B. für die Redaktion, …) in Höhe von 20 000 € und (auflagenabhängige) Kosten (z. B. für Herstellung, Vertrieb, …) in Höhe von 10 € pro Abonnement.
Durch eine Meinungsumfrage wird festgestellt, dass pro Senkung des Abonnementpreises um 1 € die Anzahl der Abonnenten um 200 ansteigen würde.
Bestimme den Abonnementpreis, der für den Verlag am günstigsten ist.

## 2.9 Optimierungsprobleme mit quadratischen Funktionen – Lösungsstrategien

5. Gib einen Funktionsterm an, bei dem die Bestimmung des Extremwertes mithilfe der Nullstellen der Funktion
   a) rechnerisch günstig ist;
   b) unmöglich ist.

6. Ein 18 cm langer Draht soll zu einem Rechteck gebogen werden. Für welche Seitenlänge x ist der Flächeninhalt
   a) genau 4,25 cm² groß;
   b) mindestens 11,25 cm² groß;
   c) am größten und wie groß dann?

   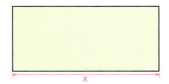

7. Für welche Zahl ist das Produkt aus der Zahl und dem Doppelten der Zahl vermindert um 1 am kleinsten?

8. Einem Rechteck mit den Seitenlängen 8 cm und 5 cm wird ein Parallelogramm P einbeschrieben, indem man von jedem Eckpunkt des Rechtecks aus im Uhrzeigersinn eine gleich lange Strecke abträgt. Bestimme das Parallelogramm mit dem kleinsten Flächeninhalt.
   *Hinweis:* Stelle einen Term für den Flächeninhalt des Parallelogramms auf, indem du von dem Flächeninhalt des Rechtecks die Flächeninhalte von vier Dreiecken subtrahierst.

   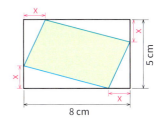

9. Einem Quadrat der Seitenlänge a wird ein neues Quadrat einbeschrieben, indem man wie im Bild rechts von jedem Eckpunkt des äußeren Quadrats aus im Uhrzeigersinn eine Strecke gleicher Länge abträgt. Bestimme das einbeschriebene Quadrat mit dem minimalen Flächeninhalt.

   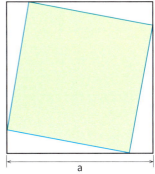

10. Für welchen Punkt P der Geraden g mit der Gleichung $y = -\frac{6}{5}x + 4$ hat das Rechteck mit O und P als Eckpunkten den größten Flächeninhalt?
    *Anleitung:* Fertige zunächst eine Zeichnung an. Nutze aus, dass die Koordinaten des Punktes P die Gleichung von g erfüllen müssen.

    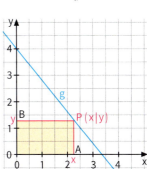

11. An welcher Stelle unterscheiden sich die Funktionswerte von $f_1(x) = 2x - 3$ und $f_2(x) = x^2 - 4x + 7$ am wenigsten voneinander? Fertige zunächst eine Zeichnung an.

12. Die Graphen der beiden Funktionen $f_1$ und $f_2$ mit $f_1(x) = -0{,}1x^2 + x$ und $f_2(x) = 0{,}5x$ begrenzen ein Flächenstück.
    Bestimme diejenige Parallele zur y-Achse, die aus diesem Flächenstück die längste Strecke herausschneidet. Fertige zunächst eine Zeichnung an.

# Auf den Punkt gebracht

# Näherungslösungen und exakte Lösungen

**Ganz genau ist manchmal zu genau!**

1. Bewegungsabläufe im Sport werden mit Videokameras aufgenommen, um sie im Training zu perfektionieren. Beim Freiwurf im Basketball entscheiden schon geringe Abweichungen im Abwurfwinkel und in der Abwurfgeschwindigkeit darüber, ob der Ball im Korb landet oder nicht.

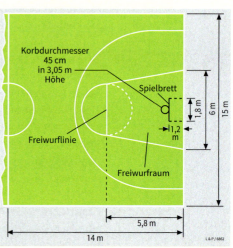

Ein bestimmter Wurf wird in einem Koordinatensystem, dessen Ursprung beim Spieler an der Freiwurflinie direkt vor dem Korb liegt, durch die Gleichung $y = -0{,}25\,x^2 + 1{,}35\,x + 2$ beschrieben. Um zu entscheiden, ob der Ball im Korb landet, haben drei Schüler auf verschiedene Weise bestimmt, in welcher Entfernung der Ball eine Höhe von 3,05 m hat.
Vergleiche die Lösungswege und auch die Angabe des Ergebnisses.

In ungefähr 4,45 m Entfernung von der Freiwurflinie hat der Ball eine Höhe von ungefähr 3,06 m.
Der vordere Korbrand hat eine Entfernung von 5,80 m − 1,20 m − 0,45 m = 4,15 m von der Freiwurflinie, der hintere von 5,80 m − 1,20 m = 4,60 m. Der Ball landet im Korb.

Bei 4,46 m Entfernung ungefähr 3,05 m Höhe. Korbende 5,80 m − 1,20 m = 4,60 m, Korbdurchmesser 0,45 m. Der Ball trifft den Korb.

$-0{,}25\,x^2 + 1{,}35\,x + 2 = 0 \quad |\cdot(-4)$
$x^2 - 5{,}4\,x = 8$
$(x - 2{,}7)^2 = 8 + 2{,}7^2 = 15{,}29$
$x - 2{,}7 = \sqrt{15{,}29}$ oder $x - 2{,}7 = -\sqrt{15{,}29}$
$x = 2{,}7 + \sqrt{15{,}29}$ oder $x = 2{,}7 - \sqrt{15{,}29}$

In $2{,}7 - \sqrt{15{,}29}$ Meter und in $2{,}7 + \sqrt{15{,}29}$ Meter Abstand von der Freiwurflinie hat der Ball eine Höhe von 3,05 m.

## Auf den Punkt gebracht

2. Ein Quadrat mit 1 dm Seitenlänge wird in 9 Quadrate unterteilt. In das mittlere Quadrat soll wie rechts gezeichnet ein Viereck mit möglichst kleinem Flächeninhalt gelegt werden.
Welche Seitenlänge hat es?
Vergleiche dazu die folgenden Schülerlösungen.

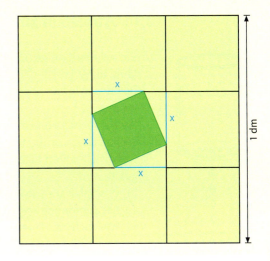

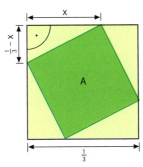

$A = \frac{1}{3} \cdot \frac{1}{3} - 4 \cdot \frac{1}{2} x \cdot \left(\frac{1}{3} - x\right)$

Die Strecke x muss ungefähr 0,167 dm lang sein.

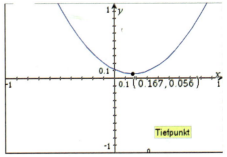

Flächeninhalt der Restdreiecke: $\frac{1}{2} \cdot x \left(\frac{1}{3} - x\right)$

Flächeninhalt des kleinen Quadrats: $\left(\frac{1}{3}\right)^2 - 4 \cdot \frac{1}{2} x \left(\frac{1}{3} - x\right)$

$= \frac{1}{9} - 2x\left(\frac{1}{3} - x\right)$

$= \frac{1}{9} - \frac{2}{3}x + 2x^2$

$A(x) = 2x^2 - \frac{2}{3}x + \frac{1}{9}$

$= 2\left(x^2 - \frac{1}{3}x\right) + \frac{1}{9}$

$= 2\left(\left(x - \frac{1}{6}\right)^2 - \frac{1}{36}\right) + \frac{1}{9}$

$= 2\left(x - \frac{1}{6}\right)^2 - \frac{1}{18} + \frac{1}{9}$

$= 2\left(x - \frac{1}{6}\right)^2 + \frac{1}{18}$

Gesucht ist der Tiefpunkt der Funktion A. Dieser liegt bei $T\left(\frac{1}{6} \mid \frac{1}{18}\right)$.

3. Du hast schon viele Probleme mit quadratischen und linearen Funktionen gelöst.
Finde selbst Beispiele, bei denen eine Näherungslösung sinnvoll ist und andere, bei denen eine exakte algebraische Lösung angemessen ist.

> Bei Realproblemen reicht in der Regel die Angabe dezimaler Näherungswerte für die Lösung. Diese können auch grafisch oder tabellarisch bestimmt werden.
> Für allgemeine Behauptungen ist dagegen eine algebraische Berechnung sinnvoll.

## 2.10 Aufgaben zur Vertiefung

1. Ein zylinderförmiges Gefäß ist mit Wasser gefüllt, das durch ein kleines Loch im Boden ausläuft. Im Verlauf der Zeit t (gemessen in s) ändert sich die Höhe h des Wasserspiegels (gemessen in cm). Dieser zeitliche Ablauf lässt sich mithilfe einer Gleichung beschreiben:
   $h = a \cdot (t - d)^2$
   Die Parameter a und d hängen von der Versuchsanordnung ab. Bei einem Gefäßdurchmesser von 8,5 cm und einem Lochdurchmesser von 4 mm kann man für a den Wert 0,0025 verwenden. Der Wert für d hängt davon ab, wie viel Wasser zu Beginn (t = 0) in das Gefäß gefüllt wird.
   a) Das Gefäß wird so weit mit Wasser gefüllt, dass es in 60 s ausläuft. Zeichne den Graphen der Zuordnung *Zeit (in s) → Höhe des Wasserspiegels (in cm)*.
   b) Wie hoch muss man das Gefäß mit Wasser füllen, damit das Wasser in 90 s vollständig ausläuft?

2. Beim Schießen einer Kugel senkrecht nach oben wird die Zuordnung
   *Zeit t nach Abschuss (in s) → Höhe h über der Abschussstelle (in m)*
   durch die Gleichung $h = 51{,}2\,t - 5t^2$ beschrieben.
   a) In welcher Höhe befindet sich die Kugel nach 4 Sekunden?
      Wann erreicht sie die gleiche Höhe beim Zurückfallen?
   b) Nach welcher Zeit wird die höchste Höhe erreicht? Welche Höhe?
   c) Zu welchen Zeiten beträgt die Höhe 50 m?

3. Die Hängebrücke in Duisburg kann aus ihrer Normallage nach oben gezogen werden. Sie nimmt dann die Form einer Parabel an.
   In Normallage ist die Brücke auch schon gekrümmt.
   Sie ist in der Mitte dann 2,00 m höher als an beiden Enden. Die Angaben für die Höhen in Mittellage und in Hochlage findest du in der Zeichnung.
   Bestimme die Parabelgleichung, indem du das Koordinatensystem zur Bestimmung von Parabelpunkten verschieden anordnest.
   Einige Möglichkeiten siehst du unten.
   Was stellst du fest?

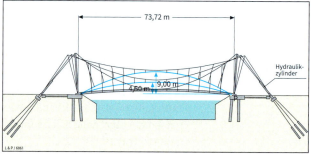
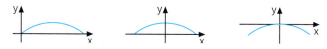

# Das Wichtigste auf einen Blick

**Quadratfunktion**

Die Funktion f mit $f(x) = x^2$ heißt *Quadratfunktion*.
Ihr Graph heißt **Normalparabel**.
Sie hat folgende Eigenschaften:
- Definitionsbereich: $\mathbb{R}$
- Wertebereich: $\mathbb{R}_+$
- Graph ist symmetrisch zur y-Achse
- Koordinatenursprung ist Scheitelpunkt des Graphen
- Graph fällt im 2. Quadranten und steigt im 1. Quadranten

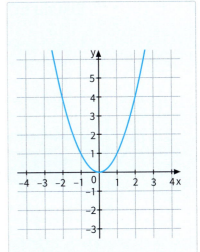

**Quadratische Funktion – Scheitelpunktform**

Eine Funktion f mit dem Term
$f(x) = a x^2 + b x + c$ und $a \neq 0$ heißt
**quadratische Funktion**.
Jeder Term einer quadratischen Funktion lässt sich in die **Scheitelpunktform**
$f(x) = a(x + d)^2 + e$ umformen.

*Beispiel:*

$f(x) = \frac{1}{2}x^2 - x - 3,5$

Vorfaktor von $x^2$ ausklammern
$= \frac{1}{2}[x^2 - 2x] - 3,5$

quadratisch ergänzen zur binomischen Formel
$= \frac{1}{2}[(x-1)^2 - 1 - 7]$

äußere Klammer auflösen
$= \frac{1}{2}(x-1)^2 - 4$

$S(1|-4)$

**Verschieben und Strecken der Normalparabel**

Aus der Normalparabel erhält man den Graphen einer quadratischen Funktion f mit $f(x) = a(x + d)^2 + e$, indem die Normalparabel
- um $|d|$ Einheiten parallel zur x-Achse verschoben wird, nach rechts für $d < 0$, nach links für $d > 0$;
- parallel zur y-Achse mit dem Faktor a gestreckt wird, für $a < 0$ ist der Graph dann an der x-Achse gespiegelt;
- um $|e|$ Einheiten parallel zur y-Achse verschoben wird, nach oben für $e > 0$, nach unten für $e < 0$

Der **Scheitelpunkt** des Graphen ist $S(-d|e)$.
Die Symmetrieachse hat die Gleichung $x = -d$.

*Beispiel:*

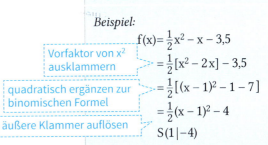

**Lösen quadratischer Gleichungen**

Quadratische Gleichungen der Form $x^2 + p x + q = 0$ kann man
(1) mithilfe des Verfahrens der **quadratischen Ergänzung** lösen;
(Dabei muss man den Term $x^2 + p x$ mit $\left(\frac{p}{2}\right)^2$ ergänzen, sodass man den neuen Term nach der 1. oder 2. binomischen Formel als Quadrat schreiben kann.)

(2) mithilfe der **Lösungsformel** lösen:

$x_{1,2} = -\frac{p}{2} \pm \sqrt{\left(\frac{p}{2}\right)^2 - q}$

*Beispiel:*

$\begin{aligned} x^2 - 4x + 3,2 &= 0 &&|-3,2\\ x^2 - 4x &= -3,2 &&|+2^2\\ x^2 - 2 \cdot 2x + 2^2 &= -3,2 + 2^2 &&|\text{bin. Formel}\\ (x-2)^2 &= 0,8 &&|\sqrt{\phantom{a}}\\ x - 2 = \sqrt{0,8} &\text{ oder } x - 2 = -\sqrt{0,8}\\ x = 2 + \sqrt{0,8} &\text{ oder } x = 2 - \sqrt{0,8} \end{aligned}$

## Bist du fit?

1. Zeichne den Graphen von f, ohne einen Rechner zu verwenden.
   a) $f(x) = (x+1)^2$
   b) $f(x) = x^2 - 2$
   c) $f(x) = (x+1)^2 - 4$
   d) $f(x) = (x-2)^2$
   e) $f(x) = (x-2)^2 + 3$
   f) $f(x) = -[(x+1)^2 - 4]$
   g) $f(x) = 2[(x+1)^2 - 2]$
   h) $f(x) = -\frac{1}{2}[(x-2)^2 - 6]$
   i) $f(x) = 4x - x^2$

2. Welcher Funktionsterm gehört zu dem Graphen?

   a)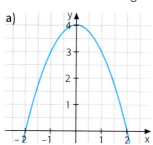
   b)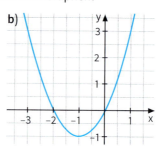
   c)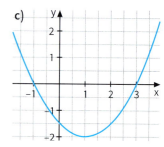

3. In welchem Bereich fällt der Graph, in welchem Bereich steigt er?
   a) $y = x^2 - 18x + 80$
   b) $y = -3x^2 - 12x + 180$
   c) $y = -\frac{1}{2}x^2 + 7x - 20$

4. Bestimme die Lösungsmenge.
   a) $x^2 + 12x + 11 = 0$
   b) $-8z + 16 + z^2 = 0$
   c) $4y^2 - 0{,}5 = y$
   d) $y^2 - 0{,}5y + 1{,}5 = 0$
   e) $6z^2 + 23z = 18$
   f) $0{,}5x^2 - x = 12$

5. Gegeben ist die quadratische Funktion mit:
   a) $f(x) = x^2 + 2x - 8$
   b) $f(x) = -x^2 - 10x - 21$
   c) $f(x) = -4x^2 + 20x - 25$
   (1) Bestimme die Nullstellen der Funktion.
   (2) Bestimme den Scheitelpunkt der Parabel und stelle fest, ob der Scheitelpunkt der höchste oder der tiefste Punkt der Parabel ist.
   Gib Definitions- und Wertebereich an.
   (3) Welcher Punkt $Q_1$ der betreffenden Parabel liegt auf der y-Achse?
   Welcher Parabelpunkt $Q_2$ hat die gleiche y-Koordinate wie $Q_1$?
   (4) An welchen Stellen x wird der Funktionswert 4 angenommen?

6. Der Flächeninhalt eines Rechtecks beträgt 300 cm², eine Seite ist 5 cm länger als die andere Seite. Wie lang sind die Seiten?

7. Julia hat ein Bild mit den Seitenlängen 20 cm und 30 cm gemalt, das noch von einem Passepartout umgeben werden soll, das auf allen Seiten gleich breit ist. Die Kunstlehrerin empfiehlt für eine gute Wirkung, das Passepartout so groß zu wählen, dass es 40 % der Gesamtfläche einnimmt. Wie groß muss das Passepartout gewählt werden?

8. Zu jeder Seitenlänge a eines Würfels gehört ein bestimmter Oberflächeninhalt O. Ermittle die Gleichung für die Funktion *Seitenlänge → Oberflächeninhalt* und zeichne deren Graph.

9. Eine Landwirtin will an einem Bach mit 300 m Zaun ein rechteckiges Weidestück für junge Ponys abgrenzen. Bei welchen Abmessungen erhält sie die größtmögliche Weide?

# 3. Satz des Thales – Satz des Pythagoras – Trigonometrie

*Ebene Figuren lassen sich häufig leichter berechnen, indem man sie in rechtwinklige Dreiecke zerlegt.*

Rechte Winkel oder rechtwinklige Dreiecke im Heft zu zeichnen, ist nicht schwierig, wenn man ein Geodreieck oder zumindest Zirkel und Lineal hat. Aber auch überall in unserer Umgebung werden rechte Winkel benötigt, und dort ist es oft nicht so einfach, sie herzustellen.
Handwerker verwenden keine Geodreiecke.
Wie stellen sie rechte Winkel her? Auf dem Bild siehst du einen Fliesenleger mit drei Leisten, die 30 cm, 40 cm und 50 cm lang sind.

➜ Zeichne ein solches Dreieck im Maßstab 1 : 10.
   Was stellst du fest?

*In diesem Kapitel ...
lernst du mathematische Sätze kennen, die zu den ältesten gehören, die uns überliefert wurden. Weiter erfährst du, wie du rechtwinklige Dreiecke berechnen kannst. Oben siehst du das Denkmal, das zu Ehren von Pythagoras auf der Insel Samos errichtet wurde.*

## Lernfeld: Alles über Dreiecke

### Kleine Quadrate im großen Quadrat

Rechts siehst du, wie vier zueinander kongruente rechtwinklige Dreiecke auf zwei verschiedene Weisen in ein großes Quadrat gelegt wurden.

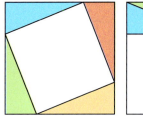 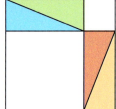

→ Konstruiert selbst rechtwinklige Dreiecke und versucht, sie entsprechend zu legen. Gelingt das stets?

→ Vergleicht die Größe der kleineren nicht ausgefüllten Quadrate.

### Wie im alten Ägypten

Das Land der Pharaonen und Pyramiden ist eine der ältesten Kulturen. So wurden die heute noch erhaltenen Pyramiden vor etwa 5000 Jahren erbaut. Der Nil war die Quelle des Reichtums Ägyptens. Jährlich trat er über die Ufer. Diese Überschwemmungen brachten fruchtbaren Boden auf die Felder am Nil. Ausreichend Wasser zur Bewässerung gab es natürlich auch.

Doch brachte das Nilhochwasser auch Probleme mit sich. Es war bereits früh notwendig, die Zeiten des Hochwassers genau zu bestimmen. Daher entwickelten die Ägypter einen Kalender. Da das Nilhochwasser auch jedes Mal die Feldgrenzen zerstörte, waren auch Methoden der Landvermessung nötig, um die Felder neu einzuteilen. Geometrie fand hier ihre praktische Anwendung. Wichtig für die Landvermessung und beim Bau der Pyramiden war die Konstruktion rechter Winkel. Dabei standen den Ägyptern noch keine modernen Messmethoden zur Verfügung, nicht einmal ein Geodreieck, sondern nur Seile und Stöcke.

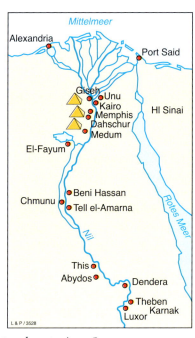

Wie schafften die Ägypter es trotzdem, rechte Winkel exakt zu konstruieren?

→ Zeichnet mit Faden und Reißzwecke (statt Seil und Stock) einen Kreis. Findet Punkte auf diesem Kreis, die ein rechtwinkliges Dreieck bilden. Begründet.

→ Man nimmt an, dass auch schon im alten Ägypten eine weitere Lösung für solche Aufgaben bekannt war: Seilspanner benutzten 12-Knoten-Seile, um rechtwinklige Dreiecke aufzuspannen. Diese wurden unter anderem bei der Ausrichtung von Altären und Bauwerken benutzt.

Überprüft die Methode. Markiert auf einem langen Seil 12 gleich große Abschnitte. Einer von euch hält Anfang und Ende zusammen, zwei andere versuchen, die Markierungen zu finden, mit denen sich ein rechtwinkliges Dreieck aufspannen lässt. Wie müssen sie auf die Dreieckseiten verteilt werden?

Lernfeld: Alles über Dreiecke

→ Behindertengerechte Planung

## Barrierefreie Stadtbücherei

In der Stadtbücherei gibt es viele Barrieren, die so nicht sein müssen. Eine davon wurde erst in der jüngsten Vergangenheit geschaffen. Für den Zugang zur Hörbuchabteilung wurde eine Rampe zur Überbrückung von drei Stufen geschaffen. Diese wurde konsequent am Benutzer vorbeigeplant: Die Rampe weist eine Steigung von 60 % auf.

→ Schätze geeignete Streckenlängen anhand des Bildes oben und überprüfe die Angabe 60 %. Welcher Steigungswinkel wäre zu überwinden?

## Gesetzliche Verordnung für öffentliche Rampen

Rampen im öffentlichen Bereich sind immer nach DIN 18024 mit max. 6 % auszuführen.

Aus der Forderung einer maximalen Steigung von 6 % ergeben sich sehr große Rampenlängen.

*Beispiel:* Für eine zu überwindende Stufenhöhe von 36 cm ergibt sich eine Rampenlänge von 600 cm. Meist steht aber kein ausreichender Platz für eine solche große Rampe zur Verfügung. Unter der Voraussetzung, dass der Rollstuhl von einer Begleitperson geschoben wird, oder dass ein Elektroantrieb zur Verfügung steht, kann die Rampe im privaten Bereich auch steiler ausgeführt werden. Dadurch lässt sich die Länge der Rampe verkürzen. Die Rampenbreite kann ebenfalls angepasst werden.

Im privaten Bereich haben sich in der Praxis folgende Werte für die Steigung als geeignet herausgestellt:

- Selbstfahrer: 6 %
- kräftige Selbstfahrer: 6 % – 10 %
- es wird von einer schwachen Person geschoben: max. 12 %
- es wird von einer kräftigen Person geschoben: 12 % – 20 %
- Elektroantrieb (Steigung laut Bedienungsanleitung): bis ca. 20 %

→ Ermittle für die in der gesetzlichen Verordnung angegebenen Steigungen die zugehörigen Steigungswinkel.
Zeichne den Graphen der Zuordnung *Steigung (in %) → Steigungswinkel (in °)*.
Was vermutest du? Überprüfe deine Vermutung, indem du auch größere Steigungen untersuchst.

→ Vergleicht eure Werte in der Klasse. Zeichnet den Graphen für die Zuordnung
*Steigung (in %) → Steigungswinkel (in °)* für Werte von 0 % bis 900 %.

→ Überlegt gemeinsam, wo große Steigungen in eurer Umwelt vorkommen.
Eventuell könnt ihr euch auch noch im Internet informieren.
Verwendet den im vorigen Auftrag gezeichneten Graphen, um die zugehörigen Steigungswinkel zu ermitteln.

## 3.1 Satz des Thales

**Einstieg 1**

Beim Sportunterricht der Klasse 9c steht eine Gruppe zu Beginn der Stunde rund um den Mittelkreis des Sportplatzes. Dabei gibt es zwei besondere Schüler. Sie tragen zur besseren Erkennung rote T-Shirts und stehen genau da, wo sich Mittelkreis und Mittellinie schneiden.
Die Schüler werfen sich einen Ball zu. Dabei gilt als Regel, dass ein Schüler mit einem roten T-Shirt irgendeinem Schüler mit blauem T-Shirt den Ball zuwirft. Dieser muss den Ball zu dem anderen Schüler mit dem roten T-Shirt werfen, usw.
Welcher Schüler mit einem blauen T-Shirt muss sich zwischen Fangen und Werfen am stärksten drehen? Probiert es aus.

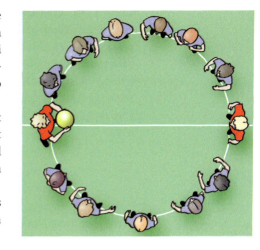

**Einstieg 2**

Zeichnet mit einem dynamischen Geometrie-System einen Kreis mit dem Mittelpunkt M und dem Durchmesser $\overline{AB}$. Platziert auf dem Kreis einen weiteren Punkt C und verbindet ihn mit A und B. Messt jetzt die Größe des Winkels γ am Punkt C. Bewegt anschließend den Punkt C auf dem Kreis. Was stellt ihr fest? Formuliert einen entsprechenden Zusammenhang.

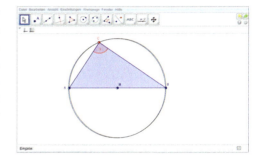

**Aufgabe 1**

**Hinführung zum Satz des Thales**
Zeichne einen Kreis und zwei Durchmesser. Zeichne nun ein Viereck, das die beiden Durchmesser als Diagonalen besitzt.
Um was für ein Viereck handelt es sich? Begründe deine Behauptung.

**Lösung**

Die Zeichnung lässt vermuten, dass es sich um ein Rechteck handelt, also ein Viereck mit vier rechten Winkeln.
*Wir wissen:* Der Punkt C liegt auf dem Halbkreis über $\overline{DB}$.
*Wir wollen zeigen:* γ = 90°
Die Strecken $\overline{MB}$, $\overline{MC}$ und $\overline{MD}$ sind Radien des Kreises um M und daher gleich lang.
Folglich sind die Dreiecke DMC und MBC gleichschenklige Dreiecke. Mithilfe des Basiswinkelsatzes folgt:
(1) $\delta_1 = \gamma_1$;     (2) $\beta_2 = \gamma_2$
Dann gilt: $\gamma = \gamma_1 + \gamma_2 = \delta_1 + \beta_2$
Nach dem Winkelsummensatz gilt:
$\delta_1 + \beta_2 + \gamma = 180°$
Wegen $\delta_1 + \beta_2 = \gamma$ folgt daraus:
$\gamma + \gamma = 180°$
$2 \cdot \gamma = 180°$
$\gamma = 90°$

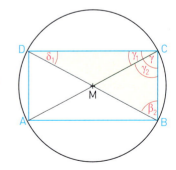

## 3.1 Satz des Thales

**Information**

**(1) Satz des Thales**

Die Lösung der Aufgabe 1 führt uns auf einen Satz, der nach dem griechischen Philosophen, Astronomen und Mathematiker Thales von Milet (um 600 v. Chr.) benannt ist.

---

**Definition**
Zu jeder Strecke $\overline{AB}$ mit dem Mittelpunkt M kann man den Kreis zeichnen, der M als Mittelpunkt hat und durch die Punkte A und B geht.
Dieser Kreis heißt **Thaleskreis** der Strecke $\overline{AB}$.

**Satz des Thales**
Wenn der Punkt C eines Dreiecks ABC auf dem Thaleskreis der Strecke $\overline{AB}$ liegt, dann ist das Dreieck rechtwinklig mit γ als rechtem Winkel.

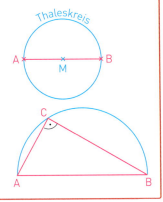

---

*Wegen der Symmetrie des Kreises betrachtet man häufig nur einen Halbkreis.*

**(2) Kehrsatz des Satzes von Thales**
Wir zeichnen eine Strecke $\overline{AB}$ und darüber verschiedene rechtwinklige Dreiecke.
Wir vermuten den folgenden Kehrsatz:

---

**Kehrsatz des Thalessatzes**
Wenn ABC ein rechtwinkliges Dreieck mit γ = 90° ist, dann liegt C auf dem Thaleskreis über der Seite $\overline{AB}$.

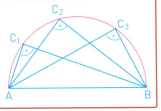

---

*Beweis:* Liegt der Punkt C nicht auf dem Halbkreis über $\overline{AB}$, dann gibt es zwei Möglichkeiten:
(1) C liegt innerhalb des Thaleskreises.   (2) C liegt außerhalb des Thaleskreises.

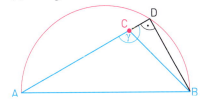 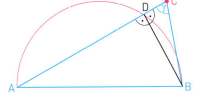

Das Dreieck BDC besitzt bei D einen rechten Winkel, also ist in diesem Dreieck nach dem Winkelsummensatz der Innenwinkel bei C spitz. Dann ist aber der Winkel γ im Dreieck ABC stumpf: γ > 90°.

Das Dreieck ABD besitzt bei D einen rechten Winkel, ebenso das Dreieck BCD. Somit ist nach dem Winkelsummensatz der Winkel γ bei C spitz: γ < 90°.

Liegt also der Punkt C *nicht* auf dem Halbkreis über $\overline{AB}$, dann ist das Dreieck ABC *nicht* rechtwinklig. Ist es aber rechtwinklig, dann muss C auf dem Halbkreis liegen.

**Weiterführende Aufgabe**

**Konstruktion eines rechtwinkligen Dreiecks mithilfe des Thalessatzes**

2. Konstruiere ein Dreieck ABC aus den gegebenen Stücken.
   a) c = 4,8 cm, a = 2,5 cm, γ = 90°       b) c = 4,7 cm, $h_c$ = 1,9 cm, γ = 90°

**Übungsaufgaben**

3. a) Konstruiere aus den gegebenen Stücken ein rechtwinkliges Dreieck ABC.
   (1) $c = 5{,}3\,\text{cm}$, $b = 4{,}3\,\text{cm}$, $\gamma = 90°$ (2) $h_b = 8\,\text{cm}$, $h_c = 5\,\text{cm}$, $\gamma = 90°$
   b) Stelle deinem Partner weitere Aufgaben wie in Teilaufgabe a) und kontrolliere anschließend seine Lösung.

4. Konstruiere ein rechtwinkliges Dreieck ABC aus den gegebenen Stücken.
   a) $c = 8\,\text{cm}$, $h_c = 3\,\text{cm}$, $\gamma = 90°$ b) $b = 6{,}4\,\text{cm}$, $h_b = 2{,}3\,\text{cm}$, $\beta = 90°$

5. Gegeben ist eine Gerade g und ein Punkt P, der nicht auf g liegt. Konstruiere mithilfe des Thalessatzes die Orthogonale zu g durch P. Beschreibe dein Vorgehen.

6. Gegeben ist ein Kreis mit dem Radius $r = 3{,}4\,\text{cm}$. Jeder konstruiert zunächst ein Rechteck, dessen Ecken auf dem Kreis liegen; eine Seite des Rechtecks soll 2,1 cm lang sein. Vergleiche dazu deine Vorgehensweise mit der deines Nachbarn.

7. Wenn ein Tischler einen rechtwinkligen Fensterrahmen baut, so braucht er zur Überprüfung der rechten Winkel keinen Winkelmesser. Es reicht, wenn er kontrolliert, ob die Diagonalen gleich lang sind.
   a) Begründe, warum man so feststellen kann, ob rechte Winkel vorliegen.
   b) Untersuche auch, ob eine kleine Abweichung vom rechten Winkel mit diesem Verfahren bemerkt wird. Zeichne dazu ein Parallelogramm mit $a = 9\,\text{cm}$, $b = 12\,\text{cm}$ und $\alpha = 92°$.

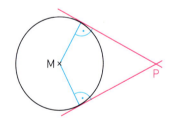

8. Zeichne eine Gerade g und zwei Punkte A und B auf derselben Seite von g. Konstruiere nun einen Punkt C auf g so, dass der Winkel zwischen $\overrightarrow{CA}$ und $\overrightarrow{CB}$ genau 90° groß ist. Unterscheide hinsichtlich der Lage von A und B verschiedene Fälle.

9. Gegeben ist ein Kreis mit dem Mittelpunkt M und dem Kreisradius r sowie ein Punkt P außerhalb des Kreises. Konstruiere die Tangenten von P an den Kreis.

10. Stellt verschiedene Möglichkeiten zusammen, wie man ohne Geodreieck einen rechten Winkel konstruieren kann, und präsentiert eure Ergebnisse in der Klasse.

11. Gegeben ist eine Strecke $\overline{AB}$.
    Wo kann der Punkt C liegen, sodass das Dreieck ABC einen rechten Winkel bei C hat? Probiere mit einem dynamischen Geometrie-System. Versuche den Punkt C so zu bewegen, dass der Winkel stets 90° groß ist. Zeichne dabei seine Ortslinie auf. Äußere eine Vermutung.

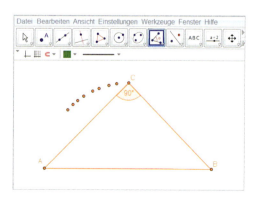

Im Blickpunkt

# Thales von Milet

**Thales (von Milet)**
\* um 624 v. Chr.
† um 547 v. Chr.

Der erste namentlich bekannte griechische Mathematiker ist Thales. Er stammte aus einer Kaufmannsfamilie in der ionischen Handelsstadt Milet und verfügte über Zeit und Mittel, Reisen nach Babylonien, Persien, Ägypten zu unternehmen, um sich das Wissen der damaligen Zeit anzueignen.

1. Es gibt Hinweise darauf, dass Thales den Basiswinkelsatz, den Scheitelwinkelsatz, den Winkelsummensatz für Dreiecke und natürlich den Thalessatz bewiesen hat.
Formuliere die Aussagen dieser Sätze mit eigenen Worten.

2. Bei einer Reise nach Ägypten soll Thales auf die Bitte nach einer Schätzung der Pyramidenhöhe geantwortet haben: „Ich will sie nicht schätzen, sondern messen." Dazu soll er sich in den Sand gelegt haben, um einen Abdruck seines Körpers zu erhalten. „Wenn ich mich jetzt an ein Ende des Abdrucks stelle und warte, bis mein Schatten so lang ist wie der Abdruck, dann kann ich auch die Höhe der Pyramide bestimmen".
Wie erhält Thales die Höhe der Pyramide? Welcher geometrische Satz wird dabei benutzt?

3. Thales soll auch ein Gerät entwickelt haben, um die Entfernung zu Schiffen auf See zu bestimmen. Dieses Gerät besteht aus zwei Stäben mit einem gemeinsamen Drehpunkt. Man steigt damit auf einen Turm und hält den einen Stab senkrecht. Der zweite Stab wird so gedreht, dass er genau auf das Schiff zeigt. Der Winkel zwischen beiden Stäben wird nun nicht mehr verändert und man dreht sich um, sodass der zweite Stab auf einen Punkt im Gelände zeigt. Überlege, wie man die Entfernung zum Schiff erhält.

4. Seiner wissenschaftlichen Leistungen wegen zählte Thales zu den „Sieben Weisen".
Eine seiner großartigsten Leistungen soll die Vorhersage der Sonnenfinsternis vom 28. Mai 585 v. Chr. gewesen sein, bei der er wohl das Wissen anderer Gelehrter verwendete, die er auf seinen Reisen getroffen hatte. Informiere dich über Sonnenfinsternisse.
Weitere Informationen über Thales kannst du auch im Internet erhalten.

## 3.2 Satz des Pythagoras

**Einstieg**

a) Rechts seht ihr eine Bordüre aus hellen und dunklen Granit-Platten.
Für welchen Streifen benötigt man mehr hellen Granit?

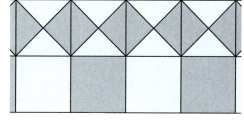

b) Formuliert euer Ergebnis aus Teilaufgabe a) als ein Ergebnis über Quadrate an den Seiten eines rechtwinklig-gleichschenkligen Dreiecks.

c) Untersucht, ob das Ergebnis von Teilaufgabe b) für beliebige rechtwinklige Dreiecke zutrifft. Zeichnet dazu mit einem dynamischen Geometrie-System ein rechtwinkliges Dreieck.
Konstruiert dann an jeder Dreieckseite ein Quadrat. Lasst auch den Flächeninhalt dieser Quadrate berechnen.
Verändert die Form des Dreiecks und beobachtet dabei die Flächeninhalte.
Was stellt ihr fest?

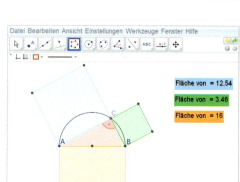

**Aufgabe 1**

Berechnung eines gleichschenklig-rechtwinkligen Dreiecks
Der Bebauungsplan einer Gemeinde schreibt Satteldächer mit einer Dachneigung von 45° vor. Familie Werner plant ein Haus, das 8,00 m breit sein soll.
Wie lang müssen dann die Dachsparren sein, wenn sie 60 cm überstehen sollen?
Löse diese Aufgabe zunächst zeichnerisch und dann rechnerisch.

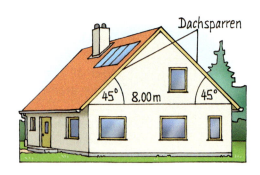

**Lösung**

(1) *Zeichnerische Lösung*
Der Dachgiebel ist ein Dreieck. Da beide Dachneigungen gleich groß sind, ist das Dreieck gleichschenklig. Von diesem Dreieck ABC sind die Basis $\overline{AB}$ und die beiden anliegenden Basiswinkel α und β gegeben. Nach dem Kongruenzsatz wsw ist es eindeutig konstruierbar.
Wir zeichnen das Dreieck verkleinert im Maßstab 1:200.
Aus dem Winkelsummensatz folgt, dass der Winkel an der Spitze 90° groß ist. Das Dreieck ist also auch rechtwinklig.
Durch Messen der Strecke $\overline{BC}$ bzw. $\overline{AC}$ erhalten wir:
a = b ≈ 5,6 m.
Dazu kommt jeweils noch 0,6 m für den Überstand.
*Ergebnis:* Die Dachsparren müssen etwa 6,20 m lang sein.

*Maßstab 1 : 200*

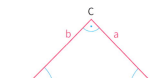

**(2) Rechnerische Lösung**

Um aus der gegebenen Länge c der Basis des rechtwinklig-gleichschenkligen Dreiecks ABC die gesuchte Schenkellänge a (= b) zu berechnen, müssen wir einen formelmäßigen Zusammenhang zwischen den Längen c und a finden.

Dazu legen wir vier Exemplare des Dreiecks zu einem Quadrat zusammen. Dessen Flächeninhalt können wir mithilfe von zwei verschiedenen Formeln angeben:

- Das Quadrat Q hat die Seitenlänge c, also den Flächeninhalt $A_Q = c^2$.
- Das Quadrat setzt sich aus vier zueinander kongruenten gleichschenklig-rechtwinkligen Dreiecken D zusammen, deren Flächeninhalt beträgt:
  $A_D = \frac{1}{2} a \cdot b = \frac{1}{2} a \cdot a = \frac{1}{2} a^2$

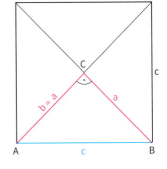

Daraus folgt: $A_Q = 4 \cdot A_D = 4 \cdot \frac{1}{2} a^2 = 2 a^2$

Durch den Vergleich dieser beiden Berechnungen des Flächeninhalts des Quadrats erhalten wir:

$2 a^2 = c^2 \qquad |:2$

$a^2 = \frac{1}{2} c^2$

$a = \sqrt{\frac{1}{2} c^2}$ ⟵ *teilweises Wurzelziehen und Wurzel im Nenner beseitigen*

$a = \frac{c}{2} \sqrt{2}$

Wir setzen ein: $a = \frac{8\,m}{2} \cdot \sqrt{2} \approx 5{,}66\,m$

Dazu kommen noch 0,60 m für den Überstand.

*Ergebnis:* Die Dachsparren müssen ungefähr 6,26 m lang sein.

*a > 0 und c > 0, da es sich um Längen handelt.*

**Aufgabe 2**

**Hinführung zum Satz des Pythagoras**

Bei der Lösung der Aufgabe 1 haben wir für ein gleichschenklig-rechtwinkliges Dreieck mit der Basislänge c und der Schenkellänge a durch Betrachtung von Flächeninhalten folgende Gleichung gewonnen: $c^2 = 2 a^2$

Dies bedeutet geometrisch:

> Der Flächeninhalt des Quadrats über der Seite $\overline{AB}$ ist gleich der Summe der Flächeninhalte der beiden Quadrate über den Seiten $\overline{BC}$ und $\overline{AC}$.

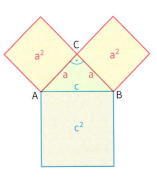

Wir wollen im Folgenden untersuchen, ob dieses Ergebnis nicht nur für gleichschenklig-rechtwinklige Dreiecke, sondern allgemein für rechtwinklige Dreiecke gilt.

Zeichnet rechtwinklige Dreiecke ABC mit $\gamma = 90°$ und den Seitenlängen

(1) a = 6 cm und b = 9 cm;
(2) a = 5 cm und b = 8,5 cm;
(3) a = 5 cm und b = 6 cm.

Messt die Länge der dritten Seite. Überprüft, ob das oben formulierte Ergebnis auch für diese rechtwinkligen Dreiecke gilt.

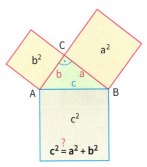

Lösung   Die Dreiecke sind hier auf die Hälfte verkleinert gezeichnet.

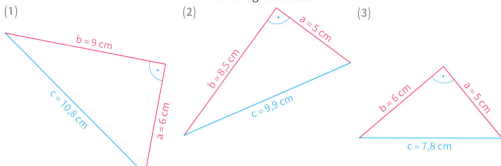

Durch Messen der dritten Seiten der Dreiecke erhalten wir:
(1) c = 10,8 cm;   (2) c = 9,9 cm;   (3) c = 7,8 cm

*Überprüfen des Satzes:*
(1) $(6\,cm)^2 + (9\,cm)^2 = 117\,cm^2$ und $(10,8\,cm)^2 = 116,64\,cm^2$
    $117\,cm^2 \approx 116,64\,cm^2$
(2) $(5\,cm)^2 + (8,5\,cm)^2 = 97,25\,cm^2$ und $(9,9\,cm)^2 = 98,01\,cm^2$
    $97,25\,cm^2 \approx 98,01\,cm^2$
(3) $(5\,cm)^2 + (6\,cm)^2 = 61\,cm^2$ und $(7,8\,cm)^2 = 60,84\,cm^2$
    $61\,cm^2 \approx 60,84\,cm^2$

Die Beispiele legen nahe, dass die Gleichung $a^2 + b^2 = c^2$ für alle rechtwinkligen Dreiecke gilt.

Information

**(1) Begriffe am rechtwinkligen Dreieck**
Bevor wir die gefundene Vermutung allgemein formulieren, führen wir zwei Begriffe am rechtwinkligen Dreieck ein:

**Hypotenuse** (griech.)
hypo – unten
teinein – spannen

**Kathete** (griech.)
Kathetos – Senkblei

Die dem rechten Winkel gegenüberliegende Seite nennt man **Hypotenuse**, die dem rechten Winkel anliegenden Seiten heißen **Katheten**.

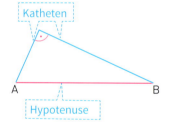

**(2) Satz des Pythagoras**
Aus den Beispielen der Aufgabe 2 ergibt sich:

Pythagoras von Samos
Πυθαγόρας
etwa 580 bis etwa
500 v. Chr.

> **Satz des Pythagoras**
> Wenn das Dreieck ABC *rechtwinklig* ist, dann ist der Flächeninhalt des Hypotenusenquadrates gleich der Summe der Flächeninhalte der beiden Kathetenquadrate:
> $c^2 = a^2 + b^2$   (für $\gamma = 90°$)

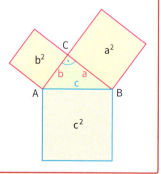

Wir wollen diesen Satz nun allgemein beweisen.

**Beweis des Satzes des Pythagoras:**
Von einem Quadrat PQRS mit der Seitenlänge a + b werden vier rechtwinklige Dreiecke mit den Kathetenlängen a und b abgeschnitten. Die vier abgeschnittenen Dreiecke stimmen in den Kathetenlängen und dem eingeschlossenen rechten Winkel überein. Sie sind nach dem Kongruenzsatz sws zueinander kongruent.
Folglich hat die Restfigur vier gleich lange Seiten, deren Länge wir mit c bezeichnen.
Des weiteren gilt aufgrund des Winkelsummensatzes im Dreieck:
$\alpha + \beta + 90° = 180°$, also $\alpha + \beta = 90°$.
Ebenso gilt: $\alpha + \beta + \varphi = 180°$, also $\varphi = 90°$.
Damit ist gezeigt, dass die Restfigur TUVW ein Quadrat mit der Seitenlänge c ist. Das Quadrat TUVW hat den Flächeninhalt $A = c^2$.
Wir berechnen nun diesen Flächeninhalt auf andere Weise:

Flächeninhalt von PQRS   Flächeninhalt der vier Dreiecke

$c^2 = (a+b)^2 - 4 \cdot \frac{1}{2} ab$

$\quad = a^2 + 2ab + b^2 - 2ab$

$\quad = a^2 + b^2$

**1. binomische Formel**
$(a+b)^2 = a^2 + 2ab + b^2$

Damit ist bewiesen, dass der oben gefundene Flächensatz (Satz des Pythagoras) allgemein für alle rechtwinkligen Dreiecke gilt.

**Weiterführende Aufgabe**

**Konstruktion von Strecken mit irrationaler Länge**

3. Konstruiere eine Strecke der Länge $\sqrt{5}$ cm.
   *Anleitung:* Konstruiere ein geeignetes Dreieck.

**Übungsaufgaben**

4. Gib für das rechtwinklige Dreieck jeweils die Gleichung nach dem Satz des Pythagoras an. Skizziere zunächst die Dreiecke im Heft; färbe die Katheten rot, die Hypotenuse blau.

(1) 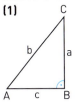  (2) 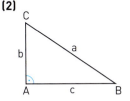  (3)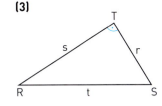

5. Kontrolliere die angegebenen Gleichungen. Berichtige gegebenenfalls.

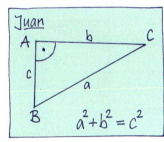 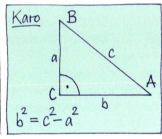 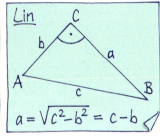

6. Berechne die Länge x der roten Strecke (Maße in cm).

a) b) c) d)

7. In der Figur findest du mehrere rechtwinklige Dreiecke. Notiere sie und gib jeweils nach dem Satz des Pythagoras den Zusammenhang zwischen den Seitenlängen an.

a) 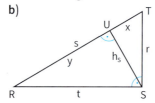 b) 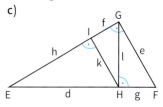 c)

8. Berechne die dritte Seite sowie den Umfang und den Flächeninhalt des Dreiecks ABC.

a) a = 12 cm
b = 16 cm
γ = 90°

b) c = 10 cm
a = 6 cm
γ = 90°

c) a = 10 dm
c = 6 dm
α = 90°

d) b = 4,1 km
c = 3,5 km
α = 90°

e) a = 3,4 cm
c = 51 mm
β = 90°

9. Konstruiere mithilfe des Satzes des Pythagoras eine Strecke der Länge
   (1) $\sqrt{10}$;   (2) $\sqrt{20}$;   (3) $\sqrt{2}$.

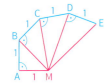

10. Berechne in der Figur links die Länge der Strecken $\overline{MB}$, $\overline{MC}$, $\overline{MD}$, $\overline{ME}$, usw. Setze die *Quadratwurzelspirale* fort. Was fällt auf?

11. a) Zeichne ein rechtwinklig-gleichschenkliges Dreieck mit der Basis c = 4 cm.
    Konstruiere das Hypotenusenquadrat und die beiden Kathetenquadrate.
    Ergänze die Figur wie im Bild rechts.
    b) Setze die Figur aus Teilaufgabe a) um eine weitere Stufe fort. Wie groß sind alle Quadrate zusammen?
    Berechne auch den Umfang der Gesamtfigur.
    c) Du kannst die Figur weiter fortsetzen.
    Was vermutest du über den Flächeninhalt und den Umfang der Gesamtfigur?

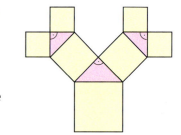

12. a) Die beiden nebenstehenden Figuren zeigen einen weiteren Beweis des Satzes des Pythagoras.
    Erläutere den Beweis im Einzelnen.
    b) Im Internet findest du unter dem Stichwort „Satz des Pythagoras" weitere Beweise.
    Stellt in der Klasse Beweise zusammen, die ihr als Referat präsentiert.

 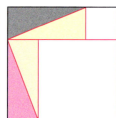

## 3.3 Berechnen von Streckenlängen

**Einstieg**

Eine Stehleiter ist zusammengeklappt 2,10 m lang. Wenn sie aufgestellt ist, sind die Fußenden 1,40 m weit voneinander entfernt. Wie hoch reicht die Leiter?

**Aufgabe 1**

**Berechnungen am gleichseitigen Dreieck**
In einer Feriensiedlung werden Dachhäuser wie im Bild errichtet.
Löse folgende Aufgaben auch allgemein und leite somit jeweils eine Formel her.
a) Wie hoch sind die Dachhäuser?
b) Die Giebelfläche soll mit Holz verschalt werden.
Wie viel Holz wird für eine Seite benötigt?

**Lösung**

Die Giebelfläche ist ein gleichseitiges Dreieck, da die beiden Dachneigungen und damit auch der Winkel an der Spitze jeweils 60° betragen.

a) Die Höhe h zur Seite $\overline{AB}$ zerlegt das gleichseitige Dreieck ABC in zwei rechtwinklige Dreiecke ADC und DBC; außerdem halbiert sie die Seite $\overline{AB}$.
Wir betrachten das rechtwinklige Dreieck ADC und wenden den Satz des Pythagoras an:

(1) *Berechnen von h*

$\left(\frac{a}{2}\right)^2 + h^2 = a^2$

$\left(\frac{7}{2}m\right)^2 + h^2 = (7\,m)^2$

$h^2 = 49\,m^2 - 12,25\,m^2$

$h^2 = 36,75\,m^2$

$h = \sqrt{36,75}\,m$

$h \approx 6,06\,m$

*Teilweises Wurzelziehen*
$\sqrt{x^2 y} = x\sqrt{y}$
(für $x \geq 0$, $y \geq 0$)

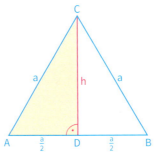

(2) *Formel für die Höhe h*

$\left(\frac{a}{2}\right)^2 + h^2 = a^2$

$h^2 = a^2 - \left(\frac{a}{2}\right)^2$

$h^2 = a^2 - \frac{a^2}{4}$

$h^2 = \frac{3}{4}a^2$

$h = \sqrt{\frac{3}{4}a^2}$

$h = \frac{a}{2}\sqrt{3}$

*Ergebnis:* Die Dachhäuser sind 6,06 m hoch.

b) (1) *Berechnen des Flächeninhalts*

$A = \frac{1}{2} \cdot a \cdot h$

$A = \frac{1}{2} \cdot 7\,m \cdot \sqrt{36,75}\,m$

$A \approx 21,2\,m^2$

(2) *Formel für den Flächeninhalt*

$A = \frac{1}{2} \cdot a \cdot h$

$A = \frac{1}{2} \cdot a \cdot \frac{a}{2}\sqrt{3}$

$A = \frac{a^2}{4}\sqrt{3}$

*Ergebnis:* Es werden mindestens 21,2 m² Holz benötigt.

**Information**

> **Satz**
> Bei einem *gleichseitigen* Dreieck mit der Seitenlänge a gilt:
> (1) für die Höhe: $h = \frac{a}{2}\sqrt{3}$
> (2) für den Flächeninhalt: $A = \frac{a^2}{4}\sqrt{3}$

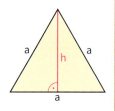

**Aufgabe 2**

**Berechnen von Längen räumlicher Figuren**
Bei einem Stadtfest soll ein großes Zelt aufgebaut werden. Es hat eine quadratische Grundfläche und als Dach eine Pyramide. Insgesamt ist das Zelt 5 m hoch. Die Grundfläche ist 10 m × 10 m groß.
Zur sicheren Konstruktion sollen nicht nur die Außenkanten durch Stahlrohre gebildet werden. Jede Außenfläche soll durch ein zusätzliches Rohr gestützt werden.
Berechne, wie viel Stahlrohr insgesamt benötigt wird.

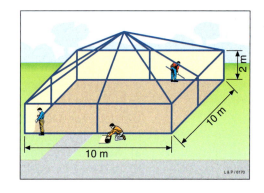

**Lösung**

(1) Wir berechnen den Stahlrohrbedarf für den Quader.
Für die unteren und oberen Kanten werden 8 Rohre der Länge 10 m benötigt, für die senkrechten Stäbe 8 Rohre der Länge 2 m, also insgesamt:
8 · 10 m + 8 · 2 m = 96 m

(2) Wir berechnen nun den Stahlrohrbedarf für die Schrägen des pyramidenförmigen Daches.

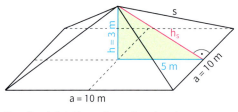 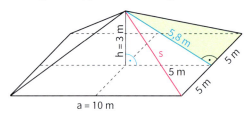

Das Dach ist 5 m − 2 m = 3 m hoch.
Für die Höhe $h_s$ des Seitendreiecks gilt nach dem Satz des Pythagoras:

$h_s^2 = (5\,m)^2 + (3\,m)^2$
$\phantom{h_s^2} = 25\,m^2 + 9\,m^2$
$\phantom{h_s^2} = 34\,m^2$

Also: $h_s = \sqrt{34}\,m \approx 5{,}83\,m$
Für die Länge s der Seitenkanten gilt nach dem Satz des Pythagoras:
$s^2 = \left(\sqrt{34}\,m\right)^2 + (5\,m)^2$
$\phantom{s^2} = 34\,m^2 + 25\,m^2$
$\phantom{s^2} = 59\,m^2$

Also: $s = \sqrt{59}\,m \approx 7{,}68\,m$

Für das Dach benötigt man also etwa 4 · 5,83 m + 4 · 7,68 m = 54,04 m.
Somit beträgt der Gesamtbedarf an Stahlrohr ungefähr 96 m + 54 m = 150 m.

## 3.3 Berechnen von Streckenlängen

**Information**

**Strategie zum Berechnen von Längen**
Der Satz des Pythagoras ermöglicht es, bei einem rechtwinkligen Dreieck aus zwei Seitenlängen die dritte Seitenlänge zu berechnen.

> Man kann mithilfe des Satzes des Pythagoras Seitenlängen in Vielecken und Körpern berechnen. Dazu muss man rechtwinklige Dreiecke suchen oder durch eine geeignete Hilfslinie ein rechtwinkliges Dreieck einzeichnen. Als Hilfslinien verwendet man häufig Höhen.

**Übungsaufgaben**

3. Von den beiden Seitenlängen a und b eines Rechtecks sowie der Länge e einer Diagonalen sind zwei gegeben. Berechne die dritte Länge.
   a) a = 8 cm; b = 5 cm
   b) a = 1,4 dm; e = 3,8 dm
   c) e = 5,9 dm; b = 4,7 dm

4. a) Von einem gleichseitigen Dreieck ist die Seitenlänge a = 7 cm gegeben.
      Berechne die Höhe h und den Flächeninhalt A.
   b) Von einem gleichseitigen Dreieck ist die Höhe h = 5 m gegeben.
      Berechne die Seitenlänge a, den Flächeninhalt A und den Umfang u.
   c) Von einem gleichseitigen Dreieck ist der Flächeninhalt A = 35 cm² gegeben.
      Berechne die Seitenlänge a, die Höhe h und den Umfang u.

5. Von den drei Größen g, s und h eines gleichschenkligen Dreiecks sind zwei gegeben. Berechne die dritte Größe sowie den Flächeninhalt A und den Umfang u.
   a) g = 6 cm; s = 4 cm
   b) s = 5 dm; h = 3 dm
   c) h = 24 mm; g = 45 mm

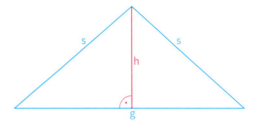

6. Ein Neubau ist 11,20 m breit. Die dreieckige Giebelwand hat die Höhe 3,20 m. Die Dachbalken sollen 70 cm überstehen.
   Wie lang müssen die Dachbalken sein?

7. Ein gleichschenkliges Dreieck ist durch die Basislänge g und eine Schenkellänge s gegeben.
   Leite eine Formel für die Höhe h und den Flächeninhalt A her.

8. a) Ein Quadrat hat eine Seitenlänge von 3 cm. Berechne die Länge der Diagonale.
   b) Rechts siehst du einen Ausschnitt aus einer Formelsammlung. Beweise die angegebene Formel.
   c) Ein Quadrat hat eine 12 cm lange Diagonale. Berechne seine Seitenlänge.
   d) Erstelle eine Formel zur Berechnung der Seitenlänge aus der Diagonale eines Quadrats.

Diagonale eines Quadrats:
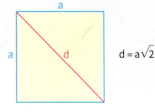
$d = a\sqrt{2}$

9. Durch einen Sturm ist eine 40 m hohe Fichte in 8,75 m Höhe abgeknickt. Wie weit liegt die Spitze etwa vom Stamm entfernt?
Welche Vereinfachung musst du zur Berechnung vornehmen?

10. Im Koordinatensystem mit der Einheit 1 cm sind die beiden Punkte A und C gegeben. Berechne die Länge der Strecke $\overline{AC}$.
Gib auch den Umfang und den Flächeninhalt des Dreiecks ABC an.

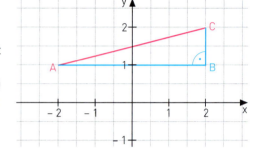

   a) A(−3|1)  C(3|4)
   b) A(2|7)  C(7|4)
   c) A(−6|3)  C(2|−5)
   d) A(−4|−6)  C(7|4)
   e) A(−7|−3)  C(−2|−1)
   f) A($x_1$|$y_1$)  C($x_2$|$y_2$)

11. Welchen Abstand haben die Punkte A(3|4), B(7|9), C(−1|5), D(2|−4), E(−3|−1) vom Ursprung eines Koordinatensystems mit der Einheit 1 cm?

12. a) In einem Koordinatensystem mit der Einheit 1 cm sind die Punkte A, B und C gegeben. Berechne den Umfang des Dreiecks ABC:
   (1) A(1|2); B(6|4); C(4|7)   (2) A(−4|−2); B(5|−4); C(0|3)
   b) Gegeben ist in einem Koordinatensystem mit der Einheit 1 cm ein Viereck ABCD mit A(1|4), B(9|6), C(8|8) und D(3|7). Berechne den Umfang des Vierecks.

13. In der Mitte zwischen zwei gegenüber liegenden Masten an einer Straße ist eine Straßenlaterne befestigt. Der Abstand der Masten beträgt 12 m. Das Befestigungsseil ist 12,10 m lang.
Wie viel hängt das Seil in der Mitte durch? Welche Modellannahmen musstest du zur Lösung des Problems machen?

14. Berechne den Umfang und den Flächeninhalt der Grundstücke.

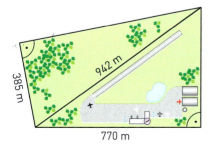
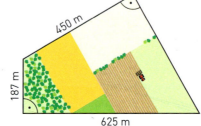
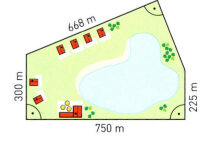

## 3.3 Berechnen von Streckenlängen

Eine **Raute** ist ein Viereck mit vier gleich langen Seiten.

**15.** Von den drei Größen a, e und f einer Raute sind zwei gegeben. Berechne die dritte Größe. Berechne auch den Flächeninhalt und den Umfang der Raute.
  a) e = 5 cm;  f = 7 cm
  b) a = 6 mm;  e = 9 mm
  c) a = 4,8 km;  f = 3,1 km
  d) e = 4,7 m;  f = 3,3 m

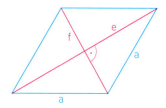

**16. a)** Ein regelmäßiges Sechseck ist durch die Seitenlänge a gegeben. Leite eine Formel für den Flächeninhalt des Sechsecks her.
  **b)** Die Seitenlänge eines regelmäßigen Sechsecks beträgt 4 cm. Berechne seinen Flächeninhalt.
  **c)** Der Flächeninhalt eines regelmäßigen Sechsecks beträgt 90 cm². Wie lang sind seine Seiten und der Umfang?

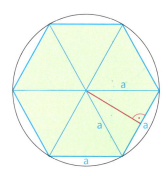

**17.** Die Pflanzfläche eines Blumenkübels ist ein regelmäßiges Sechseck. Die sechseckige Pflanzfläche hat eine Seitenlänge von 36 cm. Der Kübel soll im Herbst mit Stiefmütterchen bepflanzt werden. Man rechnet mit 45 Pflanzen pro m². Wie viele Stiefmütterchen müssen gekauft werden?

**18.** Eine Sitzgruppe wie auf dem Foto soll neu gebaut werden. Bestimmt die Menge Holz, die hierfür benötigt wird. Macht zunächst – jeder für sich – fehlende Annahmen, die für die Rechnung benötigt werden.
Vergleicht dann eure Annahmen und einigt euch, welche Angaben ihr zur Bestimmung der Holzmenge nehmt.
Haltet eure Vorgehensweise schriftlich fest.

**19.** Einem Kreis mit dem Radius r ist ein gleichseitiges Dreieck ABC einbeschrieben (siehe Bild).
Begründe: M ist der Schnittpunkt der Seitenhalbierenden des Dreiecks.
Wie lang ist die Dreieckseite a? Leite eine Formel zur Berechnung der Länge a der Dreieckseite aus dem Radius her.

**20.** In einem rechtwinkligen Dreieck ist eine Kathete 25 cm lang, der Umfang beträgt 150 cm. Wie lang ist die andere Kathete, wie lang die Hypotenuse?

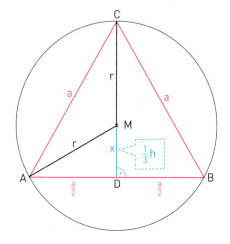

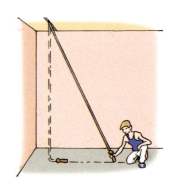

21. In einer Turnhalle hängt ein Kletterseil so, dass noch 50 cm dieses Seils auf dem Boden liegen. Zieht man das untere Seilende 2,50 m zur Seite, so berührt es gerade noch den Boden. Wie lang ist das Seil? Fertige eine Skizze an.

22. Ein 16 m hoher Baum ist bei einem Sturm in einer bestimmten Höhe abgeknickt; die Baumspitze berührt 12 m vom Stammende den Boden.
In welcher Höhe ist der Baum abgeknickt? Fertige eine Skizze an.

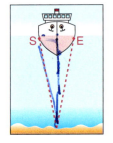

23. Beim Echoloten sendet man Schallwellen mit einem Sender S zum Meeresgrund und empfängt die reflektierten Wellen mit einem Empfänger E. Je tiefer das Meer ist, desto länger dauert es, bis die Schallwellen zurückkehren. Sender und Empfänger befinden sich 1 m unter dem Wasserspiegel am Schiffsrumpf und sind 10 m voneinander entfernt. Im Wasser legt der Schall 1,5 km pro Sekunde zurück. An einer bestimmten Stelle benötigt der Schall für den Weg vom Schiff zum Meeresboden und wieder zurück zum Schiff $\frac{1}{10}$ Sekunde.
Bestimme wie tief an dieser Stelle das Meer ist.

 24. ## Schlanke Riesen: Plasma-TVs

Plasma-Fernseher sind gut in Bild, Größe und Technik. Wer Brillanz und Zukunftssicherheit will, wird bei seinen Überlegungen ohne Zweifel auch die Plasma-TVs in Erwägung ziehen. Das Bild des Plasma-Displays wirkt ruhig, scharf und ist auch in den Ecken nicht verzerrt. 107 cm (42 Zoll) Diagonale sind für Plasma-TVs Standard. So viel Größe hat nicht nur seinen Preis, sondern erfordert auch große Räume. Als Faustregel gilt: Der Sehabstand sollte die 3-fache Bildhöhe betragen. 50-Zoll-Bildschirme sollten aus gut fünf Metern Entfernung betrachtet werden. Sonst stört das unruhige Bild. Plasma-TVs haben immer ein Format von 16:9.

Das Format 16 : 9 beschreibt das Verhältnis von Länge zu Breite des Bildschirms. Bestimmt bei einer Bildschirmdiagonale von 107 cm
a) den empfohlenen Sehabstand zum Fernseher,
b) die Größe des Bildes.

25. Das Bild zeigt den Querschnitt eines 3 m hohen Schutzwalls an einem Fluss.
Die Böschungen sind 4 m und 8,50 m lang und die Dammkrone 2,60 m.
Wie lang ist die Dammsohle?

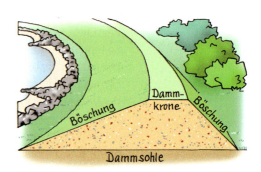

## 3.3 Berechnen von Streckenlängen

26. Ein Carport hat die in der Zeichnung angegebenen Maße. Die Dachsparren des Pultdaches stehen links und rechts je 30 cm über.
Wie lang sind die Dachsparren?

27. Die Maße eines Satteldaches sind im Bild rechts gegeben.
Berechne die Länge der Dachsparren und der Stützpfosten.

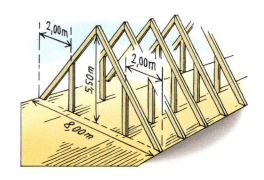

28. Auf die Dachreling eines Pizza-Taxis sollen zwei rechteckige Platten für Werbung aufgeschraubt und oben verbunden werden. Das Auto mit Dachreling ist 1,43 m hoch, die Holme der Dachreling sind 2,10 m lang und 1,39 m voneinander entfernt.
Das Auto soll unter einem 3,00 m hohen Carport stehen. Der Sicherheitsabstand in der Höhe soll 10 cm betragen.
Fertige eine Skizze an und berechne, wie groß die Platten höchstens sein dürfen.

29. Ein Gartenpavillon hat einen quadratischen Grundriss mit der Seitenlänge 3 m. Die Wände sind 2 m hoch. Das Dach ist eine Pyramide; deren Balken 2,38 m lang sind.
Fertige eine Skizze an und berechne, wie hoch der Pavillon insgesamt ist.

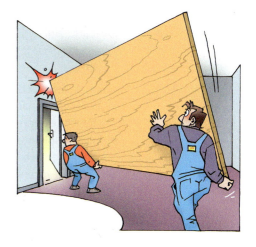

30. Eine Tür ist 0,82 m breit und 1,97 m hoch. Eine 2,10 m breite und 3,40 m lange Holzplatte soll durch die Tür getragen werden. Ist das möglich?
Schreibe zuerst deine Vermutung auf, bevor du die Lösung berechnest.

31. Ein Wanderer befindet sich an der Stelle A. Von A aus führt ein fast gerader Weg zur Hütte. Auf der Karte mit dem Maßstab 1:50 000 ist der Weg 4,8 cm Luftlinie lang. Die Höhen sind in m über NN angegeben.
Wie lang ist der Weg in Wirklichkeit?
*Hinweis:* Beachte die Höhenlinien.

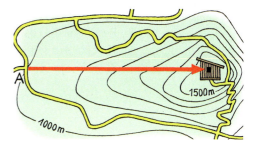

**32. a)** Ein Würfel hat die Kantenlänge 4 cm.
Berechne die Länge seiner Raumdiagonale.
**b)** Rechts siehst du einen Ausschnitt aus einer Formelsammlung. Beweise die angegebene Formel.
**c)** Berechne die Kantenlänge und die Länge einer Flächendiagonale eines Würfels, dessen Raumdiagonale 8 cm lang ist.

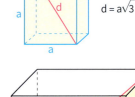

Raumdiagonale eines Würfels: $d = a\sqrt{3}$

**33. a)** Ein Quader ist durch die Kantenlängen a, b, c gegeben. Leite die Formel für die Länge d der Raumdiagonale her.
**b)** Berechne die Längen der Diagonalen der Seitenflächen sowie die Länge der Raumdiagonale eines Quaders.
  (1) a = 7 cm; b = 5 cm; c = 4 cm
  (2) a = 6,4 cm; b = 8,9 cm; c = 1,9 cm
  (3) a = 5 cm; b = 5 cm; c = 7 cm
**c)** Von den vier Größen a, b, c und d eines Quaders sind drei gegeben. Berechne die vierte.
  (1) a = 2 cm       (2) a = 2,4 cm      (3) b = 4,9 cm
      b = 4 cm           c = 1,8 cm          c = 3,7 cm
      d = 6 cm           d = 4,6 cm          d = 9,5 cm

**34.** Die Cheopspyramide in Ägypten hat eine quadratische Grundfläche mit der Seitenlänge a = 227 m. Die Seitenkanten haben die Länge s = 211 m.

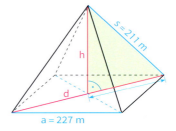

**a)** Berechne zunächst die Diagonalenlänge d der Grundfläche. Runde auf Meter. Berechne dann die Höhe h der Cheopspyramide. Runde auf Meter.
**b)** Die Grundkante der Cheopspyramide war ursprünglich 230,3 m, ihre Seitenkante 219,1 m lang. Wie hoch war diese Pyramide ursprünglich?
**c)** Wie viel Prozent ist die Cheopspyramide heute niedriger als ursprünglich?

**Das kann ich noch!**

**A)** Löse die Klammern auf.
1) $7 \cdot (x + 2y)$
2) $(4 - x) \cdot 3$
3) $-(3x - 2y)$
4) $-3x \cdot (x + 2y)$
5) $(x - y)(2x - 3y)$
6) $(4x + 5y)(3 - 7y)$
7) $(x - 2y)^2$
8) $(2x - 4y)(2x + 4y)$

**B)** Bestimme die Lösungsmenge.
1) $2(x - 4) = 4(8 - 2x)$
2) $-(2 - x) = (2x + 4) \cdot 3$
3) $(2 - x)(6 + 3x) = 5 - 3x^2$
4) $2(2x + 5) - (x - 2) = 0$
5) $(3 - x)^2 = (3 + x)^2$
6) $(2x - 4)(2x + 4) = 4x^2 - 16$

**35 a)** Gegeben ist eine Pyramide mit quadratischer Grundfläche mit der Grundkante a und der Seitenkante s. Die Spitze liegt orthogonal über dem Mittelpunkt des Quadrats *(quadratische Pyramide)*.
Leite eine Formel her für
(1) die Körperhöhe h;
(2) die Höhe $h_s$ einer Seitenfläche.

**b)** Bei einer quadratischen Pyramide ist die Grundkante a = 15 cm und die Seitenkante s = 20 cm lang.
Berechne mithilfe der Formeln aus a) die Körperhöhe h und die Höhe $h_s$ einer Seitenfläche der Pyramide.

**c)** Bei einer quadratischen Pyramide ist die Grundkante a = 40 m und die Körperhöhe h = 30 m lang.
Berechne die Länge s der Seitenkanten sowie die Höhe $h_s$ der Seitenflächen.

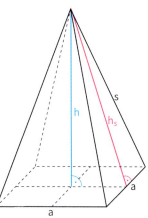

**36.** Von einer quadratischen Pyramide sind von den Größen a, s, h, $h_s$ zwei Größen gegeben.
Berechne die übrigen Größen.

a) a = 3 cm
   s = 5 cm

b) a = 4 cm
   $h_s$ = 4,5 cm

c) s = 5,5 cm
   $h_s$ = 4,5 cm

d) a = 4,4 cm
   h = 4,8 cm

e) s = 6 cm
   h = 4,5 cm

f) $h_s$ = 5,5 cm
   h = 3,5 cm

**37.**

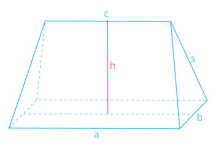

Von den fünf Größen a, b, c, s und h eines Walmdaches sind vier gegeben.
Berechne die fehlende Größe.
a) a = 13 m; b = 7 m; h = 8 m; c = 9 m
b) a = 10,5 m; b = 6,1 m; h = 5,2 m; s = 7,2 m

**38.** Sofia möchte mit einem 14 cm langen Strohhalm aus einer Limonaden-Dose trinken. Diese hat einen Durchmesser von 6 cm und ist 11 cm hoch. Sie befürchtet, dass der Strohhalm in der Dose versinken könnte. Ihr Freund Robin meint:
„Das glaube ich nicht. Ich schätze, dass mindestens 2 cm des Strohhalms aus der Dose herausgucken."
Kontrolliere, wer von beiden Recht hat.
Gib dazu an, von welchen Annahmen du bei deinen Überlegungen ausgegangen bist.

# Modellieren mit geometrischen Figuren

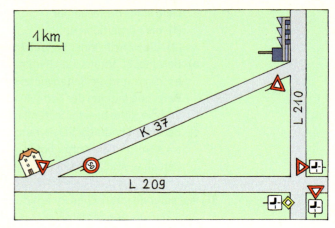

 1. Herr Kruse kann den täglichen Weg zu seiner Arbeitsstelle mit dem Auto über zwei Landstraßen oder eine Kreisstraße zurücklegen.
Welcher Weg ist günstiger?
   a) Die Frage nach dem „günstigeren Weg" kann verschieden aufgefasst werden.
   Überlegt, welche Möglichkeiten es dafür gibt.
   b) Mit dem günstigeren Weg könnte der kürzere Weg gemeint sein:
   Das ist offensichtlich der über die Kreisstraße K37.
   Berechnet die Länge dieses Weges im Vergleich zu dem über die beiden Landstraßen. Vereinfacht dazu die Standorte zu Punkten, die Straßenstücke zu Strecken und den Winkel zwischen den beiden Landstraßen zu einem rechten Winkel.
   c) Mit dem günstigeren Weg könnte der mit der kürzeren Fahrzeit gemeint sein.
   Berechnet die Gesamtfahrzeit auf den beiden Alternativen.
   Gebt an, welche vereinfachenden Annahmen ihr dazu machen müsst.
   d) Mit dem günstigeren Weg könnte auch der Benzin sparendere gemeint sein.
   Berechnet den Benzinverbrauch auf den beiden Strecken.

| Benzinverbrauch | |
|---|---|
| bei 50 km/h | 4,1 ℓ/100 km |
| bei 100 km/h | 5,9 ℓ/100 km |
| bei 130 km/h | 6,5 ℓ/100 km |

## Modellieren in der Geometrie

Reale Gegenstände sind keine mathematischen Figuren oder Körper. Unter gewissen Vereinfachungen kann man sie aber als solche mithilfe von Punkten, Strecken und Winkeln vereinfacht beschreiben (modellieren). Ein mathematisches Modell ist also ein vereinfachtes Abbild eines realen Gegenstands, das die Wirklichkeit in wesentlichen Teilen, aber nicht vollständig beschreibt.

Im mathematischen Modell kann man gewünschte Größen berechnen, die man an der Realität überprüfen sollte. Bei zu großen Abweichungen wird man das gewählte Modell verändern, um die Realität genauer zu beschreiben und bessere Ergebnisse zu erhalten.

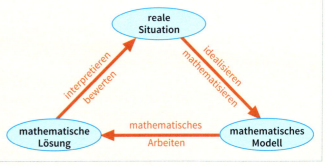

**Auf den Punkt gebracht**

2. Max kann auf seinem Weg zur Schule den Weg durch die Fußgängerzone nehmen oder mit dem Fahrrad über die Berliner und Hamburger Straße fahren.
Untersuche, welchen Weg du ihm empfiehlst.
Gehe dabei von verschiedenen Annahmen aus, die du jeweils genau erläuterst.

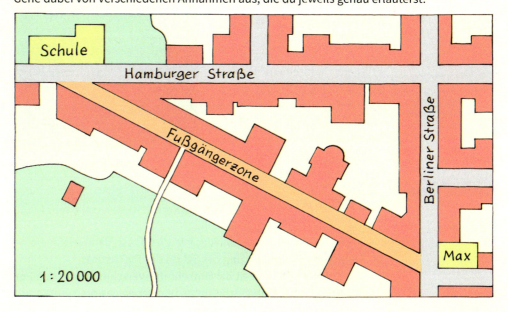

3. Bei einem Tischfußball-Spiel ist der Torwart fest am Tor befestigt und kann nur gedreht werden. Das Tor ist 10 cm breit und 5 cm hoch.
Berechne, wie groß der Torwart mindestens sein muss, um alle Bälle abwehren zu können. Beschreibe die Vereinfachungen, die du für die Berechnung vorgenommen hast.

4. Ein Regalsystem besteht aus 80 cm breiten Regalen, die 50 cm tief und 2,30 m hoch sind.
Berechne die Abmessungen eines Eckregals, das zwei solcher Regale über Eck verbindet.
Beschreibe die Annahmen, von denen du ausgehst.

## 3.4 Umkehrung des Satzes des Pythagoras

**Einstieg**

Rechte Winkel werden überall in unserer Umgebung benötigt und dort ist es oft nicht so einfach, sie herzustellen.
Auf dem Bild seht ihr einen Pflasterer mit einem Winkel. Drei Leisten bilden ein Dreieck mit den Seitenlängen 30 cm, 40 cm und 50 cm.
Zeichnet ein solches Dreieck im Maßstab 1:10. Was stellt ihr fest?

**Aufgabe 1**

Nach dem Satz von Pythagoras gilt:
Wenn das Dreieck ABC rechtwinklig mit $\gamma = 90°$ ist, dann gilt $a^2 + b^2 = c^2$.
a) Formuliere die Umkehrung des Satzes des Pythagoras.
b) Begründe die Richtigkeit der Umkehrung. Verschiebe dazu den Punkt C längs der Höhe $h_c$ des Dreiecks nach oben bzw. unten und vergleiche die Summe $a^2 + b^2$ mit $c^2$. Du kannst auch ein dynamisches Geometrie-System nutzen.

**Lösung**

a) Wir erhalten die Umkehrung des Satzes des Pythagoras, indem wir die Wenn- und die Dann-Aussage vertauschen:

Für jedes Dreieck ABC gilt: Wenn $c^2 = a^2 + b^2$, dann ist das Dreieck rechtwinklig mit $\gamma = 90°$.

b) Zur Begründung gehen wir von einem rechtwinkligen Dreieck ABC aus (Bild Mitte).
Nach dem Satz des Pythagoras gilt dann: $a^2 + b^2 = c^2$

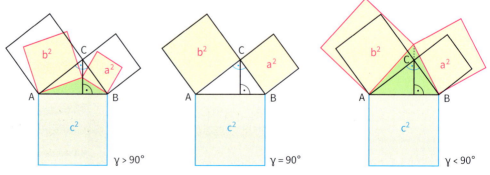

(1) Wir verschieben den Punkt C längs der Höhe nach *unten* (Bild links); es entsteht ein *stumpfwinkliges* Dreieck ($\gamma > 90°$). Die Seiten a und b werden *kürzer*, also $a^2 + b^2 < c^2$.
(2) Wir verschieben den Punkt C längs der Höhe nach *oben* (Bild rechts); es entsteht ein *spitzwinkliges Dreieck* ($\gamma < 90°$). Die Seiten a und b werden *länger*, also $a^2 + b^2 > c^2$.
Aus beiden Überlegungen folgt:
Wenn Winkel $\gamma \neq 90°$ ist, dann gilt $a^2 + b^2 \neq c^2$.
Nur im Fall $\gamma = 90°$ gilt somit $c^2 = a^2 + b^2$.

## 3.4 Umkehrung des Satzes des Pythagoras

**Information**

**Kehrsatz des Satzes von Pythagoras**
Für jedes Dreieck ABC gilt: Wenn $c^2 = a^2 + b^2$, dann ist das Dreieck rechtwinklig mit $\gamma = 90°$.

Wenn $a^2 + b^2 < c^2$, dann besitzt das Dreieck ABC bei C einen stumpfen Winkel.
Wenn $a^2 + b^2 > c^2$, dann besitzt das Dreieck ABC bei C einen spitzen Winkel.

**Übungsaufgaben**

2. a) Entscheide, ohne zu zeichnen, ob das Dreieck ABC rechtwinklig, stumpfwinklig oder spitzwinklig ist.
   (1) a = 8 cm; b = 6 cm; c = 10 cm
   (2) a = 7 m; b = 9 m; c = 11 m
   (3) a = 5 cm; b = 4 cm; c = 3 cm
   (4) a = 13 dm; b = 5 dm; c = 12 dm
   (5) a = 23 mm; b = 17 mm; c = 29 mm
   (6) a = 32 mm; b = 4,1 dm; c = 2,7 cm
   b) Erläutere ausgehend von den Beispielen, wie man allgemein überprüfen kann, ob ein Dreieck rechtwinklig, stumpfwinklig oder spitzwinklig ist.

3. Auf einem Baugrundstück sind vier Pfähle A, B, C und D gesetzt worden, um die Ecken des zu bauenden Hauses abzustecken. Das Haus soll einen rechteckigen Grundriss mit den Seitenlängen 16 m und 12 m haben. Die Pfähle haben die in der Zeichnung angegebenen Abstände. Der Abstand zwischen C und D wurde nicht vermessen. Welcher der Winkel bei A bzw. B ist ein rechter Winkel, welcher nicht? Welcher Pfahl steht falsch?

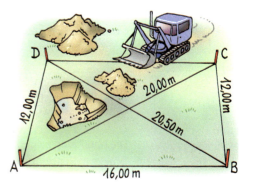

4. Im alten Ägypten benutzten Seilspanner 12-Knoten-Seile, um rechtwinklige Dreiecke aufzuspannen.
   a) Erläutere, wie man mit einem 12-Knoten-Seil ein rechtwinkliges Dreieck spannen kann.
   b) Kann man mit einem 30-Knoten-Seil ein rechtwinkliges Dreieck abstecken? Begründe.
   c) Findest du andere Knotenseile, um rechtwinklige Dreiecke abzustecken?

5. a) Prüfe, ob das Dreieck ABC mit a = 6 cm, b = 8 cm und c = 10 cm rechtwinklig ist.
   b) Man nennt das Zahlentripel (6|8|10) aus natürlichen Zahlen ein **pythagoreisches Zahlentripel**, da $6^2 + 8^2 = 10^2$. Ebenso ist (3|4|5) ein solches Zahlentripel. Entscheide, ob pythagoreische Zahlentripel vorliegen.
   (1) (9|12|15)  (2) (15|20|25)  (3) (5|12|13)  (4) (7|18|19)
   c) Bilde pythagoreische Zahlentripel: (8|15|■), (■|30|34), (24|■|26), (14|48|■).
   d) Findet weitere pythagoreische Zahlentripel. Versucht, Gesetzmäßigkeiten zu entdecken. Ihr könnt auch in Büchern oder im Internet recherchieren.

6. Du kennst verschiedene Möglichkeiten, einen rechten Winkel zu erzeugen. Beschreibe sie.

## 3.5 Sinus, Kosinus und Tangens

**Einstieg**

### Info: Gleitzahl
Segelflugzeuge gleiten. Je weiter sie bei einem Gleitflug aus einer bestimmten Höhe kommen, um so besser sind sie. Ein Maß für die Güte eines Segelflugzeugs ist die Gleitzahl. Diese ist das Verhältnis aus dem Höhenverlust und der Länge der dabei überwundenen Entfernung. Moderne Segelflugzeuge besitzen eine Gleitzahl zwischen 1 : 30 und 1 : 70.

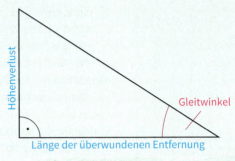

Ein Segelflugzeug hat die Gleitzahl 1 : 34.
Wie viel Höhe verliert es, wenn es (1) 10 m, (2) 20 m Flugstrecke zurücklegt?
Gebt jeweils die Größe des Gleitwinkels an. Was stellt ihr fest? Begründet.

**Aufgabe 1**

Die Abbildung zeigt die Oberkasseler Rheinbrücke in Düsseldorf. Die Tragseile, die die Fahrbahn mit dem 100 m hohen Pylon verbinden, verlaufen parallel zueinander.

**Pylon:** turmartiger Teil von Hängebrücken, der die Seile an den höchsten Punkten trägt

a) Das obere Tragseil ist in einer Höhe von 96 m am Pylon befestigt und hat von dort eine Länge von 228 m bis zur Fahrbahn.
Wie lang muss das zweite Seil sein, das am Pylon eine Höhe von 72 m erreicht?

b) Welchen Winkel schließen die Tragseile mit der Fahrbahn ein?

**Lösung**

a) Da die Seile parallel zueinander sind, bilden sie mit Pylon und Fahrbahn zueinander ähnliche, rechtwinklige Dreiecke. Die Längenverhältnisse einander entsprechender Seiten bei den Dreiecken stimmen also überein:
$\frac{s}{72\,m} = \frac{228\,m}{96\,m}$, also $s = \frac{228 \cdot 72}{96}\,m = 171\,m$
Das zweite Seil hat eine Länge von 171 m.

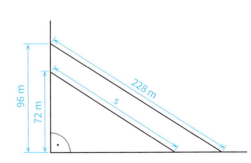

b) Diese Teilaufgabe können wir bisher nur zeichnerisch lösen. Im Maßstab 1 : 4000 erhalten wir das abgebildete Dreieck.
Der Winkel zwischen Fahrbahn und Seil beträgt also etwa 25°.

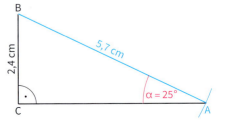

## 3.5 Sinus, Kosinus und Tangens

**Information**

**(1) Zielsetzung**
In rechtwinkligen Dreiecken können wir nach dem Satz des Pythagoras Seitenlängen berechnen. Unser Ziel ist es nun, Verfahren zu erarbeiten, mit deren Hilfe man auch die Winkel aus gegebenen Stücken *berechnen* kann.

**(2) Gleiche Längenverhältnisse bei rechtwinkligen Dreiecken**
Wir betrachten zwei rechtwinklige Dreiecke ABC und A'B'C', die in der Größe eines spitzen Winkels, z. B. in der Größe von α, übereinstimmen. Dann stimmen aber nach dem Winkelsummensatz beide Dreiecke in der Größe aller Winkel überein.
Nach dem Ähnlichkeitssatz für Dreiecke sind dann die beiden Dreiecke ABC und A'B'C' ähnlich zueinander. Folglich stimmt das Längenverhältnis je zweier Seiten des Dreiecks ABC mit dem entsprechender Seiten des Dreiecks A'B'C' überein; also gilt: $\frac{b}{c} = \frac{b'}{c'}$; $\frac{a}{c} = \frac{a'}{c'}$; $\frac{b}{a} = \frac{b'}{a'}$

Wir erhalten also: Alle rechtwinkligen Dreiecke, die in einem weiteren Winkel und damit in allen Winkeln übereinstimmen, besitzen dieselben Längenverhältnisse entsprechender Seiten.

*Längenverhältnis: Quotient zweier Längen*

**(3) Sinus, Kosinus und Tangens in rechtwinkligen Dreiecken**
Die Figur rechts macht deutlich, dass die unter (2) betrachteten Längenverhältnisse in rechtwinkligen Dreiecken jedoch von der Größe des Winkels bei A abhängen.

Für α < α' gilt offenbar z.B.: $\frac{|BC|}{|AC|} < \frac{|B'C|}{|AC|}$ und $\frac{|AC|}{|AB|} > \frac{|AC|}{|AB'|}$

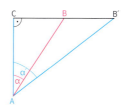

---

**Definition**
In jedem rechtwinkligen Dreieck ist die **Gegenkathete** eines Winkels, die Kathete, die ihm gegenüber liegt. Die **Ankathete** eines spitzen Winkels ist die an ihm liegende Kathete.

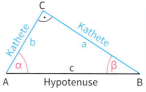

(1) Das Verhältnis aus der Länge der Gegenkathete eines spitzen Winkels und der Länge der Hypotenuse nennt man den Sinus dieses Winkels:

**Sinus eines Winkels** = $\frac{\text{Länge der Gegenkathete des Winkels}}{\text{Länge der Hypotenuse}}$

*Beispiel:* Für das Dreieck ABC mit γ = 90° gilt: $\sin(\alpha) = \frac{a}{c}$; $\sin(\beta) = \frac{b}{c}$

*Sinus* (lat): Krümmung, übertragen auch Strecken

(2) Das Verhältnis aus der Länge der Ankathete eines spitzen Winkels und der Länge der Hypotenuse nennt man **Kosinus** dieses Winkels.

**Kosinus eines Winkels** = $\frac{\text{Länge der Ankathete des Winkels}}{\text{Länge der Hypotenuse}}$

*Beispiel:* Für das Dreieck ABC mit γ = 90° gilt: $\cos(\alpha) = \frac{b}{c}$; $\cos(\beta) = \frac{a}{c}$

(3) Das Verhältnis aus der Länge der Gegenkathete und der Länge der Ankathete eines spitzen Winkels nennt man **Tangens** dieses Winkels.

**Tangens eines Winkels** = $\frac{\text{Länge der Gegenkathete des Winkels}}{\text{Länge der Ankathete des Winkels}}$

*Beispiel:* Für das Dreieck ABC mit γ = 90° gilt: $\tan(\alpha) = \frac{a}{b}$; $\tan(\beta) = \frac{b}{a}$

*Beispiel für Sinus, Kosinus und Tangens eines Winkels:*

$\sin(\alpha) = \frac{3\,\text{cm}}{5\,\text{cm}} = 0{,}6$

$\cos(\alpha) = \frac{4\,\text{cm}}{5\,\text{cm}} = 0{,}8$

$\tan(\alpha) = \frac{3\,\text{cm}}{4\,\text{cm}} = 0{,}75$

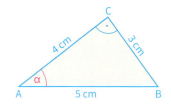

**(4) Vereinbarung zum Einsparen von Klammern**
Gelegentlich verzichtet man auf das Setzen von Klammern, wenn durch ihr Fehlen keine Missverständnisse entstehen; man schreibt also $\sin\alpha$ statt $\sin(\alpha)$ oder $\cos 37°$ statt $\cos(37°)$.
Allerdings sind bei $\tan(37° \cdot 2)$ die Klammern nötig, denn $\tan(37° \cdot 2) = \tan(74°) \neq (\tan 37°) \cdot 2$.

**Übungsaufgaben**

2. Zeichne mehrere verschieden große rechtwinklige Dreiecke mit
   (1) $\alpha = 30°$;   (2) $\alpha = 44°$.
   Zeichne dabei die Gegenkathete zu $\alpha$ in Rot, die Ankathete zu $\alpha$ in Blau und die Hypotenuse in Grün. Miss jeweils alle Seitenlängen und berechne $\sin(\alpha)$, $\cos(\alpha)$ und $\tan(\alpha)$. Dein Partner kontrolliert anschließend die Aufgaben.

3. Skizziere das Dreieck zunächst zweimal im Heft und markiere zu jedem Winkel die Gegenkathete in Rot, die Ankathete in Blau und die Hypotenuse in Grün. Gib dann den Sinus, den Kosinus und den Tangens der beiden spitzen Winkel jeweils als Längenverhältnis an.

a) 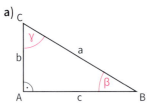   b) 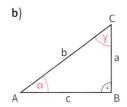   c)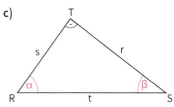

4. Berechne Sinus, Kosinus und Tangens des angegebenen Winkels.

a)   b) 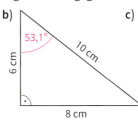   c)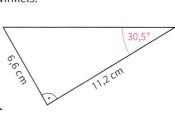

*Denke an den Satz des Pythagoras.*

5. Berechne $\sin(\alpha)$, $\cos(\alpha)$, $\tan(\alpha)$, $\sin(\beta)$, $\cos(\beta)$ und $\tan(\beta)$.

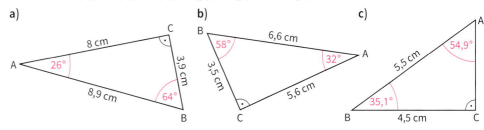

## 3.5 Sinus, Kosinus und Tangens

**6.** Kontrolliere Vanessas Hausaufgaben.

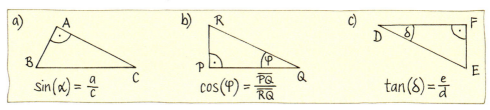

**7.** Konstruiere das Dreieck ABC. Berechne bzw. miss die fehlenden Stücke. Berechne dann in dem rechtwinkligen Dreieck Sinus, Kosinus und Tangens der beiden spitzen Winkel.
  a) $\gamma = 90°$; $\beta = 38°$; $c = 9\,\text{cm}$
  b) $\alpha = 90°$; $\gamma = 48°$; $b = 8\,\text{cm}$
  c) $\beta = 90°$; $a = 5\,\text{cm}$; $\gamma = 58°$
  d) $\beta = 90°$; $\alpha = 28°$; $c = 13\,\text{cm}$

**8.** Gib die Größe des Winkels α an. Zeichne dazu ein geeignetes rechtwinkliges Dreieck ABC.
  a) $\sin(\alpha) = \frac{2}{3}$
  b) $\cos(\alpha) = \frac{4}{5}$
  c) $\tan(\alpha) = \frac{4}{5}$
  d) $\tan(\alpha) = \frac{5}{4}$
  e) $\sin(\alpha) = \frac{7}{10}$
  f) $\sin(\alpha) = 0{,}5$
  g) $\sin(\alpha) = 0{,}8$
  h) $\cos(\alpha) = 0{,}3$
  i) $\cos(\alpha) = 0{,}8$
  j) $\tan(\alpha) = 4$

**9.** Konstruiere ein rechtwinkliges Dreieck ABC mit $\alpha = 55°$, $\beta = 35°$ und $\gamma = 90°$. Miss die Seitenlängen. Berechne $\sin(\alpha)$, $\cos(\alpha)$, $\sin(\beta)$ und $\cos(\beta)$. Was kannst du entdecken?

**10.** a) Untersuche, ob der Sinus eines Winkels proportional zur Winkelgröße ist. Du kannst dazu geeignete Dreiecke zeichnen.
  b) Untersuche entsprechend, ob $\cos(\alpha)$ und $\tan(\alpha)$ proportional zu α sind.

**11.**
### Steilste Zahnradbahn der Welt
Vorbei an saftig blühenden Alpenwiesen, schäumend klaren Bergbächen und faszinierenden Felsklippen bahnt sich die seit 1889 steilste Zahnradbahn der Welt ihren Weg von Alpnachstad nach Pilatus Kulm in der Schweiz.

Da bei dieser Steigung bei herkömmlichen Zahnstangen mit vertikalem Eingriff die Gefahr des Aufkletterns des Zahnrades aus der Zahnstange bestünde, entwickelte der Schweizer Ingenieur Eduard Locher speziell für diese Bahn eine Zahnstange mit seitlichem Eingriff (Zahnradsystem Locher).

**Technische Daten:**
| | |
|---|---|
| Betriebszeit | Mai bis November |
| Höhendifferenz | 1 635 m |
| Länge der Bahn | 4 628 m |
| Fahrgeschwindigkeit | bergwärts 12 km/h, talwärts 9 km/h |
| Fahrzeit | bergwärts 30 min, talwärts 40 min |

a) Bestimme aus einer maßstabsgetreuen Zeichnung
  (1) die horizontale Luftlinienentfernung der Strecke;
  (2) die Steigung und den Steigungswinkel der Strecke.
b) Erläutere die Bedeutung von Sinus, Kosinus und Tangens in diesem Sachverhalt.

## 3.6 Bestimmen von Werten für Sinus, Kosinus und Tangens – Zusammenhänge

Um Berechnungen an rechtwinkligen Dreiecken durchführen zu können, benötigen wir für jeden spitzen Winkel die Werte für Sinus, Kosinus und Tangens.

**Einstieg**

Zeichnet mit einem dynamischen Geometrie-System eine Strecke $\overline{AC}$ und eine dazu orthogonale Gerade durch C. Erzeugt dann auf der Orthogonalen einen Punkt B und verbindet ihn mit Punkt A. Messt in dem rechtwinkligen Dreieck ABC den Winkel α und die Strecken a, b und c.

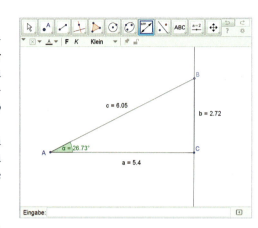

a) Bildet den Quotienten der Streckenlängen a und c. Verändert durch Bewegung von Punkt B den Winkel und notiert so eine Wertetabelle für Sinuswerte in eurem Heft.
b) Erstellt entsprechend eine Wertetabelle
   (1) für Kosinuswerte;   (2) für Tangenswerte.

**Aufgabe 1**

**Zeichnerisches Bestimmen von Näherungswerten**

Bestimme zeichnerisch Näherungswerte von sin (α), cos (α) und tan (α) für α = 10°, 20°, 30°, 40°, 50°, 60°, 70°, 80°. Lege eine Wertetabelle an.

*Anleitung:*
(1) Zeichne dazu einen Viertelkreis mit dem Radius 1 dm.
(2) Zeichne in ihm rechtwinklige Dreiecke mit den Winkelgrößen 10°, 20°, ..., 80°. Die Hypotenuse ist jeweils ein Kreisradius; der Scheitelpunkt ist der Kreismittelpunkt.
(3) Lies aus der Zeichnung die Werte für sin (α) und cos (α) ab. Erstelle eine Wertetabelle.
(4) Berechne die Werte für tan (α).
(5) Kontrolliere deine Werte mit der Sinus-, Kosinus- und Tangenstaste des Taschenrechners.

**Lösung**

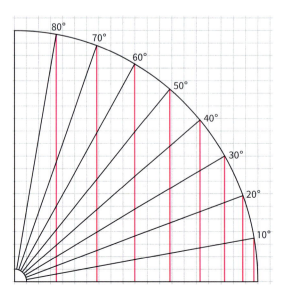

| α | sin(α) | cos(α) | tan(α) |
|---|---|---|---|
| 10° | 0,17 | 0,98 | 0,18 |
| 20° | 0,34 | 0,94 | 0,36 |
| 30° | 0,50 | 0,87 | 0,58 |
| 40° | 0,64 | 0,77 | 0,84 |
| 50° | 0,77 | 0,64 | 1,19 |
| 60° | 0,87 | 0,50 | 1,73 |
| 70° | 0,94 | 0,34 | 2,75 |
| 80° | 0,98 | 0,17 | 5,67 |

Näherungswerte für

## 3.6 Bestimmen von Werten für Sinus, Kosinus und Tangens – Zusammenhänge

**Aufgabe 2**  Sinus, Kosinus und Tangens für spezielle Winkelgrößen
Für einige spezielle Winkelgrößen kann man die genauen Werte für Sinus, Kosinus und Tangens bestimmen.
a) Zeichne ein geeignetes rechtwinkliges Dreieck und berechne $\sin(45°)$, $\cos(45°)$ und $\tan(45°)$.
b) Berechne Sinus, Kosinus und Tangens für 30° und 60°. Wähle dazu ein geeignetes Dreieck.

**Lösung**  a) Ein Winkel der Größe 45° tritt als Basiswinkel in einem rechtwinklig-gleichschenkligen Dreieck auf. Zur Schenkellänge a berechnen wir die Hypotenusenlänge c:

*Satz des Pythagoras*

$c^2 = a^2 + a^2 = 2a^2$, also $c = \sqrt{2a^2} = a\sqrt{2}$

$\sin(45°) = \cos(45°) = \dfrac{a}{c} = \dfrac{a}{a\sqrt{2}} = \dfrac{1}{\sqrt{2}} = \dfrac{1\cdot\sqrt{2}}{\sqrt{2}\cdot\sqrt{2}} = \dfrac{1}{2}\sqrt{2}$

$\tan(45°) = \dfrac{a}{a} = 1$

*Nenner rational machen*

b) In jedem gleichseitigen Dreieck sind alle Winkel 60° groß. Die Höhe einer Seite im gleichseitigen Dreieck halbiert auch den gegenüberliegenden Winkel. In jedem der beiden rechtwinkligen Teildreiecke kommen daher Winkel der Größe 30° und 60° vor.
Nach dem Satz des Pythagoras gilt:

$h^2 = a^2 - \left(\dfrac{a}{2}\right)^2 = \dfrac{3}{4}a^2$, also $h = \sqrt{\dfrac{3}{4}a^2} = \dfrac{a}{2}\sqrt{3}$

*Teilweises Wurzelziehen*

$\sin(30°) = \cos(60°) = \dfrac{\frac{a}{2}}{a} = \dfrac{1}{2}$

$\tan(30°) = \dfrac{\frac{a}{2}}{h} = \dfrac{\frac{a}{2}}{\frac{a}{2}\sqrt{3}} = \dfrac{1}{\sqrt{3}} = \dfrac{1\cdot\sqrt{3}}{\sqrt{3}\cdot\sqrt{3}} = \dfrac{1}{3}\sqrt{3}$

$\sin(60°) = \cos(30°) = \dfrac{h}{a} = \dfrac{\frac{a}{2}\sqrt{3}}{a} = \dfrac{1}{2}\sqrt{3}$

$\tan(60°) = \dfrac{h}{\frac{a}{2}} = \dfrac{\frac{a}{2}\sqrt{3}}{\frac{a}{2}} = \sqrt{3}$

**Information**  Zusammenstellung von Sinus-, Kosinus- und Tangenswerten für spezielle Winkel
Nur für wenige Winkelgrößen lassen sich Sinus, Kosinus und Tangens auf einfache Weise genau bestimmen. Diese speziellen Werte sind auch in Formelsammlungen notiert.

### Formelsammlung

| α | 30° | 45° | 60° |
|---|---|---|---|
| $\sin\alpha$ | $\dfrac{1}{2}$ | $\dfrac{1}{2}\sqrt{2}$ | $\dfrac{1}{2}\sqrt{3}$ |
| $\cos\alpha$ | $\dfrac{1}{2}\sqrt{3}$ | $\dfrac{1}{2}\sqrt{2}$ | $\dfrac{1}{2}$ |
| $\tan\alpha$ | $\dfrac{1}{3}\sqrt{3}$ | 1 | $\sqrt{3}$ |

*Merke: $\dfrac{1}{2}\sqrt{a}$ für $a = 1, 2, 3$*

**Weiterführende Aufgaben**  Zusammenhänge zwischen $\sin(\alpha)$, $\cos(\alpha)$ und $\tan(\alpha)$

3. a) Anhand der Tabelle in Aufgabe 1 erkennst du: $\sin(10°) = \cos(80°) = \cos(90° - 10°)$.
Bestätige anhand der Tabelle $\sin(\alpha) = \cos(90° - \alpha)$ und $\cos(\alpha) = \sin(90° - \alpha)$.
Begründe dies mithilfe der Definitionen.
b) Begründe: $(\sin(\alpha))^2 + (\cos(\alpha))^2 = 1$
c) An der Berechnung von $\tan(\alpha)$ in Aufgabe 1 erkennst du: $\tan(\alpha) = \dfrac{\sin(\alpha)}{\cos(\alpha)}$. Begründe.

### Deutung von Sinus, Kosinus und Tangens am Einheitskreis

4. Die Lösung der Aufgabe 2 führt uns zu einer weiteren Deutung von Sinus, Kosinus und Tangens eines spitzen Winkels. Wir zeichnen in den 1. Quadranten eines Koordinatensystems einen Viertelkreis mit dem Radius 1. Einen Kreis mit dem Radius 1 um den Koordinatenursprung O nennt man *Einheitskreis*.

   a) Betrachte die rechtwinkligen Dreiecke OAP und OTQ. Begründe: $|OA| = \cos(\alpha)$; $|AP| = \sin(\alpha)$; $|TQ| = \tan(\alpha)$
   b) Erläutere die Bezeichnung „Tangens".

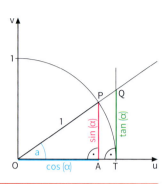

**Information**

Statt $((\sin(\alpha))^2$ schreibt man auch $\sin^2(\alpha)$ gelesen: Sinus Quadrat $\alpha$.

**Beziehungen zwischen Sinus, Kosinus und Tangens für $0° < \alpha < 90°$**

(a) $\cos(\alpha) = \sin(90° - \alpha)$     (c) $\tan(\alpha) = \dfrac{\sin(\alpha)}{\cos(\alpha)}$

(b) $\sin(\alpha) = \cos(90° - \alpha)$     (d) $(\sin(\alpha))^2 + (\cos(\alpha))^2 = 1$

*Anmerkung:* Die Beziehung (a) zwischen Sinus und Kosinus ist die Basis für die Namensgebung „Kosinus": Kosinus kommt von: Komplimenti sinus; der Kosinus eines Winkels $\alpha$ ist der Sinus des Komplementwinkels zu $\alpha$, also des Ergänzungswinkels von $\alpha$ zu 90°.

**Übungsaufgaben**

5. Taschenrechner haben Tasten zur Berechnung der Werte von Sinus, Kosinus und Tangens. Achte darauf, dass der Taschenrechner im Modus *Grad* (englisch: Degree) anzeigt. Gegebenenfalls musst du auch Klammern um die Winkelgröße setzen. Probiere das mit deinem Rechner aus.
Gib mit dem Taschenrechner auf drei Stellen nach dem Komma gerundet an.

   a) $\sin(16°)$   b) $\cos(24°)$   c) $\tan(38°)$   d) $\sin(49{,}7°)$   e) $\sin(51{,}2°)$   f) $\tan(68{,}5°)$
   $\cos(16°)$     $\sin(24°)$     $\sin(38°)$     $\cos(49{,}7°)$     $\cos(51{,}2°)$     $\sin(68{,}5°)$
   $\tan(16°)$     $\tan(24°)$     $\cos(38°)$     $\tan(49{,}7°)$     $\tan(51{,}2°)$     $\cos(68{,}5°)$

6. a) Bestimme die Werte mit dem Taschenrechner. Was fällt dir auf?
   $\tan(89°)$; $\tan(89{,}9°)$; $\tan(89{,}99°)$; $\tan(89{,}999°)$; $\tan(89{,}9999°)$; $\tan(89{,}999999°)$
   Führe das entsprechend für $\sin(\alpha)$ und $\cos(\alpha)$ durch.
   b) Bestimme die Werte mit dem Taschenrechner. Was fällt dir auf?
   $\tan(1°)$; $\tan(0{,}1°)$; $\tan(0{,}01°)$; $\tan(0{,}001°)$; $\tan(0{,}0001°)$
   Führe das entsprechend für $\sin(\alpha)$ und $\cos(\alpha)$ durch.
   c) Vergleiche $\sin(\alpha)$ und $\tan(\alpha)$ für folgende Winkelgrößen $\alpha$: 1°; 0,9°; 0,8°; 0,7°.
   Was stellst du fest? Erläutere den Sachverhalt am Einheitskreis.

7. Die drei Gleichungen sind durchgestrichen. Zeige anhand von Gegenbeispielen, dass sie nicht gelten. Nutze dazu die Tabelle von Seite 130 oder deinen Rechner.

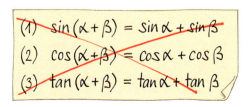

## 3.7 Berechnungen in rechtwinkligen Dreiecken

**Einstieg**

Ein Sendemast soll mit vier Seilen von je 40 m Länge gehalten werden. Der Neigungswinkel α der Seile zur Horizontalen soll jeweils 55° groß sein.
In welcher Höhe müssen die Seile befestigt werden?
Wie weit vom unteren Ende des Mastes müssen die Seile befestigt werden?

**Aufgabe 1**

**Anwenden des Sinus und Kosinus**

a) Eine Leiter von 6 m Länge soll an eine Hauswand gelehnt werden. Damit sie nicht abrutscht oder umkippt, muss nach Sicherheitsvorschriften der Neigungswinkel, den sie mit dem waagerechten Erdboden bildet, mindestens 68°, aber höchstens 75° betragen.
In welchem Abstand muss das Fußende der Leiter von der Hauswand aufgestellt werden, damit der Neigungswinkel 70° beträgt? Wie hoch reicht die Leiter dann?

b) Eine 7 m lange Leiter soll an einer Wand 6,70 m hoch reichen. Ist dann der Neigungswinkel nach den Sicherheitsvorschriften noch eingehalten?

**Lösung**

a) In dem rechtwinkligen Dreieck rechts bedeuten:
   - $d = 6\,m$      Länge der Leiter
   - $\alpha = 70°$     Größe des Neigungswinkels der Leiter
   - $a$            gesuchter Abstand von der Hauswand
   - $h$            gesuchte Höhe an der Hauswand

   Der Skizze entnehmen wir:    $\cos(\alpha) = \frac{a}{d}$ und $\sin(\alpha) = \frac{h}{d}$.

   Wir isolieren die Variable a und die Variable h und setzen ein:

   $a = d \cdot \cos(\alpha)$          $h = d \cdot \sin(\alpha)$
   $a = 6\,m \cdot \cos(70°)$      $h = 6\,m \cdot \sin(70°)$

   *gerundet auf volle cm:*    $a \approx 2{,}05\,m$            $h \approx 5{,}64\,m$

   *Ergebnis:* Das Fußende der Leiter muss unten in einem Abstand von ungefähr 2 m von der Hauswand aufgestellt werden; sie reicht dann etwa 5,60 m hoch.

sin⁻¹ liefert zu einem Sinuswert den zugehörigen Winkel.

b) Der Skizze zu a) entnehmen wir: $\sin(\alpha) = \frac{h}{d}$.

   Durch Einsetzen erhalten wir:

   $\sin(\alpha) = \frac{6{,}70\,m}{7{,}00\,m} \approx 0{,}9571$, also $\alpha \approx 73°$.

   *Ergebnis:* Die Größe des Neigungswinkels der Leiter beträgt etwa 73°. Die Sicherheitsvorschriften sind also eingehalten.

**Information**

**(1) Strategien zum Berechnen von Winkeln und Längen in rechtwinkligen Dreiecken**

Bei der Berechnung von Längen oder Winkeln in rechtwinkligen Dreiecken sind in der Regel folgende Lösungsschritte hilfreich:
- Fertige eine geeignete Skizze an.
- Markiere die gegebenen und gesuchten Größen.
- Wähle aus den Gleichungen für Sinus, Kosinus und Tangens diejenige aus, in der die beiden gegebenen und die gesuchte Größe vorkommen.
- Berechne aus dieser Gleichung die gesuchte Größe.

**(2) Berechnen von Winkelgrößen aus Sinus-, Kosinus- und Tagenswerten mit dem Rechner**

Zu einem gegebenen Sinuswert erhält man mithilfe des Befehls $\boxed{\sin^{-1}}$ die zugehörige Winkelgröße. Entsprechend verfährt man bei Kosinus- und Tangenswerten.

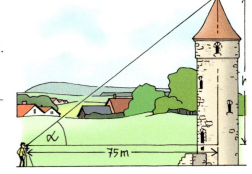

**Weiterführende Aufgabe**

**Anwenden des Tangens**

**2. a)** Mit einem Theodoliten (siehe Foto links) wird die Größe des Höhenwinkels eines 75 m entfernten Turms bestimmt: $\alpha = 38°$. Der Theodolit befindet sich in 1 m Höhe. Wie hoch ist der Turm?

**b)** Wie groß ist der Höhenwinkel in einer Entfernung von 120 m?

**Übungsaufgaben**

**3.** Berechne die rot markierte Größe.

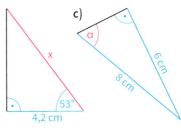

a)   b)   c)   d)

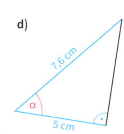

**4.** Von einem Dreieck ABC mit $\alpha = 90°$ sind außerdem folgende Stücke gegeben:
a) $a = 12{,}7$ cm; $c = 5{,}9$ cm   b) $a = 14{,}1$ cm; $b = 7{,}8$ cm   c) $b = 21$ cm; $c = 17$ cm

Berechne jeweils die Größe der beiden fehlenden Winkel sowie die Länge der fehlenden Seiten.

**Das kann ich noch!**

**A)** Berechne ohne Rechner.

1) $\sqrt{16} + \sqrt{9}$   2) $\sqrt{3} \cdot \sqrt{12}$   3) $\sqrt{9} - \sqrt{4}$   4) $\dfrac{\sqrt{27}}{\sqrt{3}}$

(1) Strategien zum Berechnen von Winkeln und Längen in rechtwinkligen Dreiecken   135

5. a) An einer geradlinig verlaufenden Straße zeigt ein Straßenschild ein Gefälle von 14 % an. Das bedeutet: Auf 100 m horizontal gemessener Entfernung beträgt der Höhenunterschied 14 m. Berechne den Neigungswinkel α.
   b) Berechne den Höhenunterschied auf 700 m.
   c) Berechne den Neigungswinkel bei 100 % Gefälle.
   d) Berechne das Gefälle in Prozent bei einem Neigungswinkel von (1) 60°; (2) 85°.

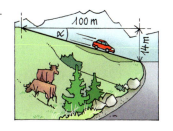

6. a) Eine Rampe für Rollstuhlfahrer ist 4,50 m lang. Der Neigungswinkel beträgt 3,4°. Welche Höhe wird mit der Rampe überwunden?
   b) Die Neigung einer Rampe für Rollstuhlfahrer beträgt laut Bauvorschrift maximal 6 %. Wurde diese Bestimmung in Teilaufgabe a) eingehalten?
   c) Eine Rampe für Rollstuhlfahrer soll höchstens 6 m lang sein. Welche Höhe kann damit maximal erreicht werden?

7. Kontrolliere Dominiks Hausaufgaben.

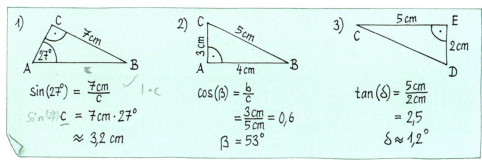

8. Berechne die rot markierte Größe.

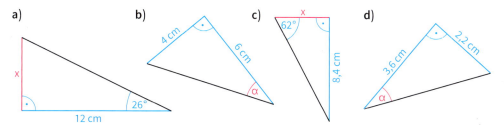

9. Bei Passstraßen ist auf Straßenkarten stets die größte Steigung angegeben:
   Jaufenpass: 12 %    St. Gotthard: 10 %
   Timmelsjoch: 13 %   Julierpass: 11 %
   a) Gib die Größe des zugehörigen Steigungswinkels an.
   b) Welcher Höhenunterschied wird jeweils auf einer 1,2 km langen Strecke mit größter Steigung zurückgelegt?

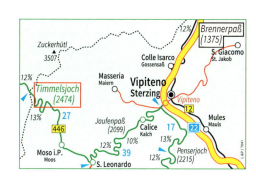

10. Berechne die Größe der fehlenden Winkel sowie die Länge der fehlenden Seiten des Dreiecks.

   a) a = 12,3 cm
      c = 9,4 cm
      β = 90°
   
   b) b = 23 cm
      c = 16 cm
      α = 90°
   
   c) a = 4,3 cm
      b = 57 mm
      γ = 90°
   
   d) a = 5,5 cm
      γ = 90°
      β = 67°
   
   e) a = 27,4 cm
      γ = 90°
      α = 51°

11. Der Schatten eines 4,50 m hohen Baumes ist 6 m lang. Wie hoch steht die Sonne, d. h. unter welchem Winkel α treffen die Sonnenstrahlen auf den Boden?

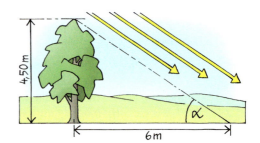

12. Berechne die Steigung (in %) einer Eisenbahnlinie, wenn der Steigungswinkel
    a) 0,7°; b) 1,4°; c) 2,1° groß ist.

Promille: $1\text{‰} = \frac{1}{1000}$

13. Die maximal mögliche Steigung ist bei den verschiedenen Bahnen unterschiedlich.
    Reibungsbahnen: 70 ‰   Standseilbahnen: 750 ‰
    Zahnradbahnen: 280 ‰   Seilschwebebahnen: 900 ‰
    Gib jeweils den maximalen Steigungswinkel an. Berechne auch, welchen Höhenunterschied diese Bahnen auf einer 1,5 km langen Strecke überwinden.

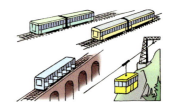

Gleitzahl:
Verhältnis aus Höhenverlust und der Länge der zurückgelegten Entfernung

14. Hochleistungssegelflugzeuge haben eine Gleitzahl von 1 : 70. Mit einer Seilwinde können Segelflugzeuge auf eine Höhe von 500 m gebracht werden.
    Im Schleppflug kann das Flugzeug auf eine Höhe von 1,2 km gebracht werden.
    Stelle selbst geeignete Aufgaben und löse sie.

15. Eine Firma bietet verschieden lange Anlegeleitern an. Der Neigungswinkel soll 70° betragen. Die erreichbare Arbeitshöhe ist um 1,35 m höher als die Höhe, bis zu der die Leiter reicht.
    a) Stelle selbst geeignete Aufgaben und löse sie.
    b) Prüfe, ob folgende Zuordnungen proportional sind.
       (1) Länge der Leiter → erreichte Höhe
       (2) Länge der Leiter → erreichbare Arbeitshöhe

**BAUMARKT**
Anlegeleitern

| Anzahl der Sprossen | Länge der Leiter |
|---|---|
| 9 | 2,65 m |
| 12 | 3,50 m |
| 15 | 4,35 m |
| 18 | 5,20 m |

16. Das nebenstehende Bild zeigt, wie man die Breite eines Flusses an der Stelle B bestimmen kann. Man misst die Länge einer Strecke $\overline{AB}$ parallel zum Flussufer und den Winkel α.
    Es ist |AB| = 12 m und α = 52,3°.
    Wie breit ist der Fluss?

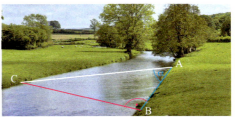

(1) Strategien zum Berechnen von Winkeln und Längen in rechtwinkligen Dreiecken

17. Unter welchem Höhenwinkel α sieht man aus einer Entfernung von 1,5 km die 137 m hohe Cheopspyramide?
 (Der Beobachtungspunkt und der Fußpunkt der Pyramidenhöhe sind in gleicher Höhe.)

18. In welcher waagerechten Entfernung vom Fußpunkt erscheint unter einem Höhenwinkel von 52° die Turmspitze des 143 m hohen Straßburger Münsters?

19. Ein Partner löst die folgenden Textaufgaben für einen Würfel der Kantenlänge 5 cm, der andere für einen Würfel der Kantenlänge 7 cm.
 Vergleicht eure Ergebnisse und verallgemeinert auf eine beliebige Kantenlänge a.
 a) Wie groß ist der Winkel, den die Raumdiagonale des Würfels
  (1) mit einer Kante bildet;
  (2) mit der Diagonalen einer Seitenfläche bildet?
 b) Wie groß ist der Winkel zwischen zwei Raumdiagonalen?

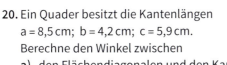

20. Ein Quader besitzt die Kantenlängen
 a = 8,5 cm; b = 4,2 cm; c = 5,9 cm.
 Berechne den Winkel zwischen
 a) den Flächendiagonalen und den Kanten;
 b) einer Raumdiagonalen und den Kanten;
 c) einer Raumdiagonalen und den Flächendiagonalen;
 d) zwei Raumdiagonalen.

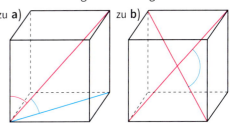

21. Ein Verkehrsflugzeug befindet sich in 10 000 m Höhe. Der Flugkapitän will durch einen Sinkflug geradlinig einen Landeplatz ansteuern. Der Sinkwinkel beträgt in der Regel 3° bis 5°, höchstens jedoch 10°. In welcher horizontalen Entfernung vom Landeplatz muss der Flugkapitän (1) normalerweise; (2) spätestens den Sinkflug beginnen?

22. Stellt euch abwechselnd geeignete Aufgaben zur Niesenbahn und löst sie.

Die Niesenbahn bei Mülenen südwestlich des Thunersees in der Schweiz wurde 1906–1910 erbaut. Sie ist in zwei Abschnitte geteilt und mit 3 499 m die längste Standseilbahn der Welt.

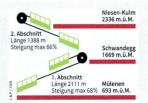

Die für die Wartung der Gleise erstellte Treppe ist mit 11 674 Stufen die längste Treppe der Welt. 1990 wurde ein Niesen-Treppenlauf durchgeführt.
Der schnellste Läufer benötigte 53:26,33 Minuten. Die Bahn benötigt für diese Strecke 28 Minuten.

## 3.8 Berechnungen in gleichschenkligen Dreiecken

**Ziel**

Bisher haben wir nur rechtwinklige Dreiecke berechnet. Wir wollen nun eine Strategie kennen lernen, wie man auch Stücke in nichtrechtwinkligen Dreiecken berechnen kann. In diesem Abschnitt betrachten wir zunächst nur gleichschenklige Dreiecke.

**Zum Erarbeiten**

**Berechnen von Basis und Basiswinkel in gleichschenkligen Dreiecken**

In einer Ferienanlage werden Nurdachhäuser gebaut. Der Giebel hat die Form eines gleichschenkligen Dreiecks.
Die Dachsparren sind 6,50 m lang, der Winkel an der Dachspitze beträgt 50°.
Wie breit ist der Giebel am Boden?
Wie groß ist die Dachneigung?

→ Wir skizzieren zunächst das Giebeldreieck und tragen die gegebenen und die gesuchte Größe ein. Da dieses Dreieck nicht rechtwinklig ist, zerlegen wir es durch die Höhe in zwei rechtwinklige Teildreiecke. Da das gleichschenklige Dreieck symmetrisch ist, sind diese beiden Teildreiecke kongruent zueinander. Die Höhe halbiert sowohl den Winkel an der Spitze als auch die Basis.
Somit gilt für die Giebelseite c am Boden:

$\sin(25°) = \dfrac{\frac{c}{2}}{6{,}50\,\text{m}}$

$\dfrac{c}{2} = 6{,}50\,\text{m} \cdot \sin(25°)$

$c = 13\,\text{m} \cdot \sin(25°)$

$c \approx 5{,}49\,\text{m}$

*Ergebnis:* Am Boden ist der Giebel 5,49 m breit.
Für den Dachneigungswinkel α folgt aus der Winkelsumme im linken Teildreieck:
α + 90° + 25° = 180°
α = 180° − 90° − 25° = 65°
*Ergebnis:* Die Dachneigung beträgt 65°.

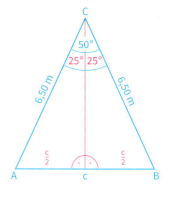

---

**Strategie zum Berechnen gleichschenkliger Dreiecke**
Die Berechnung von Stücken in gleichschenkligen Dreiecken kann man auf die von rechtwinkligen Dreiecken zurückführen, indem man das gleichschenklige Dreieck durch eine Symmetrieachse in zwei rechtwinklige Teildreiecke zerlegt.

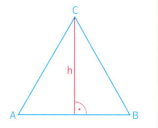

---

**Zum Üben**

1. ABC ist ein gleichschenkliges Dreieck mit der Basis $\overline{AB}$. Es ist a = 5,3 cm und c = 3,7 cm. Berechne die Winkelgrößen α, β und γ.

Zum Selbstlernen 3.8 Berechnungen in gleichschenkligen Dreiecken

2. ABC ist ein gleichschenkliges Dreieck mit der Basis $\overline{AB}$. Berechne aus den gegebenen Größen die übrigen sowie die Höhe zur Basis und den Flächeninhalt.
   a) c = 25 m; γ = 72°
   b) c = 34 cm; β = 62°
   c) b = 112,4 cm; β = 34°

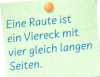
Eine Raute ist ein Viereck mit vier gleich langen Seiten.

3. Von den drei Größen a, e und f einer Raute sind zwei gegeben. Berechne die dritte Größe.
   Berechne auch den Flächeninhalt und den Umfang der Raute.
   a) e = 5 cm; f = 7 cm
   b) a = 6 mm; e = 9 mm
   c) a = 4,8 km; f = 3,1 km
   d) e = 4,7 m; f = 3,3 m

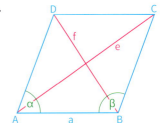

Bei einem Drachenviereck gibt es zu jeder Seite eine benachbarte gleich lange.

4. Das Drachenviereck ABCD hat die Symmetrieachse AC. Die Seite $\overline{AB}$ ist 5 cm lang, die Diagonale $\overline{AC}$ ist 9 cm lang und die Diagonale $\overline{BD}$ ist 8 cm lang.
   Wie lang sind die drei Seiten $\overline{BC}$, $\overline{DC}$ und $\overline{DA}$?

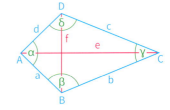

5. Von einem gleichschenkligen Dreieck ABC sind gegeben:
   α = β = 65° und Flächeninhalt A = 11,5 cm².
   Wie lang ist die Basis $\overline{AB}$?

6. Ein Haus mit Satteldach ist 10,40 m breit.
   Die Dachsparren sind 6,30 m lang und stehen 30 cm über. Vernachlässige die Dicke der Dachsparren.
   Stelle selbst geeignete Aufgaben und löse sie.

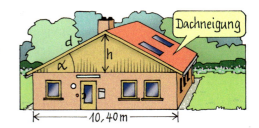

7. Bei einem Kreis mit dem Radius r soll s die Länge der Sehne, die zum Mittelpunktswinkel ε gehört, sein. Außerdem soll d der Abstand des Mittelpunktes von der Sehne sein.
   Leite zunächst alle Formeln her, in denen drei der vier Größen r, d, s und ε vorkommen.

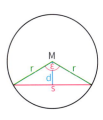

Berechne damit die fehlenden Größen.
   a) r = 6,5 cm
      ε = 65°
   b) r = 9 cm
      s = 12 cm
   c) s = 2,5 cm
      d = 1,4 cm
   d) r = 5,0 cm
      d = 3,4 cm
   e) ε = 116°
      s = 6,8 cm

8. Gegeben ist ein regelmäßiges Sechseck ABCDEF mit der Seitenlänge a = 3 cm.
   a) Wie groß ist der Winkel ε?
   b) Berechne den Radius $r_a$ des Umkreises des Sechsecks.
   c) Berechne den Radius ρ des Inkreises des Sechsecks.
   d) Berechen den Flächeninhalt des Sechsecks.

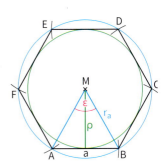

## 3.9 Berechnungen in beliebigen Dreiecken

### 3.9.1 Sinussatz

**Einstieg**

a) Von einem ostwärts fahrenden Schiff sieht man einen Leuchtturm unter einem Winkel von 41°. Nach 8 Seemeilen sieht man unter einem Winkel von 57° zum Leuchtturm zurück.
Berechnet, welche Entfernung das Schiff vom Leuchtturm hat.

b) Ein anderes Schiff sieht den Leuchtturm unter einem Winkel von 47° zur Ostrichtung. Nach 5 Seemeilen ist dieser immer noch vorne, der Winkel zur Ostrichtung beträgt schon 72°. Welche Entfernung hatte dieses Schiff anfangs vom Leuchtturm?

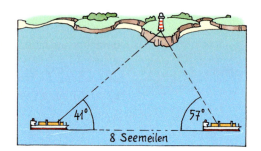

**Aufgabe 1**

Berechnen eines Dreiecks im Fall wsw

a) A, B und C sind Kirchtürme, wobei A von B und von C durch einen Fluss getrennt ist. Es soll die Entfernung von A nach C bestimmt werden, ohne diese direkt zu messen.
Man misst die Entfernung von B nach C sowie die Winkel β und γ: $|BC| = 5{,}4$ km; $β = 44°$; $γ = 69°$
Berechne die Entfernung von A nach C.

b) In einem Dreieck ABC sind gegeben: $a = 8{,}0$ cm; $β = 115°$; $γ = 20°$. Berechne die Seitenlänge b.

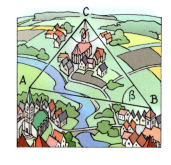

**Lösung**

Strategie: Zerlegen in rechtwinklige Dreiecke

a) Bisher haben wir eine solche Aufgabe zeichnerisch gelöst.
Um nun die gesuchte Entfernung zu berechnen, zerlegen wir das Dreieck ABC mit einer Höhe in zwei rechtwinklige Teildreiecke. Dafür gibt es drei Möglichkeiten:

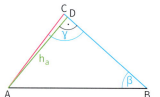 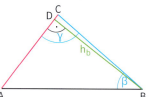 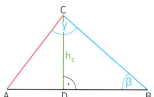

| Die Höhe $h_a$ zerlegt die gegebene Seite $\overline{BC}$ in zwei Teile, deren Länge wir nicht kennen. Damit ist keine weitere Berechnung möglich. | Bei dieser Zerlegung kann man zunächst die Seiten im Teildreieck BCD berechnen. Da der Winkel α wegen der Winkelsumme bekannt ist, kann man auch die Seiten im anderen Teildreieck berechnen. Damit sind dann beide Teilstrecken der gesuchten Länge $|AC|$ bekannt. | Im Teildreieck BCD können wir die Höhe $h_c$ mithilfe von $\overline{BC}$ und β berechnen. Anschließend können wir im Teildreieck ADC mithilfe von $h_c$ und α die gesuchte Länge $|AC|$ berechnen. |

Die Zerlegung mithilfe der Höhe $h_c$ liefert somit die günstigste Lösungsmöglichkeit.

Zunächst berechnen wir den Winkel α mit dem Winkelsummensatz aus dem Dreieck ABC:
α + β + γ = 180°, α = 180° − β − γ = 180° − 44° − 69° = 67°

*Berechnen von $h_c$ im Dreieck DBC*
$\frac{h_c}{a} = \sin(\beta)$
$h_c = a \cdot \sin(\beta)$
$h_c = 5{,}4\,\text{km} \cdot \sin(44°)$
$\phantom{h_c} \approx 3{,}751\,\text{km}$

*Berechnen von b im Dreieck ADC*
$\frac{h_c}{b} = \sin(\alpha)$
$b = \frac{h_c}{\sin(\alpha)}$
$b \approx \frac{3{,}751\,\text{km}}{\sin(67°)}$
$\phantom{b} \approx 4{,}075\,\text{km}$

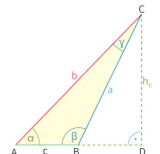

*Ergebnis:* Die Entfernung zwischen den Kirchtürmen A und C beträgt ungefähr 4,1 km.

b) Wir ergänzen das stumpfwinklige Dreieck ABC durch die Höhe $h_c$ zur Seite $\overline{AB}$ zu einem rechtwinkligen Dreieck ADC. Im Teildreieck BDC können wir $h_c$ und anschließend im Teildreieck ADC die gesuchte Länge b berechnen. Wir berechnen den Winkel α mithilfe des Winkelsummensatzes aus dem Dreieck ABC:
α + β + γ = 180°;  α = 180° − β − γ = 180° − 115° − 20° = 45°

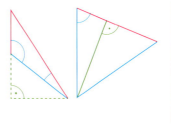

*Berechnen von $h_c$*     *Berechnen von b*
*im Dreieck BDC:*     *im Dreieck ADC:*

$\frac{h_c}{a} = \sin(180° − \beta)$, also     $\frac{h_c}{b} = \sin(\alpha)$, also

$h_c = a \cdot \sin(180° − \beta)$     $b = \frac{h_c}{\sin(\alpha)}$

$h_c = 8{,}0\,\text{cm} \cdot \sin(180° − 115°)$     Einsetzen ergibt:

$h_c = 8{,}0\,\text{cm} \cdot \sin(65°)$     $b \approx \frac{7{,}3\,\text{cm}}{\sin(45°)}$

$h_c \approx 7{,}3\,\text{cm}$     $b \approx 10{,}3\,\text{cm}$

*Ergebnis:* Die Seite $\overline{AC}$ ist ungefähr 10,3 cm lang.

**Information**

**(1) Berechnen eines Dreiecks im Falle wsw, sww und Ssw**
In Aufgabe 1 haben wir ein Dreieck berechnet, in dem eine Seite und die anliegenden Winkel gegeben sind (wsw).

> **Strategie zur Berechnung von Stücken eines beliebigen Dreiecks**
> In einem beliebigen Dreieck kann man aus vorgegebenen Stücken wsw bzw. sww und Ssw die übrigen mithilfe des Sinus und des Winkelsummensatzes berechnen.
> Durch Einzeichnen einer geeigneten Höhe zerlegt man das gegebene Dreieck in rechtwinklige Dreiecke oder ergänzt es zu einem rechtwinkligen Dreieck. Man wählt die Höhe so, dass in einem der beiden Teildreiecke zwei Stücke gegeben sind.

### (2) Herleitung des Sinussatzes

Um Berechnungsformeln für die oben genannten Aufgabentypen zu entwickeln, führen wir die Berechnungen im Falle sww allgemein durch.

In einem Dreieck ABC sind die Stücke a, α und β gegeben. Wir wollen nun wie in der Aufgabe 1 die Seitenlänge b allgemein berechnen.

*1. Fall:* $0° < α < 90°$ und $0° < β < 90°$

Wir zerlegen das Dreieck ABC durch die Höhe $h_c$ in zwei rechtwinklige Teildreiecke ADC und DBC.

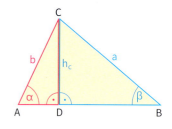

Für das Dreieck ADC gilt:
$\sin(α) = \frac{h_c}{b}$, also $h_c = b \cdot \sin(α)$

Für das Dreieck DBC gilt:
$\sin(β) = \frac{h_c}{a}$, also $h_c = a \cdot \sin(β)$

Aus beiden Gleichungen erhalten wir durch Gleichsetzen:
$b \cdot \sin(α) = a \cdot \sin(β)$

Durch Dividieren beider Seiten durch b und durch $\sin(β)$ erhalten wir dann:

$$\frac{\sin(α)}{\sin(β)} = \frac{a}{b} \quad \text{für } 0° < α < 90° \text{ und } 0° < β < 90°$$

*2. Fall:* $90° < α < 180°$

Wir ergänzen das stumpfwinklige Dreieck ABC durch die Höhe $h_c$ zu einem rechtwinkligen Dreieck DBC.
Wir entnehmen der nebenstehenden Figur:

Für das Dreieck DAC gilt:
$\frac{h_c}{b} = \sin(180° - α)$, also $h_c = b \cdot \sin(180° - α)$

Für das Dreieck DBC gilt:
$\frac{h_c}{a} = \sin(β)$, also $h_c = a \cdot \sin(β)$

Durch Gleichsetzen ergibt sich:
$a \cdot \sin(β) = b \cdot \sin(180° - α)$

Durch Dividieren beider Seiten durch b und durch $\sin(β)$ erhalten wir:

$$\frac{\sin(180° - α)}{\sin(β)} = \frac{a}{b} \quad \text{für } 90° < α < 180° \text{ und } 0° < β < 90°$$

### (3) Sinuswerte für stumpfe Winkel

Um zu erreichen, dass die Formel $\frac{a}{b} = \frac{\sin(α)}{\sin(β)}$ auch für stumpfe Winkel gilt, definieren wir den Sinus auch für Winkelgrößen zwischen 90° und 180°.

> **Definition**
> Für Winkelgrößen α mit $90° < α < 180°$ soll gelten: $\mathbf{\sin(α) = \sin(180° - α)}$

Somit haben der stumpfe Wikel α und der spitze Winkel $180° - α$ denselben Sinuswert. Kennt man umgekehrt einen Sinuswert, so gehören dazu ein spitzer und ein stumpfer Winkel. Bei einem vorgegebenen Sinuswert kann man somit nicht eindeutig folgern, welcher Winkel dazu gehört.

## 3.9 Berechnungen in beliebigen Dreiecken

**Sinussatz**

In jedem Dreieck ist das Verhältnis der Längen zweier Dreieckseiten gleich dem Verhältnis der Sinuswerte der gegenüberliegenden Winkel.

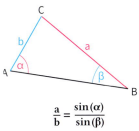 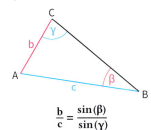 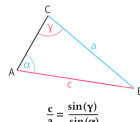

$$\frac{a}{b} = \frac{\sin(\alpha)}{\sin(\beta)} \qquad \frac{b}{c} = \frac{\sin(\beta)}{\sin(\gamma)} \qquad \frac{c}{a} = \frac{\sin(\gamma)}{\sin(\alpha)}$$

Diese drei Gleichungen kann man zusammenfassen: $\frac{a}{\sin(\alpha)} = \frac{b}{\sin(\beta)} = \frac{c}{\sin(\gamma)}$

Sind in einem Dreieck zwei Winkel und eine Seite oder zwei Seiten und ein der Seite gegenüberliegender Winkel gegeben, so kann man die übrigen Stücke mithilfe des Sinussatzes und des Winkelsummensatzes berechnen.

**Aufgabe 2** Berechnen eines Dreiecks mithilfe des Sinussatzes
Berechne die übrigen Stücke des Dreiecks ABC mit:
a) b = 4,7 cm; c = 5,8 cm; β = 50°
b) b = 4,7 cm; c = 5,8 cm; γ = 50°

**Lösung**

a) Da wir die Seite b, den ihr gegenüberliegenden Winkel β sowie c kennen, können wir mithilfe des Sinussatzes den Winkel γ berechnen:

$\frac{\sin(\gamma)}{\sin(\beta)} = \frac{c}{b}$, also $\sin(\gamma) = \frac{c}{b} \cdot \sin(\beta)$

$\sin(\gamma) = \frac{5{,}8\,\text{cm}}{4{,}7\,\text{cm}} \cdot \sin(50°) \approx 0{,}945$

*Planfigur:*

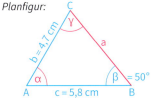

*Beginne mit der gesuchten Größe*

Mithilfe des Befehls $\sin^{-1}$ erhalten wir einen Winkel mit diesem Sinuswert: $\gamma_1 \approx 71°$
Außer diesem spitzen Winkel gibt es einen weiteren stumpfen Winkel mit dem gleichen Sinuswert:

$\sin(109°) = \sin(180° - 109°) = \sin(71°)$

$\gamma_2 \approx 180° - 71° = 109°$

Da der gegebene Winkel β der kleineren der beiden gegebenen Seiten gegenüberliegt, kommen beide Winkel infrage.

*1. Möglichkeit:*
$\alpha_1 = 180° - \beta - \gamma_1 = 180° - 50° - 71° = 59°$
Für die Seite $a_1$ gilt:

$\frac{a_1}{b} = \frac{\sin(\alpha_1)}{\sin(\beta)}$, also $a_1 = b \cdot \frac{\sin(\alpha_1)}{\sin(\beta)}$

$= 4{,}7\,\text{cm} \cdot \frac{\sin(59°)}{\sin(50°)} \approx 5{,}3\,\text{cm}$

*2. Möglichkeit*
$\alpha_2 = 180° - \beta - \gamma_2 = 180° - 50° - 109° = 21°$
Für die Seite $a_2$ gilt:

$\frac{a_2}{b} = \frac{\sin(\alpha_2)}{\sin(\beta)}$, also $a_2 = b \cdot \frac{\sin(\alpha_2)}{\sin(\beta)}$

$= 4{,}7\,\text{cm} \cdot \frac{\sin(21°)}{\sin(50°)} \approx 2{,}2\,\text{cm}$

Somit gibt es zwei nicht zueinander kongruente Dreiecke $ABC_1$ und $ABC_2$ mit den geforderten Eigenschaften b = 4,7 cm; c = 5,8 cm und β = 50°.

(verkleinerte Zeichnung)

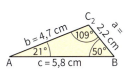

b) Im Gegensatz zu Teilaufgabe a) liegt der gegebene Winkel der größeren der beiden gegebenen Seiten gegenüber. Nach dem Kongruenzsatz Ssw gibt es – bis auf Kongruenz – nur ein einziges Dreieck mit diesen Eigenschaften.
Wir berechnen zunächst den Winkel β:
$\frac{\sin(\beta)}{\sin(\gamma)} = \frac{b}{c}$, also
$\sin(\beta) = \frac{b}{c} \cdot \sin(\gamma) = \frac{4,7 \text{ cm}}{5,8 \text{ cm}} \cdot \sin(50°) \approx 0{,}620$
Somit ist β = 38° oder β = 180° − 38° = 142°.
Die zweite Möglichkeit können wir mit dem Winkelsummensatz ausschließen, da
γ + β = 50° + 142° = 192° > 180°.
Für den Winkel α gilt dann α = 180° − β − γ = 180° − 38° − 50° = 92°.
Für die Seite a gilt: $\frac{a}{b} = \frac{\sin(\alpha)}{\sin(\beta)}$, also $a = b \cdot \frac{\sin(\alpha)}{\sin(\beta)} = 4{,}7 \text{ cm} \cdot \frac{\sin(92°)}{\sin(38°)} \approx 7{,}6 \text{ cm}$

**Weiterführende Aufgabe**

**Sinussatz für rechtwinklige Dreiecke**

3. Im rechtwinkligen Dreieck ABC gilt: $\sin(\alpha) = \frac{a}{c}$
Bislang haben wir den Sinussatz für spitzwinklige und stumpfwinklige Dreiecke hergeleitet. Überlege, wie man den Sinus eines rechten Winkels definieren muss, damit der Sinussatz $\frac{\sin(\alpha)}{\sin(\gamma)} = \frac{a}{c}$ auch für rechtwinklige Dreiecke gilt.
Kontrolliere auch mit dem Rechner.

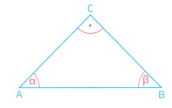

**Übungsaufgaben**

4. a) Die Entfernung zweier Berggipfel D und E beträgt 36 km. Von D aus sieht man den Gipfel E und einen weiteren Gipfel F unter dem Sehwinkel von 47°. Von E aus sieht man D und F unter dem Sehwinkel von 58°. Wie weit ist der Gipfel F von den Gipfeln D und E entfernt?
b) In einem Dreieck ABC sind c = 7 cm, α = 115° und β = 30° gegeben. Bestimme die Seitenlängen a und b.

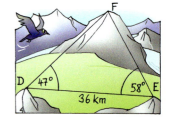

5. a) Bestimme sin(α) mit dem Rechner für folgende Winkelgrößen α:
(1) 117°; (2) 175°; (3) 95°; (4) 143°; (5) 167,4°; (6) 99,5°.
b) Für welche Winkelgrößen α zwischen 0° und 180° gilt:
(1) sin(α) = 0,9945; (2) sin(α) = 0,5978; (3) sin(α) = 0,7384; (4) sin(α) = 0,2345?

6. Berechne die übrigen Stücke des Dreiecks ABC.
a) a = 7,3 cm; α = 75°; β = 31°
b) c = 8,4 cm; α = 52°; β = 61°
c) b = 34 cm; α = 107°; β = 19°
d) a = 56 m; β = 18°; γ = 44°
e) a = 73 m; b = 64 m; α = 81°
f) b = 12 m; c = 8 m; γ = 37°
g) a = 1,11 m; c = 3,16 m; γ = 98°
h) a = 19,3 cm; b = 27,1 cm; β = 123°

7. Kontrolliere Jasmins Hausaufgabe.

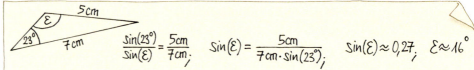

## 3.9.2 Kosinussatz

**Einstieg**

Vom Punkt D eines Bergwerks sind zwei Stollen in den Berg getrieben worden. Von E nach F soll nun ein Verbindungsstollen getrieben werden.
a) Wie lang wird dieser? Erstellt zunächst eine Formel.
b) Welche Winkel bildet er mit den bestehenden Stollen?

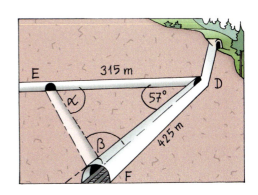

**Aufgabe 1**

Berechnen eines Dreiecks im Falle sws
a) Ein Straßentunnel soll geradlinig durch einen Berg gebaut werden. Um seine Länge zu bestimmen, werden von einem geeigneten Punkt C aus die Entfernungen a und b zu den Tunneleingängen sowie die Größe des Winkels γ gemessen:
$a = 2{,}851$ km; $b = 4{,}423$ km; $\gamma = 62{,}3°$
Berechne die Länge des Tunnels.
b) In einem Dreieck ABC sind $a = 6$ cm; $b = 8$ cm; $\gamma = 140°$ gegeben. Berechne die Seitenlänge c.

**Lösung**

a) Bisher haben wir eine solche Aufgabe zeichnerisch gelöst. Um die Länge zu berechnen, zerlegen wir das spitzwinklige Dreieck ABC in zwei rechtwinklige Teildreiecke, indem wir die Höhe $h_b$ zur Seite $\overline{AC}$ einzeichnen. Die Länge der Teilstrecken $\overline{FC}$ und $\overline{FA}$ nennen wir u bzw. v.
Aus den beiden rechtwinkligen Teildreiecken BCF und ABF können wir nun nacheinander $h_b$, u, v und c berechnen.

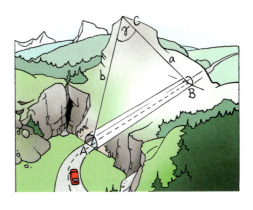

Strategie: Zurückführen auf rechtwinklige Dreiecke

Berechnen von $h_b$
im Dreieck BCF:
$\frac{h_b}{a} = \sin(\gamma)$
$h_b = a \cdot \sin(\gamma)$
$h_b = 2{,}851$ km $\cdot \sin(62{,}3°)$
$h_b \approx 2{,}524$ km

Berechnen von u
im Dreieck BCF:
$\frac{u}{a} = \cos(\gamma)$
$u = a \cdot \cos(\gamma)$
$u = 2{,}851$ km $\cdot \cos(62{,}3°)$
$u \approx 1{,}325$ km

Berechnen von v im Dreieck ABF
$u + v = b$
$v = b - u$
$v \approx 4{,}423$ km $- 1{,}325$ km $= 3{,}098$ km

Berechnen von c im Dreieck ABF
$c^2 = h_b^2 + v^2$
$c = \sqrt{h_b^2 + v^2}$
$c = \sqrt{(2{,}524 \text{ km})^2 + (3{,}098 \text{ km})^2} \approx 3{,}996$ km

Ergebnis: Die Länge des Tunnels beträgt fast 4 km.

b) Wir ergänzen das stumpfwinklige Dreieck ABC durch die Höhe $h_b$ zu einem rechtwinkligen Dreieck ABF.

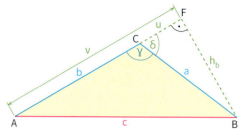

*Berechnen von $h_b$ im Dreieck BFC:*
$\frac{h_b}{a} = \sin(180° - \gamma)$
$h_b = a \cdot \sin(180° - \gamma)$
$h_b = 6\,\text{cm} \cdot \sin(180° - 140°)$
$\phantom{h_b} = 6\,\text{cm} \cdot \sin(40°) \approx 3{,}9\,\text{cm}$

*Berechnen von v im Dreieck ABF*
$v = b + u$
$v \approx 8\,\text{cm} + 4{,}6\,\text{cm} = 12{,}6\,\text{cm}$

*Berechnen von u im Dreieck BFC:*
$\frac{u}{a} = \cos(180° - \gamma)$
$u = a \cdot \cos(180° - \gamma)$
$u = 6\,\text{cm} \cdot \cos(180° - 140°)$
$\phantom{u} = 6\,\text{cm} \cdot \cos(40°) \approx 4{,}6\,\text{cm}$

*Berechnen von c im Dreieck ABF*
$c^2 = h_b^2 + v^2$
$c = \sqrt{h_b^2 + v^2}$
$c \approx \sqrt{(3{,}9\,\text{cm})^2 + (12{,}6\,\text{cm})^2} \approx 13{,}2\,\text{cm}$

Ergebnis: Die Seitenlänge c beträgt ungefähr 13,2 cm.

**Information**

**(1) Herleitung des Kosinussatzes**

In der Aufgabe 1 haben wir ein Dreieck berechnet, in dem zwei Seitenlängen und die Größe des eingeschlossenen Winkels gegeben sind (sws). Wir führen die Berechnungen im Falle sws allgemein durch.
In einem Dreieck ABC sind die Stücke a, b und $\gamma$ gegeben. Wir wollen nun wie in der Aufgabe 1 die Seitenlänge c allgemein berechnen.

1. Fall: $\gamma < 90°$

Wir zerlegen das Dreieck ABC durch die Höhe $h_b$ in zwei rechtwinklige Dreiecke ABF und FBC.

| *Berechnen von $h_b$ im Dreieck FBC:* | *Berechnen von u im Dreieck FBC:* | *Berechnen von v im Dreieck ABC:* | *Berechnen von c im Dreieck ABF:* |
|---|---|---|---|
| $\frac{h_b}{a} = \sin(\gamma)$ | $\frac{u}{a} = \cos(\gamma)$ | $u + v = b$ | $c^2 = h_b^2 + v^2$ |
| $h_b = a \cdot \sin(\gamma)$ | $u = a \cdot \cos(\gamma)$ | $v = b - u$ | $c = \sqrt{h_b^2 + v^2}$ |

Durch Einsetzen erhalten wir:
$c^2 = h_b^2 + v^2$
$\phantom{c^2} = h_b^2 + (b - u)^2$
$\phantom{c^2} = h_b^2 + b^2 - 2bu + u^2$
$\phantom{c^2} = a^2 \cdot (\sin(\gamma))^2 + b^2 - 2ba \cdot \cos(\gamma) + a^2 \cdot (\cos(\gamma))^2$
$\phantom{c^2} = a^2 \cdot ((\sin(\gamma))^2 + (\cos(\gamma))^2) + b^2 - 2ab \cdot \cos(\gamma)$

Wegen $(\sin(\gamma))^2 + (\cos(\gamma))^2 = 1$ folgt:

$c^2 = a^2 + b^2 - 2ab \cdot \cos(\gamma)$ (für $0° < \gamma < 90°$)

Man nennt diese Gleichung den **Kosinussatz**.

*2. Fall:* $90° < \gamma < 180°$

Wir ergänzen das stumpfwinklige Dreieck ABC durch die Höhe $h_b$ zu einem rechtwinkligen Dreieck ABF.

Aus der Figur rechts entnehmen wir:
(1) $c^2 = h_b^2 + v^2$  (3) $u = a \cdot \cos(\delta)$
(2) $v = b + u$  (4) $h_b = a \cdot \sin(\delta)$

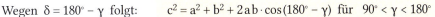

Einsetzen ergibt:
$c^2 = h_b^2 + v^2$
$\quad = h_b^2 + (b+u)^2$
$\quad = h_b^2 + b^2 + 2bu + u^2$
$\quad = a^2 (\sin(\delta))^2 + b^2 + 2ba \cdot \cos(\delta) + a^2 (\cos(\delta))^2$
$\quad = a^2 ((\sin(\delta))^2 + (\cos(\delta))^2) + b^2 + 2ba \cdot \cos(\delta)$
$\quad = a^2 + b^2 + 2ab \cdot \cos(\delta)$

Wegen $\delta = 180° - \gamma$ folgt:  $\quad c^2 = a^2 + b^2 + 2ab \cdot \cos(180° - \gamma)\ $ für $\ 90° < \gamma < 180°$

Um zu erreichen, dass die Formel $c^2 = a^2 + b^2 - 2ab \cdot \cos(\gamma)$ auch für stumpfe Winkel gilt, definieren wir den Kosinus auch für Winkelgrößen zwischen 90° und 180°.

---

**Definition**
Für Winkelgrößen $\alpha$ mit $90° < \alpha < 180°$ soll gelten: $\cos(\alpha) = -\cos(180° - \alpha)$

---

**Kosinussatz:** In jedem Dreieck ABC gilt:
$a^2 = b^2 + c^2 - 2bc \cdot \cos(\alpha)$
$b^2 = c^2 + a^2 - 2ca \cdot \cos(\beta)$
$c^2 = a^2 + b^2 - 2ab \cdot \cos(\gamma)$
In einem Dreieck ist das Quadrat einer Seitenlänge gleich der Summe der Quadrate der beiden anderen Seitenlängen, vermindert um das doppelte Produkt aus diesen Seitenlängen und dem Kosinus des eingeschlossenen Winkels.

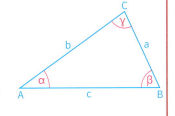

---

### (2) Anwenden des Kosinussatzes im Fall sws

In Aufgabe 1 war für das Dreieck ABC bekannt: $a = 2{,}851\,\text{km}$; $b = 4{,}423\,\text{km}$; $\gamma = 62{,}3°$
Gesucht war die Länge der Seite c. Mithilfe des Kosinussatzes erhalten wir sofort
$c^2 = a^2 + b^2 - 2ab \cdot \cos(\gamma) = (2{,}851\,\text{km})^2 + (4{,}423\,\text{km})^2 - 2 \cdot (2{,}851\,\text{km}) \cdot (4{,}423\,\text{km}) \cdot \cos(62{,}3°)$
$\quad = 15{,}968\,\text{km}^2$
$c \approx 4\,\text{km}$

### (3) Kosinussatz für rechtwinklige Dreiecke

Für ein rechtwinkliges Dreieck ABC mit $\gamma = 90°$ gilt nach dem Satz des Pythagoras $a^2 + b^2 = c^2$. Damit der Kosinussatz $c^2 = a^2 + b^2 - 2ab \cdot \cos(\gamma)$ auch für diesen Fall gilt, definiert man den Kosinus auch für rechte Winkel: $\cos(90°) = 0$.

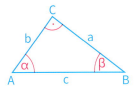

**Aufgabe 2**  **Berechnen eines Dreiecks im Fall sss**
In einem Dreieck ABC sind a = 5 cm; b = 3,5 cm; c = 6,5 cm gegeben. Berechne die drei Winkel.

**Lösung**

Nach dem Kosinussatz gilt:   $c^2 = a^2 + b^2 - 2ab \cos(\gamma)$
Wir isolieren $\cos(\gamma)$:

$$c^2 = a^2 + b^2 - 2ab \cdot \cos(\gamma) \quad |+2ab \cdot \cos(\gamma) \quad |-c^2$$
$$2ab \cdot \cos(\gamma) = a^2 + b^2 - c^2 \quad |:(2ab)$$
$$\cos(\gamma) = \frac{a^2 + b^2 - c^2}{2ab}$$

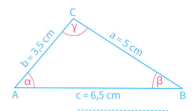

Wir setzen ein:   $\cos(\gamma) = \frac{(5\,\text{cm})^2 + (3,5\,\text{cm})^2 - (6,5\,\text{cm})^2}{2 \cdot 5\,\text{cm} \cdot 3,5\,\text{cm}} = -\frac{5\,\text{cm}^2}{35\,\text{cm}^2} \approx -0,143$

*Hier ist nur ein Winkel im Dreieck möglich.*

Also folgt: $\gamma \approx 98°$

Entsprechend berechnen wir den Winkel $\alpha$ aus dem Kosinussatz in der Form
$$a^2 = b^2 + c^2 - 2bc \cdot \cos(\alpha)$$
$$\cos(\alpha) = \frac{b^2 + c^2 - a^2}{2bc}$$
$$\cos(\alpha) = \frac{(3,5\,\text{cm})^2 + (6,5\,\text{cm})^2 - (5\,\text{cm})^2}{2 \cdot 3,5\,\text{cm} \cdot 6,5\,\text{cm}} \approx 0,648$$

*Für diese Berechnungen kann man auch den Sinussatz verwenden.*

Also: $\alpha \approx 50°$
Den Winkel $\beta$ erhalten wir mithilfe des Winkelsummensatzes:
$\beta = 180° - (\alpha + \gamma)$
$\beta \approx 180° - (50° - 98°) \approx 32°$

---

Kennt man von einem Dreieck zwei Seiten und den eingeschlossenen Winkel (sws) oder drei Seiten (sss), so muss man zur Berechnung den Kosinussatz verwenden.

---

**Übungsaufgaben**

3. Die Entfernungen zwischen drei Burgtürmen A, B und C betragen |AB| = 4,1 km, |BC| = 5,7 km und |CA| = 3,2 km. Bestimme die Sehwinkel, unter denen man jeweils von einem der drei Burgtürme die beiden anderen Türme sieht.

4. Um die Entfernung zweier Orte A und B zu bestimmen, die wegen eines dazwischen liegenden Hindernisses nicht direkt gemessen werden kann, werden von einem dritten Punkt C aus die Entfernungen von C nach A und von C nach B gemessen, sowie der Winkel $\gamma$, unter dem die Strecke $\overline{AB}$ erscheint: |AC| = 290 m; |BC| = 600 m; $\gamma$ = 100,3° Berechne die Entfernung von A nach B.

5. a) Bestimme $\cos\alpha$ mit dem Rechner für folgende Winkelgrößen $\alpha$:
    (1) 117°;   (2) 175°;   (3) 95°;   (4) 143°;   (5) 167,4°;   (6) 99,5°.
   b) Für welche Winkelgrößen $\alpha$ zwischen 0° und 180° gilt:
    (1) $\cos(\alpha) = -0,2588$;   (2) $\cos(\alpha) = -0,9397$;   (3) $\cos(\alpha) = -0,5461$;   (4) $\cos(\alpha) = -0,1212$?

3.9 Berechnungen in beliebigen Dreiecken

6. Berechne die übrigen Stücke des Dreiecks ABC. Berechne auch den Flächeninhalt.
   a) b = 12 m; c = 9 m; α = 64°
   b) a = 9,4 cm; b = 6,9 cm; γ = 57°
   c) a = 15,4 m; c = 11,3 m; β = 108°
   d) a = 5,3 cm; c = 8,7 cm; β = 124°

7. Kontrolliere Daniels Hausaufgabe.

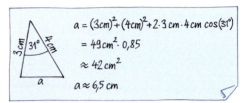

8. Berechne die übrigen Stücke des Dreiecks. Berechne auch den Flächeninhalt.
   a) a = 3,8 cm
      b = 5,1 cm
      c = 4,4 cm
   b) a = 12 cm
      b = 15 cm
      c = 18 cm
   c) a = 7,3 m
      b = 5,8 m
      c = 11,6 m
   d) p = 112 km
      q = 75 km
      r = 52 km
   e) d = 4,8 cm
      e = 4,2 cm
      f = 5,5 cm

9. Die Höhe des Fernsehturmes soll bestimmt werden. Dazu wird eine 50 m lange Standlinie $\overline{AB}$, die auf den Turm zuläuft, abgesteckt. Außerdem werden die Höhenwinkel α' = 56,4° und β = 42,1° gemessen. Wie hoch ist der Fernsehturm? Rechne zunächst allgemein.

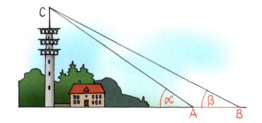

10. Um die Höhe h einer Felswand zu bestimmen, wird eine waagerechte Standlinie $\overline{AB}$ abgesteckt. In ihren Endpunkten werden die Höhenwinkel γ und δ gemessen. Ferner misst man in der Horizontalebene die Winkel α und β. Bestimme die Höhe h für:
    s = 95 m; γ = 21,2°; δ = 25,7°; α = 52,4°; β = 80,5°

11. Die Entfernung der beiden Berggipfel P und Q soll bestimmt werden. Dazu wird eine 2,943 km lange Standlinie $\overline{AB}$ abgesteckt. Von den Endpunkten A und B aus wird der Punkt P angepeilt und die Winkel $α_1$ und $β_1$ werden gemessen:
    $α_1$ = 87,7°; $β_1$ = 47,4°
    Dann werden auf dieselbe Weise von A und B aus der Punkt Q angepeilt und die Winkel $α_2$ und $β_2$ gemessen:
    $α_2$ = 42,3°; $β_2$ = 109,5°
    Berechne die Entfernung der Berggipfel P und Q.

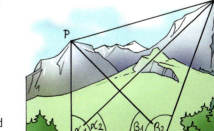

Dieses Verfahren heißt Vorwärtseinschneiden.

## 3.10 Vermischte Übungen

1. Berechne von den Stücken a, b, c, α, γ, e eines gleichschenkligen Trapezes ABCD mit AB ∥ CD die fehlenden Stücke.
   a) a = 5,4 cm; d = 3,1 cm; β = 64,5°
   b) c = 3,5 m; d = 2,8 m; γ = 125,7°
   c) a = 6,1 km; c = 2,9 km; β = 68,8°
   d) c = 4,8 cm; b = 2,4 cm; e = 5,6 cm

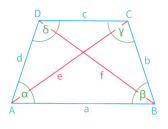

2. Stelle selbst Aufgaben und löse sie.
   a) Eine Leiter ist genauso lang, wie eine Mauer hoch ist. Lehnt man diese Leiter 20 cm unter dem oberen Mauerrand an, so steht sie unten 1,20 m von der Mauer entfernt.
   b) Zwischen der Talstation und der Bergstation verläuft ein Skilift.

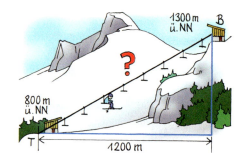

3. a) Berechne den Flächeninhalt des Dreiecks ABC mit α = 50°, b = 5 cm und c = 7 cm, ohne zu messen.
   b) Beweise den folgenden Satz zur Berechnung des Flächeninhalts eines Dreiecks aus zwei Seitenlängen und der Größe des eingeschlossenen Winkels.

   > **Satz**
   > Für den Flächeninhalt A eines beliebigen Dreiecks ABC gilt:
   > $A = \frac{1}{2}ab \cdot \sin(\gamma); \quad A = \frac{1}{2}bc \cdot \sin(\alpha); \quad A = \frac{1}{2}ac \cdot \sin(\beta)$

4. Bestimme den Flächeninhalt des Dreiecks.
   a) a = 5 cm; b = 7 cm; γ = 80°
   b) b = 3 cm; c = 8 cm; α = 112°
   c) c = 4 cm; a = 9 cm; β = 85°
   d) a = 8,1 cm; b = 5,7 cm; γ = 73,5°

5. Leite aus den in 3b) bewiesenen Formeln den Sinussatz her.

6. Berechne die übrigen Stücke des Dreiecks ABC. Gib auch den Flächeninhalt an.
   a) α = 115°
      γ = 29°
      c = 4,8 cm
   b) a = 2,7 cm
      b = 3,5 cm
      γ = 102°
   c) α = 35°
      γ = 97°
      b = 2,9 cm
   d) b = 9,1 cm
      c = 6,4 cm
      α = 37°
   e) α = 57,8°
      β = 22,3°
      a = 12 cm
   f) a = 5,3 cm
      b = 3,1 cm
      c = 4,8 cm
   g) b = 8,5 cm
      c = 3,1 cm
      β = 111°
   h) c = 8,4 cm
      α = 52°
      β = 61°
   i) a = 4,9 cm
      c = 5,7 cm
      γ = 95°
   j) b = 4,9 cm
      c = 5,1 cm
      β = 43°

Im Blickpunkt

## Wie hoch ist eigentlich ... euer Schulgebäude?

Mit etwas handwerklichem Geschick könnt ihr euch selbst einfache Geräte basteln, mit denen ihr Gebäude vermessen könnt. Die Geräte eignen sich auch dazu, im freien Gelände beispielsweise die Breite eines Flusses zur bestimmen. Wie das funktioniert, erfahrt ihr hier.

1. Unten ist die Bauanleitung für ein Peilgerät abgebildet. Seht euch die Skizze an und erläutert das Funktionsprinzip des Gerätes. Baut euch selbst ein Försterdreieck. Worauf müsst ihr achten, wenn ihr das Gerät zur Höhenmessung einsetzt? Besprecht euch untereinander!

### *Vermessen mit einem Peilgerät*

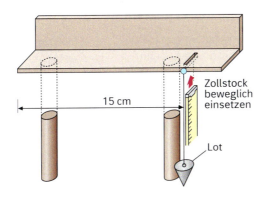

2. Bestimmt mithilfe von Maßband und Peilgerät die Gebäudehöhe eines Flachdachbaus. Schätzt zunächst! Fertigt anschließend eine Planfigur an und messt die notwendigen Größen.

3. Sucht euch im Gelände weitere Objekte (z.B. Bäume, Fahnenstangen usw.) und bestimmt deren Höhe.

Im Blickpunkt

## Vermessen mit einem Winkelmesser

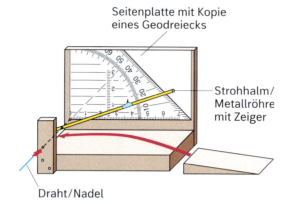

Seitenplatte mit Kopie eines Geodreiecks

Strohhalm/ Metallröhre mit Zeiger

Draht/Nadel

4. Auf dieser Seite findet ihr oben die Bauanleitung zu einem Winkelmesser. Seht euch die Skizze an und erläutert die Funktionsweise des Gerätes. Baut selbst einen Winkelmesser.

5. Mit dem Winkelmesser könnt ihr nun auch die Höhe eurer Schule bestimmen, wenn das Schulgebäude kein Flachdachbau ist. Peilt dazu die höchste Stelle von zwei Punkten aus an, die auf einer Linie liegen. Fertigt zunächst eine Skizze an. Messt dann die notwendigen Größen und bestimmt hieraus die Gebäudehöhe.

6. In dieser Aufgabe lernt ihr ein Verfahren kennen, um beispielsweise die Breite eines Flusses zu bestimmen.
Stellt euch den Schulhof als Fluss vor. Peilt von zwei Stellen auf der einen Seite des Schulhofes eine Stelle auf der gegenüberliegenden Seite an und bestimmt die Größe der Peilungswinkel. Mithilfe dieser Winkel und der Entfernung der beiden Peilstellen könnt ihr die Breite des Schulhofes (Flusses) berechnen. Fertigt zuerst eine Skizze an. Überprüft am Ende euer berechnetes Ergebnis durch Nachmessen.
Hinweis: Zum Peilen müsst ihr den Winkelmesser auf die Seitenplatte legen.

## 3.11 Sinus- und Kosinuskurve*

**Einstieg**

Der Reflektor eines sich gleichmäßig drehenden Fahrradpedals zeigt bei Betrachtung von hinten eine besondere Auf- und Abbewegung. Diese Bewegung soll durch ein mathematisches Modell untersucht werden.

Anstelle des Fahrradpedals betrachten wir einen Zeiger der Länge r. Er dreht sich um einen Mittelpunkt M mit gleich bleibender Geschwindigkeit. Beleuchtet man den Zeiger von der linken Seite (Ansicht des Pedals von hinten), so entsteht an der Wand ein Schatten des Zeigers. Die Länge v des Schattens ist dabei abhängig von der Größe α des Drehwinkels des Zeigers.

a) Zeichnet den Graphen der Funktion, die jeder Größe α des Drehwinkels die Länge v des Schattens an der Wand zuordnet. Zeigt die Pfeilspitze des Schattens nach oben, so wählen wir v positiv, sonst negativ.
b) Beschreibt die Funktion im Bereich $0° \leq α \leq 90°$ durch eine Gleichung.
c) Betrachtet nun eine Beleuchtung von oben (Ansicht des Fahrradpedals von oben). Zeichnet den Graphen der Funktion, die jeder Größe α des Drehwinkels die Schattenlänge u auf dem Boden zuordnet. Zeigt die Pfeilspitze nach rechts, so wählen wir u positiv, sonst negativ. Beschreibt die Funktion im Bereich $0° \leq α \leq 90°$ durch eine Gleichung.

**Aufgabe 1**

Der Arm eines Industrieroboters ist so gelagert, dass er eine Bewegung auf einem Kreis mit dem Radius 1 (gemessen in m) um einen Mittelpunkt M ausführen kann.
In der Ebene, in der dieser Kreis liegt, wählen wir ein Koordinatensystem so, dass der Mittelpunkt des Kreises im Koordinatenursprung liegt. Dann kann man die Position P des Endpunktes in einfacher Weise mithilfe von Koordinaten beschreiben.

Gesucht ist die Abhängigkeit der Position P vom Drehwinkel α des Armes ( zum positiven Teil) der Rechtsachse des Koordinatensystems.
a) Zeichne den Graphen der Funktion, die jedem Drehwinkel α von 0° bis 360° die Höhe der Position P über der Rechtsachse (also die 2. Koordinate v von P) zuordnet.
b) Zeichne den entsprechenden Graphen für die 1. Koordinate u von P.
c) Beschreibe die Funktionen für Winkel von 0° bis 90° jeweils durch eine Formel.

---
*Die Behandlung der Kosinuskurve ist fakultativ.*

**Lösung**

a) Die 2. Koordinate eines Punktes P kann direkt in den Graphen übertragen werden.

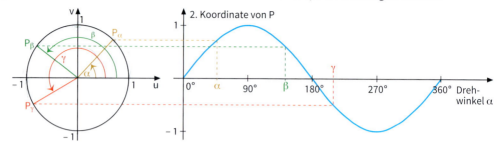

b) Die 1. Koordinate eines Punktes P kann auf der Rechtsachse abgelesen werden. Um sie direkt in den Graphen zu übertragen, müssen wir die 1. Koordinate zunächst auf die Hochachse übertragen. Dazu zeichnen wir einen Viertelkreis von der 1. Koordinate auf der Rechtsachse bis zur Hochachse. Der Wert, an dem der Viertelkreis auf die Hochachse trifft, kann nun direkt in den Graphen als 2. Koordinate übertragen werden.

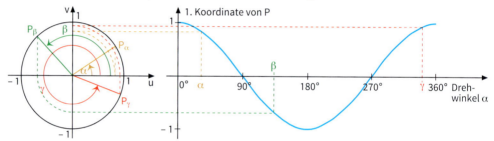

$\sin(\alpha)$
$= \dfrac{\text{Gegenkathete}}{\text{Hypotenuse}}$

$\cos(\alpha)$
$= \dfrac{\text{Ankathete}}{\text{Hypotenuse}}$

c) Wir betrachten einen Punkt P auf dem Teil des Einheitskreises im 1. Quadranten. Die Koordinaten dieses Punktes P können wir mithilfe des eingezeichneten rechtwinkligen Dreiecks berechnen.
Für die 1. Koordinate u gilt: $\dfrac{u}{1} = \cos(\alpha)$, also $u = \cos(\alpha)$
Entsprechend erhält man für die 2. Koordinate: $v = \sin(\alpha)$
Für Winkel $\alpha$ von 0° bis 90° gilt also:
Die Funktion *Drehwinkel $\alpha \to$ 1. Koordinate von P*
wird durch die Formel $u = \cos(\alpha)$ und die Funktion
*Drehwinkel $\alpha \to$ 2. Koordinate von P* durch die Formel
$v = \sin(\alpha)$ beschrieben.

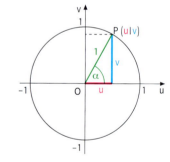

**Information**

**(1) Koordinaten eines Punktes auf dem Einheitskreis für $0° \leq \alpha \leq 360°$**
Die in Teilaufgabe 1c) vorgenommene Deutung des Sinus und des Kosinus am Einheitskreis im 1. Quadranten übertragen wir nun auf den ganzen Einheitskreis: Ist P ein beliebiger Punkt auf dem Einheitskreis, so soll seine 1. Koordinate $\cos(\alpha)$ und seine 2. Koordinate $\sin(\alpha)$ sein, wobei $\alpha$ der Winkel zwischen der Halbgeraden $\overline{OP}$ und der positiven Rechtsachse ist.

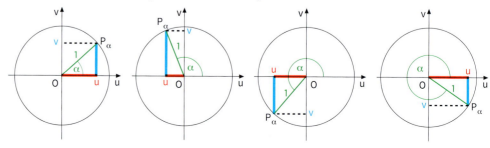

*Beispiele für besondere Winkelwerte:*

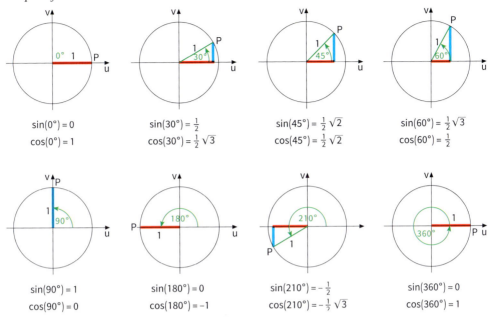

$\sin(0°) = 0$
$\cos(0°) = 1$

$\sin(30°) = \frac{1}{2}$
$\cos(30°) = \frac{1}{2}\sqrt{2}$

$\sin(45°) = \frac{1}{2}\sqrt{2}$
$\cos(45°) = \frac{1}{2}\sqrt{2}$

$\sin(60°) = \frac{1}{2}\sqrt{3}$
$\cos(60°) = \frac{1}{2}$

$\sin(90°) = 1$
$\cos(90°) = 0$

$\sin(180°) = 0$
$\cos(180°) = -1$

$\sin(210°) = -\frac{1}{2}$
$\cos(210°) = -\frac{1}{2}\sqrt{3}$

$\sin(360°) = 0$
$\cos(360°) = 1$

### (2) Winkelgrößen über 360° und negative Winkelgrößen

Den Roboterarm in Aufgabe 1 haben wir linksherum (d. h. entgegen dem Uhrzeigersinn, auch mathematisch positiv genannt) bis zu seiner Endposition gedreht. Für den Drehwinkel α gilt dann $0° \leq \alpha \leq 360°$. Wir können den Roboterarm auch über eine Volldrehung (360°) hinaus weiterdrehen. Den Drehwinkel α geben wir dann durch Winkelgrößen über 360° an.

Für eine Drehung rechtsherum (d. h. im Uhrzeigersinn, auch mathematisch negativ genannt) verwenden wir Winkelgrößen mit negativer Maßzahl.

Am Einheitskreis können wir das so veranschaulichen:

In Bild (1) bildet der Zeiger mit (dem positiven Teil) der Rechtsachse einen Winkel von 40°. Der Zeiger hat diese Lage durch eine Volldrehung und zusätzlich eine Drehung um 400°, also insgesamt durch eine Drehung um 400° linksherum erreicht: $360° + 40° = 400°$.

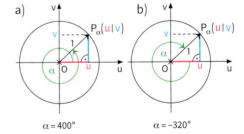

Dreht man den Zeiger rechtsherum, also im Uhrzeigersinn (mathematisch negativ genannt), so gibt man den Drehwinkel durch eine negative Maßzahl an, z. B. −320° in Bild (2).

Damit können wir nun den Sinus und den Kosinus von beliebigen Winkelgrößen definieren.

---

**Definition**
Gegeben ist ein beliebiger Winkel α mit dem Scheitelpunkt im Koordinatenursprung und dem 1. Schenkel auf (dem positiven Teil) der Rechtsachse des Koordinatensystems. Der 2. Schenkel schneidet den Einheitskreis in einem Punkt $P_\alpha(u|v)$. Für die Koordinaten von $P_\alpha$ soll dann für jeden Winkel α gelten:
$v = \sin(\alpha); \ u = \cos(\alpha)$

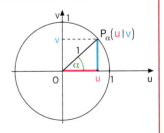

(3) Graphen zu den Funktionen mit y = sin(α) und y = cos(α)

**Definition**
Der Graph der Funktion mit der Gleichung y = sin(α) heißt **Sinuskurve**.

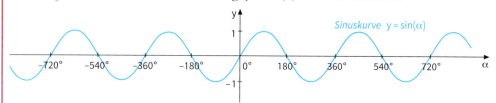

Der Graph der Funktion mit der Gleichung y = cos(α) heißt **Kosinuskurve**.

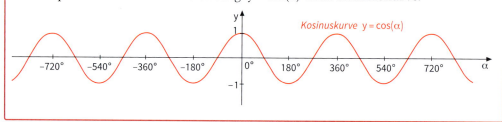

Die Sinus- und die Kosinuskurve wiederholen sich nach 360°, man sagt: sie haben die *Periode* 360°.

**Übungsaufgaben**

2. Bestimme zeichnerisch am Einheitskreis mit Radius r = 1 dm auf Hundertstel genau.
   a) sin(75°)   c) sin(214°)   e) sin(349°)   g) cos(75°)   i) cos(214°)   k) cos(349°)
   b) sin(156°)  d) sin(281°)   f) sin(415°)   h) cos(156°)  j) cos(281°)   l) cos(415°)

3. Bestimme am Einheitskreis die Winkelgrößen aus dem Bereich 0° ≤ α ≤ 360°, für die gilt:
   a) sin(α) = 0,24    c) sin(α) ≥ 0,35    e) cos(α) = 0,75    g) cos(α) ≥ 0,65
   b) sin(α) = −0,56   d) sin(α) ≤ −0,45   f) cos(α) = −0,32   h) cos(α) ≤ −0,45

4. Bestimme die Winkelgrößen im Bereich 0° ≤ α ≤ 360°, für die gilt:
   a) sin(α) = 0   b) sin(α) = 1   c) sin(α) = −1   d) cos(α) = −1   e) cos(α) = 1

5. Bestimme mithilfe des Taschenrechners. Runde sinnvoll.
   a) sin(119,5°)    c) sin(775,4°)     e) cos(254,5°)    g) cos(−514,6°)
   b) sin(−202,8°)   d) −sin(−358,1°)   f) cos(−153,1°)   h) −cos(−261,5°)

6. Zu dem Punkt P_α gehört der jeweils angegebene Drehwinkel α. Durch welche Winkelgröße α aus dem Bereich 0° ≤ α ≤ 360° wird dieselbe Lage des Punktes P_α beschrieben?
   a) α = 768°   c) α = 920°   e) α = 973°    g) α = −82°   i) α = −138°   k) α = −333°
   b) α = 432°   d) α = 860°   f) α = 1217°   h) α = −64°   j) α = −218°   l) α = −614°

Sinnvolle Einteilung der Achsen überlegen!

7. Skizziere die Sinuskurve im Bereich −360° ≤ α ≤ 1080°, ohne Hilfsmittel zu verwenden. Beschreibe, wie du geschickt vorgehen kannst.

8. Für welche Winkelgrößen α im Bereich 0° ≤ α ≤ 720° gilt jeweils:
   a) sin(α) > 0   b) cos(α) < 0   c) sin(α) > 0 und cos(α) > 0   d) sin(α) > 0 und cos(α) < 0?

## 3.12 Aufgaben zur Vertiefung

1. a) Am Strand der Nordsee fliegt ein Sportflugzeug in 150 m Höhe. Bis zu welcher Entfernung s kann die Pilotin noch Schiffe bis zur Wasserlinie sehen?
   b) Wie hoch muss das Flugzeug fliegen, damit die Pilotin 100 km weit sieht?
   c) Wie weit sieht ein Mensch mit der Augenhöhe 1,70 m ins Meer hinaus?
   d) Stelle weitere Fragen. Beantworte sie.
   *Hinweis:* Die Lichtbrechung wird nicht berücksichtigt. Die Lichtstrahlen sollen geradlinig sein.

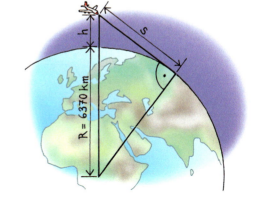

2. Gegeben ist das Dreieck ABC rechts.
   a) Bestimme den Flächeninhalt.
   b) Berechne die Seitenlängen des Dreiecks.
   c) Berechne die Höhen $h_a$, $h_b$ und $h_c$. Verwende die Ergebnisse der Teilaufgaben a) und b).
   d) Zeige: Wenn die Koordinaten der Eckpunkte des Dreiecks ganzzahlig sind, dann ist der Flächeninhalt ein ganzzahliges Vielfaches von $\frac{1}{2}$.

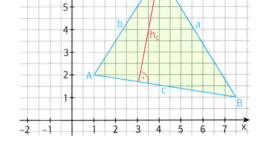

3. Gegeben sind zwei Kreise mit den Radien $r_1 = 5$ cm und $r_2 = 2$ cm. Der Abstand der beiden Mittelpunkte $M_1$ und $M_2$ beträgt 10 cm. Die Tangente t berührt die beiden Kreise in $P_1$ und $P_2$.
   Wie lang ist der Tangentenabschnitt $\overline{P_1P_2}$?

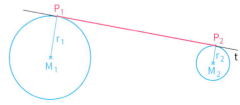

> Achte auf gleiche Einheiten auf beiden Achsen.

4. Bei einer linearen Funktion mit der Gleichung $y = mx + b$ gibt der Faktor m die Steigung der zugehörigen Geraden an.
   a) Beweise, dass für den Steigungswinkel $\alpha$ gilt: $m = \tan(\alpha)$
   b) Gib den Steigungswinkel der Geraden an. Zeichne auch die Gerade und kontrolliere das Ergebnis durch Messen des Steigungswinkels.
   (1) $y = 2 \cdot x + 1$    (2) $y = -3x + 2$    (3) $y = -\frac{4}{5}x - 1$    (4) $y = \frac{1}{2}x - 2$
   c) Gegeben sind die beiden Geraden zu $y = 1,5x + 1$ und $y = -2x + 3$. Berechne den Schnittwinkel $\delta$ der beiden Geraden.

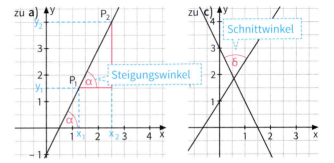

## Das Wichtigste auf einen Blick

**Satz des Thales**  Wenn der Punkt C eines Dreiecks ABC auf dem Kreis mit der Seite $\overline{AB}$ als Durchmesser (dem so genannten *Thaleskreis*) liegt, dann ist das Dreieck rechtwinklig mit γ als rechtem Winkel.

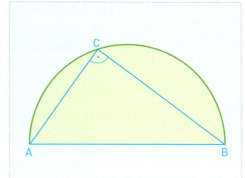

**Satz des Pythagoras**  Wenn das Dreieck ABC rechtwinklig ist, dann ist der Flächeninhalt des Hypotenusenquadrates gleich der Summe der Flächeninhalte der beiden Kathetenquadrate:
$c^2 = a^2 + b^2$ (für γ = 90°)

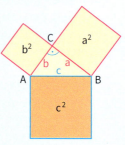

*Beispiel:* a = 4 cm, b = 3 cm,
$c^2 = (4\,\text{cm})^2 + (3\,\text{cm})^2 = 25\,\text{cm}^2$

**Sinus, Kosinus und Tangens**  In rechtwinkligen Dreiecken hängt das Verhältnis der Längen zweier Seiten nicht von der Größe des Dreiecks ab, sondern nur von der Größe der spitzen Winkel.
In jedem rechtwinkligen Dreieck gilt:

$\text{Sinus} = \dfrac{\text{Länge der Gegenkathete des Winkels}}{\text{Länge der Hypotenuse des Winkels}}$

$\text{Kosinus} = \dfrac{\text{Länge der Ankathete des Winkels}}{\text{Länge der Hypotenuse des Winkels}}$

$\text{Tangens} = \dfrac{\text{Länge der Gegenkathete des Winkels}}{\text{Länge der Ankathete des Winkels}}$

*Beispiel:*

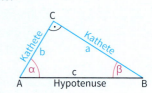

a = 4 cm, b = 3 cm, c = 5 cm
$\sin(\alpha) = \dfrac{a}{c} = \dfrac{4\,\text{cm}}{5\,\text{cm}} = 0{,}8$
$\cos(\alpha) = \dfrac{b}{c} = \dfrac{3\,\text{cm}}{5\,\text{cm}} = 0{,}6$
$\tan(\alpha) = \dfrac{a}{b} = \dfrac{4\,\text{cm}}{3\,\text{cm}} = \dfrac{4}{3} = 1{,}\overline{3}$

**Beziehungen zwischen Sinus, Kosinus und Tangens**  Für Winkel α mit 0 < α < 90° gilt:
$\cos(\alpha) = \sin(90° - \alpha)$  $\tan(\alpha) = \dfrac{\sin(\alpha)}{\cos(\alpha)}$
$\sin(\alpha) = \cos(90° - \alpha)$  $(\sin(\alpha))^2 + (\cos(\alpha))^2 = 1$

*Beispiel:*
$\cos(60°) = \sin(90° - 60°) = \sin(30°)$
$\sin(30°) = \cos(90° - 30°) = \cos(60°)$

**Sinus- und Kosinuskurve**  Der Graph der Funktion mit der Gleichung $y = \sin(\alpha)$ heißt **Sinuskurve**.
Der Graph der Funktion mit der Gleichung $y = \cos(\alpha)$ heißt **Kosinuskurve**.

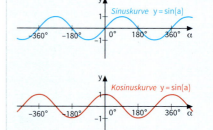

# Bist du fit?

1. Konstruiere ein rechtwinkliges Dreieck ABC aus den gegebenen Stücken.
   a) $c = 7{,}8$ cm; $b = 3{,}4$ cm; $\gamma = 90°$
   b) $a = 8{,}3$ cm; $h_a = 3{,}1$ cm; $\alpha = 90°$

2. Zeichne einen Kreis mit dem Radius $r = 3{,}7$ cm und einen Punkt P im Abstand 6,0 cm vom Kreismittelpunkt. Konstruiere von P aus die Tangenten an den Kreis.

3. Berechne die Länge der roten Seite.

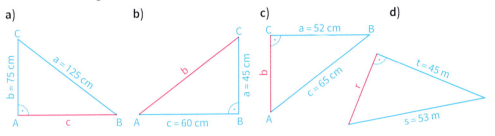

4. Berechne die Höhe und bestimme den Flächeninhalt für
   a) ein gleichschenkliges Dreieck mit Schenkellänge $s = 85$ cm und Basis $g = 72$ cm;
   b) ein gleichseitiges Dreieck mit der Seitenlänge $a = 26$ cm.

5. Berechne die Längen der rot eingezeichneten Strecken.

   a)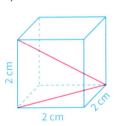
   b)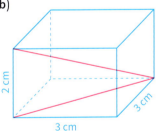
   c)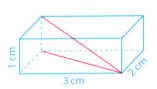

6. Ein 120 m hoher Sendemast soll durch vier Stahlseile abgesichert werden, die in $\frac{3}{4}$ der Höhe befestigt sind. Die Seile sollen 60 m vom Mast entfernt im Boden verankert werden. Wie viel m Seil werden benötigt? (Das Durchhängen der Seile soll unberücksichtigt bleiben.)

7. An einer Straße wird ein 60 m langer Lärmschutzwall geplant, dessen Querschnittsfläche ein gleichschenkliges Trapez sein soll.
   a) Berechne die Länge s einer Böschung.
   b) Beide Böschungen sollen bepflanzt werden. Das Bepflanzen kostet 36 € pro m² zusätzlich 19 % Mehrwertsteuer. Berechne die Kosten.

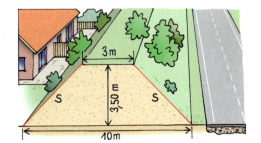

8. Berechne alle übrigen Stücke des rechtwinkligen Dreiecks ABC; berechne auch den Umfang und den Flächeninhalt.
   a) $a = 7\,\text{cm}$; $\beta = 14°$; $\gamma = 90°$
   b) $a = 4{,}4\,\text{cm}$; $\alpha = 44°$; $\beta = 90°$
   c) $\alpha = 90°$; $a = 185\,\text{m}$; $\gamma = 58°$
   d) $c = 41\,\text{m}$; $\beta = 34°$; $\gamma = 90°$
   e) $\gamma = 90°$; $b = 84\,\text{cm}$; $\beta = 43°$
   f) $c = 7{,}8\,\text{cm}$; $\gamma = 51°$; $\beta = 90°$

9. Gegeben ist ein gleichschenkliges Dreieck ABC mit $\overline{AB}$ als Basis.
   Bestimme aus den gegebenen Stücken die übrigen. Berechne auch den Flächeninhalt.
   a) $c = 17\,\text{cm}$; $a = 14\,\text{cm}$
   b) $c = 150\,\text{m}$; $\gamma = 126°$
   c) $c = 23\,\text{m}$; $\alpha = 77°$
   d) $a = 67\,\text{m}$; $\gamma = 55°$
   e) $a = 104{,}7\,\text{cm}$; $\alpha = 17°$
   f) $h_c = 25\,\text{m}$; $\alpha = 36°$

10. Für welche Winkelgrößen $\alpha$ im Bereich $0° \leq \alpha \leq 180°$ gilt:
    a) $\sin(\alpha) = 0{,}4384$
       $\sin(\alpha) = 0{,}2588$
    b) $\sin(\alpha) = 0{,}1564$
       $\sin(\alpha) = 0{,}9848$
    c) $\cos(\alpha) = -0{,}9848$
       $\cos(\alpha) = 0{,}6691$
    d) $\cos(\alpha) = 0{,}8090$
       $\cos(\alpha) = -0{,}1392$

11. Berechne aus den gegebenen Stücken des Dreiecks ABC die übrigen.
    a) $a = 5\,\text{cm}$; $b = 4\,\text{cm}$; $\gamma = 67°$
    b) $c = 9\,\text{cm}$; $a = 6\,\text{cm}$; $\gamma = 53{,}5°$
    c) $b = 8{,}1\,\text{km}$; $c = 5{,}3\,\text{km}$; $\alpha = 36{,}4°$
    d) $a = 3{,}6\,\text{cm}$; $b = 2{,}9\,\text{cm}$; $c = 3{,}2\,\text{cm}$

12. a) Berechne den Neigungswinkel $\alpha$ in der nebenstehenden Dachkonstruktion.
    b) Berechne die Höhe des Dachraumes.

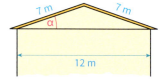

13. Steht die Sonne 46° hoch, so wirft eine Säule auf eine waagerechte Ebene einen 8,72 m langen Schatten.
    Fertige eine Skizze an und berechne die Höhe der Säule.

14. Der Querschnitt des Daches rechts soll aus einem rechtwinkligen Dreieck mit den angegebenen Maßen bestehen.
    Berechne die Dachneigungen.

15. Die Neigung einer Garageneinfahrt darf höchstens 16 % betragen.
    Wie groß darf maximal der Höhenunterschied auf einer 5 m langen Einfahrt sein?

16. Skizziere die Sinuskurve im Bereich $-360° \leq \alpha \leq 360°$.
    Für welche Winkelgrößen $\alpha$ in diesem Bereich gilt $\sin(\alpha) > 0{,}5$?

17. Der Böschungswinkel eines Deiches ist zur Seeseite kleiner als zur Landseite. Wie lang ist die Deichsohle?

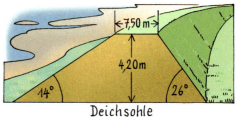

18. Auf einem Berg steht ein 10 m hoher Turm. Von einem Punkt im Tal aus sieht man den Fußpunkt des Turmes unter dem Winkel $\alpha = 44{,}3°$ und die Spitze des Turmes unter dem Winkel $\beta = 45{,}5°$.
    Wie hoch erhebt sich der Berg über die Talsohle?

# 4. Potenzen – Zinseszins

Zur Angabe „astronomisch großer" Zahlen,
aber auch „mikroskopisch kleiner" Zahlen verwendet
man mehrere Schreibweisen.

→ Der Umfang der Erde beträgt
40 000 km = $4 \cdot 10^4$ km.
Gib den Umfang der Erde
auch in der Einheit m an.

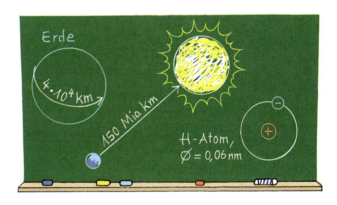

→ Die mittlere Entfernung der Erde von der Sonne beträgt 150 Millionen km.
Gib andere Schreibweisen an.

**Nanometer**
1 nm = 0,000000001 m

→ Die Sonne besteht im Wesentlichen aus Wasserstoff. Wasserstoffatome haben einen Durchmesser von 0,06 nm = 6 hundertmilliardstel m.
Gib andere Schreibweisen für diese Länge an.

*In diesem Kapitel ...
erfährst du mehr über Schreibweisen sehr großer und sehr kleiner
positiver Zahlen mithilfe von Potenzen und erweiterst deine Kenntnisse
über Potenzen.*

## Lernfeld: Mit „... hoch ..." hoch hinaus

### Rasantes Wachstum

**Wasserhyazinthen überwuchern den Viktoriasee**
Die ursprünglich in Südamerika beheimatete Wasserhyazinthe gelangte 1880 nach Afrika. Da sie hier keine natürlichen Feinde hatte, vermehrte sie sich explosionsartig und gelangte über Bäche und Flüsse in den Viktoriasee. 1988 wurde die Pflanze dort zum ersten Mal gesichtet, zehn Jahre später bedeckte sie Hunderte Quadratkilometer des zweitgrößten Süßwassersees der Welt. Die Wasserhyazinthe treibt pausenlos Ausläufer und vervierfacht so jeden Monat ihre Ausmaße.

Betrachtet eine zu Beginn 1 km² große Wasserhyazinthen-Fläche.

➔ Wie groß wird diese nach 1; 2; 3; 4; ... Monaten sein?

➔ Wie groß war diese Fläche vor 1; 2; 3; 4; ... Monaten?

➔ Mit welchem Faktor vervielfacht sich ihre Größe in einem Jahr; in einem halbem Monat; viertel Monat; an einem Tag?

### Würfelspiel „Sechs ist aus"

➔ Werft 40 Würfel gleichzeitig. Einige davon zeigen dann eine Sechs, sortiert diese aus. Werft die übrigen Würfel wieder gleichzeitig und sortiert wieder diejenigen aus, die eine Sechs zeigen, usw.
Wie verändert sich die Anzahl der Würfel, die noch im Spiel sind, im Lauf der Spiele?

➔ Führt dazu solche Spielserien mehrfach durch. Vergleicht eure Ergebnisse mithilfe grafischer Auftragungen. Ihr könnt auch Simulationen mit dem Rechner durchführen.

➔ Gebt eine Prognose: Wie viele Würfel sind im 1., 2., ..., n-ten Spiel noch vorhanden?

### Zweimal hoch, was ergibt das?

➔ Mehmed hat zwei Potenzen multipliziert und ein einfaches Ergebnis erhalten. Begründet seine Überlegungen. Könnt ihr diese auch auf andere Exponenten verallgemeinern?

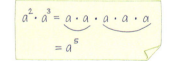

➔ Betrachtet nun auch andere Rechenoperationen als das Multiplizieren und versucht, Gesetze für das Rechnen mit Potenzen herauszufinden. Formuliert sie und versucht sie zu begründen.

### Geld anlegen

➔ Informiert euch bei Banken, Sparkassen oder im Internet, welchen Zinssatz man beim Anlegen eines Geldbetrages über einen Zeitraum von mehreren Jahren erhalten kann. Vergleicht die Angebote. Präsentiert die Ergebnisse in der Klasse.

## 4.1 Potenzen mit ganzzahligen Exponenten

### 4.1.1 Definition und Anwendung der Potenzen mit natürlichen Exponenten

Einstieg

### Bakterien als Krankheitserreger

Vormittags hatte Ilona in der Stadt ein Hackfleischbrötchen gegessen. Abends fühlte sie sich sehr schlapp. Am nächsten Morgen hatte sie Durchfall, Erbrechen und Fieber. Der herbeigerufene Arzt stellte eine Lebensmittelvergiftung fest. Das Hackfleisch war mit Bakterien verunreinigt gewesen. Es handelte sich um Salmonellen.
Salmonellen werden erst durch längeres Kochen oder Braten abgetötet. Daher besteht beim Verzehr von rohen oder nur kurz erhitzten Eiern und Fleischwaren die Gefahr einer Infektion. Besonders riskant wird es, wenn salmonellenhaltige Nahrungsmittel im warmen Raum stehen bleiben. Da sich die Anzahl der Bakterien jede Stunde verdoppelt, können aus zehn Bakterien in einigen Stunden zehn Millionen Bakterien werden, eine Menge, die tödlich wirken kann.

a) Notiert das Wachstum der Salmonellen übersichtlich in einer Tabelle. Am Anfang soll eine Salmonelle vorhanden sein. Verwendet dabei auch Potenzen.
b) Gebt an, wie man die Anzahl der Salmonellen zu jeder vollen Stunde berechnen kann.
c) Kontrolliert mithilfe des Rechners die Behauptung des letzten Satzes des obigen Textes.

Aufgabe 1

### HEFE

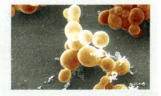

Hefen sind einzellige Lebewesen, die eine große Rolle bei der Herstellung von Lebensmitteln und alkoholischen Getränken spielen.
Unter bestimmten Bedingungen vermehren sich die Hefezellen so schnell, dass jede Stunde eine Verdoppelung stattfindet.

Wir betrachten eine zu Beginn 1 cm³ große Hefekultur, deren Größe sich jede Stunde verdoppelt.
a) Notiere die Größe der Hefekultur zu Beginn, nach 1 Stunde, nach 2 Stunden, nach 3 Stunden, … übersichtlich in einer Tabelle. Verwende dabei Potenzen.
b) Erstelle eine Formel, mit der man für jeden Zeitpunkt t das Volumen V(t) berechnen kann.
c) Wie groß ist die Kultur nach 20 Stunden?

Lösung

a) Für jeden Zeitpunkt t (in h) bezeichnen wir das in cm³ angegebene Volumen der Hefekulturen mit V(t).

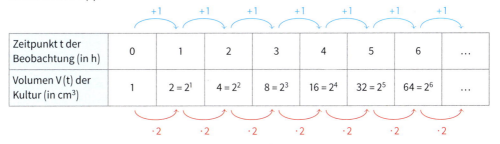

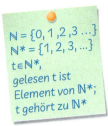

N = {0, 1, 2, 3 ...}
N* = {1, 2, 3, ...}
t ∈ N*,
gelesen t ist Element von N*;
t gehört zu N*

b) Für t ∈ N* gilt für das Volumen V(t) der Hefekultur zum Zeitpunkt t: Die Zahl, die den Zeitpunkt angibt, und der Exponent der zugehörigen Potenz stimmen jeweils überein. Die Abhängigkeit wird demnach beschrieben durch $V(t) = 2^t$ mit $t \in \mathbb{N}^*$.

wc) Wir gehen davon aus, dass sich die Größe der Hefekultur weiterhin jede Stunde verdoppelt. Die Größe der Kultur nach 20 Stunden beträgt $2^{20}$ cm³. Es gilt:
$2^{20} = \underbrace{2 \cdot 2 \cdot 2 \cdot \ldots \cdot 2}_{20 \text{ Faktoren } 2} = 1\,048\,576$

*Ergebnis:* Das Volumen der Kultur nach 20 Stunden beträgt 1 048 576 cm³, das sind 1,048576 m³, also rund 1 m³. Das trifft aber nur zu, falls sich zwischenzeitlich die Wachstumsbedingungen nicht verändern.

## Information

**Potenz** (lat. „Macht")
Math.: Produkt aus gleichen Faktoren

**Basis** (griech. „Grundlage") Math.: Grundzahl

**Exponent** (lat. „der Hervorgehobene")
Math.: Hochzahl

### (1) Definition der Potenz für natürliche Exponenten

In der Lösung der Aufgabe 1 haben wir die Größe der Hefekultur übersichtlich mithilfe von Potenzen angeben können. Zu jedem Zeitpunkt $t \in \mathbb{N}$ gilt für die Größe der Hefekultur $V(t) = 2^t$.

---

**Definition:** *Potenzen mit natürlichen Exponenten*

Für reelle Zahlen a und natürliche Zahlen n gilt:

$a^0 = 1$  also:
$a^1 = a$   $a^2 = a \cdot a$
$a^n = \underbrace{a \cdot a \cdot \ldots \cdot a}_{n \text{ Faktoren } a}$ (für n > 1)   $a^3 = a \cdot a \cdot a$
$a^4 = a \cdot a \cdot a \cdot a$

---

*Beispiele:*

$3^7 = \underbrace{3 \cdot 3 \cdot 3 \cdot 3 \cdot 3 \cdot 3 \cdot 3}_{7 \text{ Faktoren } 3} = 2187$     $(-5)^3 = \underbrace{(-5) \cdot (-5) \cdot (-5)}_{3 \text{ Faktoren } (-5)} = -125$

$(\sqrt{3})^5 = \underbrace{\sqrt{3} \cdot \sqrt{3} \cdot \sqrt{3} \cdot \sqrt{3} \cdot \sqrt{3}}_{5 \text{ Faktoren } \sqrt{3}} = 9 \cdot \sqrt{3}$     $\left(\frac{2}{3}\right)^4 = \underbrace{\frac{2}{3} \cdot \frac{2}{3} \cdot \frac{2}{3} \cdot \frac{2}{3}}_{4 \text{ Faktoren } \frac{2}{3}} = \frac{16}{81}$

$5^0 = 1$;  $\left(-\frac{1}{2}\right)^0 = 1$     $(\sqrt{2})^0 = 1$;  $0^0 = 1$

### (2) Zehnerpotenzen – Vorsilben

Die Zahlen 10, 100, 1000 usw. schreibt man häufig übersichtlich als Potenz der Zahl 10.

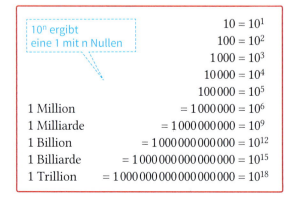

## 4.1 Potenzen mit ganzzahligen Exponenten

**Kilo** (griech.) tausend
**Mega** (griech.) groß
**Giga** (griech.) riesig
**Tera** (griech.) ungeheuer groß
**Peta** (griech.) alles umfassend
**Exa** (griech.) über alles

Gewisse Vorsilben bei Maßeinheiten bedeuten Zehnerpotenzen:

| Potenz | Vorsilbe | Abkürzung | Beispiel | | |
|---|---|---|---|---|---|
| $10^2$ | Hekto | h | Hektoliter: | 1 hl | $= 10^2$ ℓ |
| $10^3$ | Kilo | k | Kilometer: | 1 km | $= 10^3$ m |
| $10^6$ | Mega | M | Megatonne: | 1 Mt | $= 10^6$ t |
| $10^9$ | Giga | G | Gigahertz: | 1 GHz | $= 10^9$ Hz |
| $10^{12}$ | Tera | T | Terawattstunde: | 1 TWh | $= 10^{12}$ Wh |
| $10^{15}$ | Peta | P | Petahertz: | 1 PHz | $= 10^{15}$ Hz |
| $10^{18}$ | Exa | E | Exasekunde: | 1 Es | $= 10^{18}$ s |

Du kennst die Vorsilben Kilo, Mega, Giga, Tera, Peta und Exa auch bei der Einheit Byte zur Beschreibung der Speicherkapazität in Zusammenhang mit Computern. Dort bedeuten sie aber etwas geringfügig anderes:

$$
\begin{aligned}
1\,\text{kB} &= 2^{10}\ \text{Byte} = & 1\,024\ \text{Byte} &\approx 10^3\ \text{Byte} \\
1\,\text{MB} &= 2^{20}\ \text{Byte} = & 1\,048\,576\ \text{Byte} &\approx 10^6\ \text{Byte} \\
1\,\text{GB} &= 2^{30}\ \text{Byte} = & 1\,073\,741\,824\ \text{Byte} &\approx 10^9\ \text{Byte} \\
1\,\text{TB} &= 2^{40}\ \text{Byte} = & 1\,099\,511\,627\,776\ \text{Byte} &\approx 10^{12}\ \text{Byte} \\
1\,\text{PB} &= 2^{50}\ \text{Byte} = & 1\,125\,899\,906\,842\,624\ \text{Byte} &\approx 10^{15}\ \text{Byte} \\
1\,\text{EB} &= 2^{60}\ \text{Byte} = & 1\,152\,921\,504\,606\,846\,976\ \text{Byte} &\approx 10^{18}\ \text{Byte}
\end{aligned}
$$

**Weiterführende Aufgabe**

**Schreibweise großer Zahlen mit abgetrennten Zehnerpotenzen**

**2.** Große Zahlen schreibt man häufig als Produkt einer Zehnerpotenz und einer Zahl zwischen 1 und 10; im Gegensatz zur 1 wird die 10 nicht verwendet. Damit kann man die große Zahl besser überblicken. Zwei Beispiele dazu sind:

*· $10^8$ bewirkt Kommaverschiebung um 8 Stellen nach rechts*

Abstand der Erde von der Sonne: 149 000 000 km = $1{,}49 \cdot 10^8$ km
Anzahl der Atome in 12 g Kohlenstoff $^{12}$C (so genannte Avogadro'sche Zahl): $6{,}02 \cdot 10^{23}$
Diese Zahldarstellung heißt *Schreibweise mit abgetrennter Zehnerpotenz.* Sie wird auch *scientific notation* (wissenschaftliche Schreibweise) genannt, weil sie oft in den Naturwissenschaften verwendet wird.

a) Schreibe mit abgetrennter Zehnerpotenz.
(1) 78 543    (2) 28 433    (3) 9 245 682    (4) 10 000

$34\,785 = 3{,}4785 \cdot 10^4$

b) Berechne mit dem Taschenrechner die Potenzen $9999^2, 9999^3, 9999^4, \ldots$ wie im Beispiel rechts.
Was fällt auf? Gib eine Erklärung dafür.

```
9999²                    99980001
(9999²)▶Decimal        9.9980001E7
                              2/99
```

c) Suche in der Bedienungsanleitung deines Taschenrechners, wie du Zahlen mit abgetrennten Zehnerpotenzen verkürzt in den Rechner eingeben kannst. Gib mit abgetrennter Zehnerpotenz ein:
(1) $3{,}45678 \cdot 10^{13}$    (2) $-1{,}46001 \cdot 10^7$    (3) $10^8$

**Übungsaufgaben**

**3.** Berechne ohne Taschenrechner möglichst geschickt.
a) $10^0; 10^1; 10^2; \ldots; 10^{10}$
b) $2^0; 2^1; 2^2; \ldots; 2^{10}$
c) $3^0; 3^1; 3^2; \ldots; 3^6$
d) $5^0; 5^1; 5^2; \ldots; 5^5$
e) $(-2)^0; (-2)^1; (-2)^2; \ldots; (-2)^{10}$
f) $0{,}1^0; 0{,}1^1; 0{,}1^2; \ldots; 0{,}1^5$
g) $\left(\frac{1}{2}\right)^0; \left(\frac{1}{2}\right)^1; \left(\frac{1}{2}\right)^2; \ldots; \left(\frac{1}{2}\right)^{10}$
h) $(\sqrt{2})^0; (\sqrt{2})^1; (\sqrt{2})^2; \ldots; (\sqrt{2})^6$

4. Führe mit deinem Partner Kopfrechenübungen durch, für die es vorteilhaft ist, Potenzen auswendig zu wissen.

5. Setze das passende Zeichen <, > oder =.
   a) $2^4 \;\square\; 2^5$   b) $2^4 \;\square\; 3^4$   c) $\left(\frac{1}{2}\right)^3 \;\square\; \left(\frac{1}{2}\right)^4$   d) $2^4 \;\square\; 4^2$   e) $3^0 \;\square\; 7^0$

Bestimmte Potenzen von 2; 3 und 5 sollte man auswendig wissen!

6. Sowohl Produkt als auch Potenz sind Kurzschreibweisen. Schreibe ausführlicher und vergleiche.
   a) $2 \cdot 5$ und $2^5$   b) $5 \cdot 2$ und $5^2$   c) $\frac{1}{2} \cdot 4$ und $\left(\frac{1}{2}\right)^4$   d) $(-3) \cdot 4$ und $(-3)^4$

7. Berechne und vergleiche. Beschreibe, was dir auffällt.
   a) $2^3$ und $3^2$   c) $(-5)^4$ und $-5^4$   e) $(-2)^3$ und $-2^3$
   b) $(-5)^3$ und $5^3$   d) $(-2)^2$ und $-2^2$   f) $(2^2)^3$ und $2^{(2^3)}$

8. Untersuche, wann eine Potenz $a^n$ mit $n \in \mathbb{N}$ positiv und wann sie negativ ist.

9. Julia behauptet: „Nicht immer ist eine Potenz ein Produkt aus gleichen Faktoren." Was meinst du dazu? Erkläre.

10. Marc hat Schwierigkeiten mit der Definition von $0^0$. Zeichne den Graphen der Funktion mit der Gleichung $y = x^0$. Erläutere damit, dass die Definition sinnvoll ist.

11. Berechne ohne Taschenrechner und vergleiche. Beachte Klammern.
    a) $(-2)^4$   b) $(-4)^3$   c) $(-\sqrt{3})^0$   d) $(-\sqrt{100})^4$   e) $(-2^3)^2$   f) $(-4)^3$
    $-2^4$   $-4^3$   $-\sqrt{3}^0$   $-\sqrt{100}^4$   $-2^{(3^2)}$   $(-3)^4$

12. Patrick wollte die Zahl $-47$ mit 4 potenzieren. Die Ausgabe seines Taschenrechners überrascht ihn.

13. Du kannst auch Potenzen mit dem Taschenrechner berechnen. Manche Aufgaben sind auch für das Kopfrechnen geeignet.
    a) $1{,}1^3$   c) $3{,}7^0$   e) $(\sqrt{7})^8$   g) $\left(-\frac{5}{8}\right)^0$   i) $0{,}98^{10}$
    b) $\left(\frac{3}{5}\right)^4$   d) $\left(-\frac{2}{3}\right)^3$   f) $(-0{,}1)^8$   h) $\left(\frac{1}{\sqrt{2}}\right)^4$   j) $1{,}01^{20}$

14. Findet möglichst viele verschiedene Darstellungen der Zahlen als Potenzen.
    a) 64   c) 625   e) 400   g) $\frac{1}{256}$   i) $\frac{32}{243}$   k) 1
    b) $-125$   d) 256   f) 10 000   h) $\frac{1}{81}$   j) 0,125   l) 6,25

15. Unten seht ihr 6 Figuren aus Punkten. Denkt euch diese Folge von Figuren fortgesetzt. Wie viele Punkte sind in der 12. Figur?

**16.** Welches ist die größte Zahl, die man **(1)** mit 2 Ziffern; **(2)** mit 3 Ziffern schreiben kann?

**17.** Wir betrachten eine 1 cm² große Schimmelpilzkultur, die ihre Größe jede Stunde
  **(1)** verdreifacht;
  **(2)** ver-2,5-facht.
  a) Beschreibe den Wachstumsvorgang durch eine Tabelle. Lege diese mit einem Rechner an.
  b) Stelle Fragen und beantworte sie mithilfe der Wertetabelle.

## Penicillin
Der britische Bakteriologe Alexander Fleming entdeckte 1928, dass ein Schimmelpilz, Pinselschimmel Penicillum notatum, besonders wirksam gegen Bakterien ist. Noch heute wird das Antibiotikum Penicillin daraus gewonnen.

**18.** Bei der Nuklearkatastrophe von Fukushima in Japan im März 2011 wurden große Mengen radioaktiver Stoffe freigesetzt und über weite Regionen Japans verteilt. Radioaktive Stoffe wandeln sich unter Aussendung von Strahlung von selbst in andere Stoffe um. Man sagt auch: sie zerfallen. Iod 131 entsteht bei der Kernspaltung in einem Kernreaktor wie in Fukushima. Es ist radioaktiv und zerfällt so, dass sich seine Menge in jeder Woche halbiert. In Japan sind auf einer bestimmten Fläche 512 mg Iod 131 niedergegangen.
Wie viel mg befinden sich dort am Ende der 1., 2., 3., ... 10. Woche?
Lege eine Tabelle an. Gib eine Formel an, die die noch vorhandene Menge in Abhängigkeit von der Zeit beschreibt.

**19. a)** Schreibe mit abgetrennten Zehnerpotenzen: 3 507; 48,5; 12,304; 754 804,8
  **b)** Schreibe ohne Zehnerpotenz: $4{,}3 \cdot 10^2$; $8{,}357 \cdot 10^3$; $7{,}2 \cdot 10^5$; $3{,}75421 \cdot 10^4$

**20.** Schreibe ausführlich und lies.
  a) Volumen der Erde: $10^{12}$ km³
  b) Größe Afrikas: $3{,}03 \cdot 10^7$ km²
  c) Entfernung Erde – Sonne: $1{,}5 \cdot 10^8$ km
  d) Umfang der Erdbahn: $9{,}4 \cdot 10^8$ km

**21.** Schreibe mit abgetrennten Zehnerpotenzen.
  a) Lichtgeschwindigkeit: $300\,000 \frac{km}{s}$
  b) Durchmesser der Sonne: 1 390 000 km
  c) Entfernung Erde – Mond: 384 000 km
  d) Größe Asiens: 41 600 000 km²
  e) Entfernung Sonne – Neptun: 4 500 Mio. km
  f) Ältester Stein der Erde: 3,962 Mrd. Jahre

**22.** So wie der Schall braucht auch das Licht zum Durchlaufen einer Strecke eine gewisse Zeit. In einer Sekunde legt das Licht ziemlich genau $3 \cdot 10^5$ km zurück. Eine Strecke ist ein Lichtjahr lang, wenn das Licht zum Durchlaufen der Strecke 1 Jahr benötigt.
  a) Gib ein Lichtjahr in km an.
  b) Die Entfernung Sonne – Erde beträgt $1{,}5 \cdot 10^8$ km.
  Wie lange braucht das Licht, um von der Sonne zur Erde zu gelangen?
  c) Manche Astronomen schätzen, dass der Durchmesser der Milchstraße 100 000 Lichtjahre beträgt. Wie viel km sind das?
  d) Der Fixstern Sirius ist 7 Lichtjahre von der Erde entfernt. Nimm an, ein Raumschiff würde mit Schallgeschwindigkeit $\left(333 \frac{m}{s}\right)$ von der Erde zum Sirius fliegen.
  Wie viele Jahre wäre es unterwegs?

**23.**
a) Beim Computer kann man sich die Speicherkapazität sowie den belegten bzw. freien Speicher anzeigen lassen. Prüfe die im Bild angegebenen Umrechnungen von Byte in Gigabyte. Wie wurde gerundet?
b) Ein am PC bearbeiteter und gedruckter Brief im DIN-A4-Format benötigt ca. 25 kB Speicherplatz.
Wie viele solcher Briefe kann man auf einem 64-USB-Memory-Stick speichern?
c) Wie viele Bilder der Größe 4,6 MB können auf einer
   (1) Speicherkarte der Größe 8 GB
   (2) Festplatte der Größe 1 TB
   gespeichert werden?

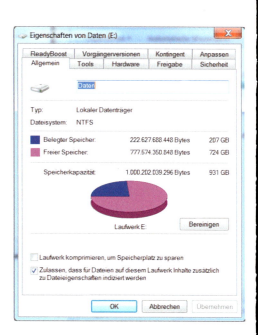

## 4.1.2 Erweiterung des Potenzbegriffs auf negative ganzzahlige Exponenten

**Einstieg**

In dem Einstieg auf Seite 163 haben wir die Vermehrung von Salmonellen betrachtet.
Zu Beginn sollen 1 Million Salmonellen vorhanden gewesen sein. Jede Stunde verdoppelte sich ihre Anzahl.
a) Wie viele Salmonellen waren 1 Stunde, 2 Stunden, ... vor Beginn der Beobachtung vorhanden? Erstellt eine Tabelle.
b) Versucht Formeln anzugeben, mit denen man die Anzahl der Salmonellen in Abhängigkeit von der Zeit berechnen kann.

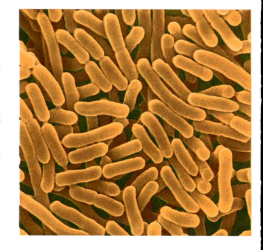

**Aufgabe 1**

**Potenzen mit negativen ganzen Zahlen als Exponenten**
In der Aufgabe 1 auf Seite 162 haben wir eine Hefekultur betrachtet, deren Größe sich jede Stunde verdoppelt. Zu Beginn der Beobachtung war sie 1 cm$^3$ groß.
a) Wie groß war die Hefekultur vor dem Beginn der Beobachtung, also zu den Zeitpunkten $-1\,h, -2\,h, -3\,h, \ldots$?
Setze die Tabelle von Seite 162 nach rückwärts fort.
b) Versuche, die Tabelle mit Formeln zu beschreiben.

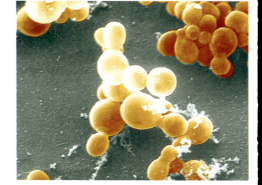

## 4.1 Potenzen mit ganzzahligen Exponenten

Lösung

a) Zum Zeitpunkt 0 h war die Kultur 1 cm³ groß.
Zum Zeitpunkt –1 h war sie halb so groß, also $\frac{1}{2}$ cm³.
Zum Zeitpunkt –2 h war sie wieder halb so groß wie zum Zeitpunkt –1 h, also $\frac{1}{4}$ cm³.

| Zeitpunkt t der Beobachtung (in h) | ... | –4 | –3 | –2 | –1 | 0 | 1 | 2 | 3 | 4 | ... |
|---|---|---|---|---|---|---|---|---|---|---|---|
| Volumen V(t) der Kultur (in cm³) | ... | $\frac{1}{2^4}$ | $\frac{1}{2^3}$ | $\frac{1}{2^2}$ | $\frac{1}{2^1}$ | 1 | $2^1$ | $2^2$ | $2^3$ | $2^4$ | ... |

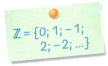
$\mathbb{Z} = \{0; 1; -1; 2; -2; ...\}$

b) Für $t \in \mathbb{N}$ können wir das Volumen der Kultur mit $V(t) = 2^t$ in Abhängigkeit von t berechnen.
Für $t \in \mathbb{Z}$ mit $t < 0$ können wir das Volumen der Kultur mit $V(t) = \frac{1}{2^{|t|}}$ beschreiben.

Information

**(1) Definition einer Potenz für negative ganzzahlige Exponenten**

Will man das Wachstum der Hefekultur in Aufgabe 1 einheitlich mit $V(t) = 2^t$ beschreiben, so muss man festlegen: $2^{-1} = \frac{1}{2^1}$; $2^{-2} = \frac{1}{2^2}$; $2^{-3} = \frac{1}{2^3}$; $2^{-4} = \frac{1}{2^4}$; ...

Dann lautet die von 0 nach links fortgesetzte Tabelle:

| t | ... | –4 | –3 | –2 | –1 | 0 | 1 | 2 | 3 | 4 | ... |
|---|---|---|---|---|---|---|---|---|---|---|---|
| $2^t$ | ... | $2^{-4}$ | $2^{-3}$ | $2^{-2}$ | $2^{-1}$ | $2^0$ | $2^1$ | $2^2$ | $2^3$ | $2^4$ | ... |

Wir verallgemeinern die Definition der Potenz:

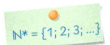
$\mathbb{N}^* = \{1; 2; 3; ...\}$

> **Definition:** *Potenzen mit negativen ganzen Zahlen als Exponenten*
> Für reelle Zahlen $a \neq 0$ und natürliche Zahlen $n \in \mathbb{N}^*$ gilt: $a^{-n} = \frac{1}{a^n}$

*Beachte:* Für die Basis 0 sind Potenzen mit negativen Exponenten nicht definiert, da nicht durch null dividiert werden kann. Z.B. ist $0^{-1}$ nicht definiert, da $\frac{1}{0^1}$ nicht definiert ist.

Beachte:
$5^{-2}$ ist nicht negativ!
$0^{-1}$ ist nicht definiert.

*Beispiele:*

$5^{-2} = \frac{1}{5^2} = \frac{1}{25}$

$\left(\frac{2}{5}\right)^{-3} = \frac{1}{\left(\frac{2}{5}\right)^3} = \frac{1}{\frac{8}{125}} = \frac{125}{8}$

$(\sqrt{2})^{-2} = \frac{1}{(\sqrt{2})^2} = \frac{1}{2}$

$(-4)^{-3} = \frac{1}{(-4)^3} = -\frac{1}{64}$

```
5^-2                        1/25
1/25 ▶Decimal              4.E-2
0^-1                       undef
                            3/99
```

**(2) Zehnerpotenzen mit negativen Exponenten**

(a) Die Stellenwerte eines Dezimalbruchs rechts vom Komma, nämlich Zehntel, Hundertstel, Tausendstel, ... lassen sich als Zehnerpotenz mit negativem Exponenten schreiben.

$0,1 = \frac{1}{10} = 10^{-1}$

$0,01 = \frac{1}{100} = \frac{1}{10^2} = 10^{-2}$

$0,001 = \frac{1}{1000} = \frac{1}{10^3} = 10^{-3}$

$0,0001 = \frac{1}{10000} = \frac{1}{10^4} = 10^{-4}$

Bei $10^{-4}$ steht die Ziffer 1 an der vierten Stelle rechts vom Komma

Kondensator zum Speichern elektrischer Ladung

(b) Gewisse Vorsilben bei Maßeinheiten bedeuten eine Zehnerpotenz mit negativem Exponenten:

| Potenz | Vorsilbe | Abkürzung | Beispiel | | |
|---|---|---|---|---|---|
| $10^{-1}$ | Dezi | d | Dezimeter: | 1 dm | $= 10^{-1}$ m |
| $10^{-2}$ | Zenti | c | Zentiliter: | 1 cℓ | $= 10^{-2}$ ℓ |
| $10^{-3}$ | Milli | m | Milliampere: | 1 mA | $= 10^{-3}$ A |
| $10^{-6}$ | Mikro | µ | Mikrogramm: | 1 µg | $= 10^{-6}$ g |
| $10^{-9}$ | Nano | n | Nanosekunde: | 1 ns | $= 10^{-9}$ s |
| $10^{-12}$ | Piko | p | Pikofarad: | 1 pF | $= 10^{-12}$ F |
| $10^{-15}$ | Femto | f | Femtosekunde: | 1 fs | $= 10^{-15}$ s |
| $10^{-18}$ | Atto | a | Attogramm: | 1 ag | $= 10^{-18}$ g |

**Weiterführende Aufgabe**

**Darstellung kleiner positiver Zahlen mit abgetrennten Zehnerpotenzen**

2. Kleine positive Zahlen kann man als Produkt einer Zahl zwischen 1 und 10 und einer Zehnerpotenz mit negativen Exponenten schreiben; im Gegensatz zur 1 wird die 10 nicht als Vorfaktor verwendet. Dann kann man sie besser überblicken.
   *Beispiele:*
   (1) Durchmesser einer Grünalge: $7 \cdot 10^{-3}$ mm = 0,007 mm
   (2) Masse der Grünalge: $10^{-7}$ mg = 0,0000001 mg
   a) Schreibe mit abgetrennten Zehnerpotenzen.
   (1) 0,00079   (2) 0,0000253   (3) 0,000000429   (4) 0,012   (5) 0,0001
   b) Berechne mit deinem Taschenrechner
   $9999^{-1}, 9999^{-2}, 9999^{-3}, \ldots$ wie im Beispiel rechts.
   Was fällt dir auf? Gib eine Erklärung dafür.
   c) Gib in deinen Taschenrechner folgende Zahlen mit abgetrennten Zehnerpotenzen ein:
   (1) $4{,}567 \cdot 10^{-3}$   (2) $-3{,}56789 \cdot 10^{-21}$   (3) $-10^{-3}$

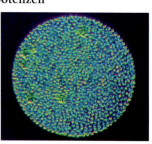

**Übungsaufgaben**

3. Berechne ohne Taschenrechner möglichst geschickt.
   a) $10^3; 10^2; 10^1; 10^0; 10^{-1}; 10^{-2}; 10^{-3}$
   b) $3^3; 3^2; 3^1; 3^0; 3^{-1}; 3^{-2}; 3^{-3}$
   c) $5^3; 5^2; 5^1; 5^0; 5^{-1}; 5^{-2}; 5^{-3}$
   d) $(-4)^3; (-4)^2; (-4)^1; (-4)^0; (-4)^{-1}; (-4)^{-2}; (-4)^{-3}$
   e) $\left(\frac{1}{2}\right)^3; \left(\frac{1}{2}\right)^2; \left(\frac{1}{2}\right)^1; \left(\frac{1}{2}\right)^0; \left(\frac{1}{2}\right)^{-1}; \left(\frac{1}{2}\right)^{-2}; \left(\frac{1}{2}\right)^{-3}$

4. Führe mit deinem Partner Kopfrechenübungen durch, für die es vorteilhaft ist, Potenzen auswendig zu wissen.

5. Wann ist eine Potenz $a^n$ mit $a \neq 0$ und $n \in \mathbb{Z}$ positiv, wann ist sie negativ?

6. Berechne im Kopf. Beachte die Klammern.
   a) $2^{-3}; -2^3; (-2)^3; (-2)^{-3}; -2^{-3}$
   b) $5^{-2}; -5^2; (-5)^2; (-5)^{-2}; -5^{-2}$

7. Berechne mit dem Taschenrechner.
   a) $4^{-10}$   b) $0{,}7^{-8}$   c) $(-3{,}4)^{-7}$   d) $\left(\frac{2}{3}\right)^{-5}$   e) $\left(\sqrt{3}\right)^{-9}$   f) $\left(4 \cdot \sqrt{5}\right)^{-5}$

# 4.1 Potenzen mit ganzzahligen Exponenten

8. Kontrolliere Pauls Hausaufgaben. Erläutere deine Anmerkungen.

   a) $-5^{-2} = -25$
   b) $2^{-4} < 2^{-3}$
   c) $0{,}1^{-2} = 100$
   d) $\left(\frac{1}{2}\right)^{-3} < \left(\frac{1}{2}\right)^{3}$
   e) $\left(\frac{3}{4}\right)^{-2} = -\frac{16}{9}$
   f) $(-3)^0 > (-3)^{-3}$
   g) $(\sqrt{2})^{-4} < (\sqrt{2})^{-2}$
   h) $(\sqrt{2})^{-6} = 2^{-3}$
   i) $(-\sqrt{2})^{-3} < 0$

9. Schreibe ohne negative Exponenten, kürze dann und vereinfache.

   a) $15^3 \cdot 5^{-2}$
   b) $14^{-3} \cdot 7^5$
   c) $21^3 \cdot 7^{-5}$
   d) $(-2)^6 \cdot 2^{-8}$

10. Findet möglichst viele verschiedene Darstellungen der Zahlen als Potenz mit negativem Exponenten.

    $\frac{1}{16}$; $\frac{1}{25}$; $\frac{1}{64}$; $\frac{1}{625}$; $\frac{1}{256}$; $\frac{1}{27}$; $\frac{1}{900}$; $\frac{1}{1\,600}$; $\frac{1}{40\,000}$; $\frac{1}{250\,000}$; $\frac{1}{16\,900}$

11. Potenzen mit negativen Exponenten sind nur definiert, falls die Basis von 0 verschieden ist. Untersuche, welche einschränkende Bedingung bei folgenden Termen zu beachten ist.

    a) $x^{-3}$
    b) $1 + z^{-2}$
    c) $(1+z)^{-3}$
    d) $\frac{a^{-3}}{b^5}$
    e) $\frac{(a+2)^{-4}}{b^{-2}}$

*Durch 0 kann man nicht dividieren.*

12. Schreibe ohne negative Exponenten.

    a) $(2a)^{-3}$
    b) $(3ab)^{-4}$
    c) $(5x)^{-1}$
    d) $\frac{1}{x^{-4}}$
    e) $(a+b)^{-5}$
    f) $1 + x^{-2}$
    g) $a \cdot (x+y)^{-2}$
    h) $a - x^{-1}$
    i) $\frac{x^{-2}}{y^{-1}}$
    j) $(a+1) \cdot (b-1)^{-3}$

13. Nenne deinem Partner mit Begründung eine Darstellung ohne Bruchstrich. Wechselt nach jeder Teilaufgabe eure Rollen.

    a) $\frac{1}{x}$
    b) $\frac{1}{(a \cdot b)^3}$
    c) $\frac{1}{(\sqrt{a})^3}$
    d) $\frac{a}{c^5}$
    e) $\frac{x^3}{4y}$
    f) $\frac{1}{(a+b)^2}$
    g) $\frac{1}{1+z}$
    h) $\frac{1}{x^{-3}}$
    i) $\frac{4}{y^{-4}}$
    j) $\frac{x^{-4}}{y}$
    k) $\frac{(x-y)^{-2}}{(x+y)^{-3}}$
    l) $\frac{y^2}{z^{-3}}$

14. Entscheide, ob der Satz für $a > 0$ und $n \in \mathbb{N}^*$ richtig ist. Falls nein, gib ein Gegenbeispiel an.

    a) Wenn n gerade ist, dann ist $a^{-n} > 0$.
    b) Wenn $a^{-n} > 0$, dann ist n gerade.
    c) Wenn $a > 1$, dann ist $a^{-n} < 1$.
    d) Wenn $a^{-n} < 1$, dann ist $a > 1$.
    e) Wenn $a < 1$, dann ist $a^{-n} > 1$.
    f) Wenn $n > 1$, dann ist $a^n > 0$.

15. Denke dir die Folge der Figuren fortgesetzt. Welcher Anteil am 10. Quadrat ist grün gefärbt?

16. Schreibe die Zahl mit abgetrennter Zehnerpotenz.

    a) 0,01
    b) 0,07
    c) 0,68
    d) 0,0049
    e) 0,000039

17. Schreibe als Dezimalbruch.

    a) $3 \cdot 10^{-2}$
    b) $4{,}2 \cdot 10^{-4}$
    c) $7{,}5 \cdot 10^{-6}$
    d) $2{,}53 \cdot 10^{-5}$
    e) $0{,}3 \cdot 10^{-5}$

18. Schreibe mit einem Dezimalbruch als Maßzahl.
    (1) Durchmesser eines roten Blutkörperchens: $7 \cdot 10^{-4}$ cm
    (2) Durchmesser eines bestimmten Bakteriums: $9,4 \cdot 10^{-5}$ cm
    (3) Tägliches Wachstum beim Kopfhaar: $2,5 \cdot 10^{-4}$ m
    (4) Täglicher Längenzuwachs eines Fingernagels: $8,6 \cdot 10^{-5}$ m
    (5) Täglicher Gewichtszuwachs eines Fingernagels: $5,5 \cdot 10^{-3}$ g

19. Schreibe in der Maßeinheit, die in Klammern steht.
    a) $3 \cdot 10^{-3}$ g (g)    b) $2 \cdot 10^{-2}$ g (kg)    c) $5 \cdot 10^{-10}$ m (mm)    d) $3,2 \cdot 10^{-4}$ cm (m)

20. a) Schreibe die Längenangaben in der Einheit m, und zwar einmal mit einer Zehnerpotenz und zum anderen mit einer Vorsilbe wie Piko, Nano usw.
    (1) $\frac{1}{1\,000}$ mm   (2) $\frac{1}{100\,000}$ cm   (3) $\frac{1}{1\,000\,000}$ mm   (4) $\frac{1}{100\,000}$ dm   (5) $\frac{1}{10\,000}$ cm
    b) Was bedeutet in der Physik die Einheit $m \cdot s^{-1}$ [$km \cdot h^{-1}$; $g \cdot cm^{-3}$; $Nm^{-2}$]?
       Schreibe die Einheit als Quotient. Welche physikalische Größe gehört zu der Einheit?

 21. Sucht in Zeitschriften, Büchern und im Internet nach kleinen und großen Größen, die mit abgetrennter Zehnerpotenz angegeben wurden. Gestaltet damit ein Plakat.

22. Gib die kleinste und die größte positive Zahl an, die dein Taschenrechner mit abgetrennter Zehnerpotenz anzeigen kann.

23. Atome bestehen aus einem kleinen, schweren Atomkern und einer großen, leichten Atomhülle, in der sich die Elektronen befinden. Der Durchmesser eines Atoms beträgt ungefähr $10^{-10}$ m, der eines Atomkerns ungefähr $10^{-15}$ m. Die Masse des Kerns beträgt ungefähr 99,9 % der Masse des gesamten Atoms.
    a) Stelle dir diese – fast unvorstellbaren – Größenverhältnisse an einem Heißluftballon vor. Der Heißluftballon hat einen Durchmesser von 10 m. Er soll das ganze Atom darstellen.
       Welchen Durchmesser hat der Atomkern im selben Maßstab?
       Gib einen entsprechenden Gegenstand des Alltags an.
    b) Der ganze Ballon wiegt – ohne Gondel – ungefähr 10 kg. Wie schwer muss die entsprechende Kugel für den Atomkern sein?

**Das kann ich noch!**

A) Familie Heinrich möchte einen Wochenendausflug machen und sich dazu ein Auto mieten. Herr Heinrich hat sich folgende Angebote eingeholt:
   Firma *Rent a car*: Grundgebühr 45,00 € und 0,25 € pro gefahrenem Kilometer
   Firma *Car4you*: Grundgebühr 37,50 € und 0,30 € pro gefahrenem Kilometer
   1) Stelle für die Funktion *Fahrstrecke (in km) → Preis (in €)* jeweils eine Funktionsgleichung auf.
   2) Untersuche rechnerisch, welches Angebot bei 120 gefahrenen Kilometern günstiger ist.
   3) Berechne, bei wie vielen gefahrenen Kilometern beide Anbieter gleich günstig sind.

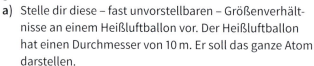

# Im Blickpunkt

# Kleine Anteile – große Wirkung

1. Die Verbrennung fossiler Brennstoffe wie Erdöl und Erdgas führt zu einem Anstieg des Kohlendioxidgehaltes in der Luft. Wissenschaftler befürchten, dass sich dadurch die Atmosphäre global erwärmt und es zu einer gravierenden Klimaveränderung kommt („Treibhaus-Effekt"). Daher ist man an einer Untersuchung des Klimas in früheren Jahrtausenden interessiert.

Aus Eisbohrkernen der Polargebiete kann man heute die Klimageschichte bis über die letzte Zwischeneiszeit hinaus ablesen. In Luftbläschen, die im Südpolareis vor langer Zeit eingeschlossen wurden, konnte die Konzentration des Treibhausgases Kohlendioxid ($CO_2$) über 160 000 Jahre gemessen werden. Das Diagramm rechts zeigt die Ergebnisse.

Die im Diagramm benutzte Bezeichnung ppm (parts per million) dient dazu, sehr kleine Anteile übersichtlicher schreiben zu können:

1 ppm ist $\frac{1}{1\,000\,000}$.

Beschreibe das Diagramm. Welche Informationen kannst du ihm entnehmen?

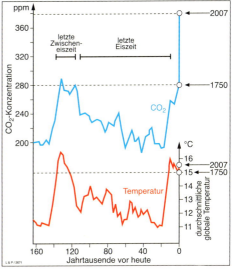

---

**Bezeichnungen für die Beschreibung kleiner Anteile**

**ppm:** Abkürzung für die englische Angabe *parts per million* (Teile pro Million, d.h. $1:10^6$).
**ppb:** Abkürzung für die englische Angabe *parts per billion* (Teile pro Milliarde, d.h. $1:10^9$)
**ppt:** Abkürzung für die englische Angabe *parts per trillion* (Teile pro Billion, d.h. $1:10^{12}$)
**ppq:** Abkürzung für die englische Angabe *parts per quadrillion* (Teile pro Billiarde, d.h. $1:10^{15}$)

Hierbei kann „Teil" für Teilchenanzahlen, aber auch für Massen- oder Volumeneinheiten stehen. Für genaue Angaben muss daher angegeben werden, was gemeint ist, so wie man auch zwischen Volumenprozent und Massenprozent unterscheidet.

Im wissenschaftlichen Gebrauch sollen diese Angaben nicht mehr verwendet werden, sondern stattdessen negative Zehnerpotenzen. In anderen Veröffentlichungen unterbleibt in der Regel die genaue Angabe, was mit „Teil" gemeint ist.

**Zahlwörter im (amerikanischen) Englischen:**

billion – Milliarde
trillion – Billion
quadrillion – Billiarde

2. Du weißt: $1\% = \frac{1}{100} = \frac{1}{10^2} = 10^{-2}$.

Schreibe entsprechend die Angaben ppm, ppb, ppt und ppq mit negativen Zehnerpotenzen.

**Im Blickpunkt**

3. Stelle dir zur Veranschaulichung vor, dass ein Stück Würfelzucker der Masse 2,7 g in einer Wassermenge gelöst werden soll, sodass die Konzentration anschließend
   a) 1 ppm,   b) 1 ppb,   c) 1 ppt,   d) 1 ppq

   beträgt, wobei sich die Angaben hier auf die Masse beziehen sollen.
   Berechne, wie viel Wasser benötigt wird. Unten siehst du zur Veranschaulichung Fotos entsprechender Flüssigkeitsmengen.

4. Die Spurenanalytik ist ein Arbeitsgebiet der Chemie, das sich mit dem Nachweis kleinster Mengen chemischer Stoffe befasst. Mit chemischen Verfahren kann man noch $10^{-9}$ g eines Stoffes pro kg nachweisen, mit elektrochemischen Verfahren $10^{-12}$ g pro kg und mit spektroskopischen Verfahren $10^{-13}$ g pro kg.
   a) Gib diese Konzentrationen in parts per … an.
   b)
   > **PORTLAND** Weil ein Teenager in den USA in ein Reservoir mit 143 Millionen Liter aufbereitetem Wasser gepinkelt hat, soll jetzt das ganze Becken geleert werden. Es ist das zweite Mal binnen drei Jahren, dass die Stadtbehörden in Portland im US-Staat Oregon zu solch drastischen Maßnahmen greifen, um das Leitungswasser sauber zu halten. Zuletzt waren 2011 28 Millionen Liter ins Abwassersystem abgeleitet worden, nachdem ein junger Mann in ein Reservoir uriniert hatte. (Nordwestzeitung 18.4.2014)

   Beim Urinieren werden etwa 5 g Harnstoff ausgeschieden. Gehe im Folgenden von der Annahme vollständiger Durchmischung des Urins mit dem Wasser aus.
   (1) Berechne die Harnstoff-Konzentration im Trinkwasser-Reservoir in ppm, ppb, …
   (2) Kann man noch Spuren der Verunreinigung in dem Trinkwasser-Reservoir nachweisen?
   (3) Wie viel Harnstoff befindet sich in einem Glas mit 200 ml Trinkwasser?

5. Die Ozonschicht der Atmosphäre hält gefährliche UV-Strahlung ab. In der Ozonschicht beträgt die Konzentration an Ozon bis zu 10 ppm. Nimm an, dass sich diese Angaben auf die Volumina beziehen und berechne dann, wie viel Ozon sich in 1 Liter befindet.

6. Der Gehalt an Wasserdampf in der Luft schwankt beträchtlich: er hängt von der Temperatur ab und wird als relative Luftfeuchtigkeit angegeben.
   Bei einer relativen Luftfeuchtigkeit von 100 % schwankt der Gehalt an Wasserdampf zwischen 190 ppm bei einer Temperatur von –40 °C und 42 000 ppm bei 30 °C.
   Nimm an, dass sich diese Angaben auf die Volumina beziehen und berechne, wie viel Wasser in 1 Liter Luft enthalten ist.

## 4.2 Potenzgesetze und ihre Anwendung

### 4.2.1 Multiplizieren und Potenzieren von Potenzen

**Einstieg**

Untersucht an den folgenden Beispielen, wie man mit Potenzen rechnen kann. Bereitet für die Präsentation eurer Ergebnisse eine Folie vor.

(1) Multipliziert zwei Dreierpotenzen. Versucht das Ergebnis auch als Dreierpotenz darzustellen.
Verallgemeinert eure Entdeckung.

(2) Multipliziert zwei Potenzen mit dem Exponenten 4. Versucht das Ergebnis auch als Potenz mit dem Exponenten 4 darzustellen.
Verallgemeinert eure Entdeckung.

(3) Potenziert eine Dreierpotenz. Versucht das Ergebnis auch als Dreierpotenz darzustellen.
Verallgemeinert eure Entdeckung.

*Denke auch an negative Exponenten.*

**Aufgabe 1**

**Multiplizieren von Potenzen mit gleicher Basis**

Vereinfache – falls möglich – zunächst den Term und berechne ihn dann.
Untersuche anschließend, ob man aus dem Rechenweg ein allgemeines Potenzgesetz folgern kann.

a) $2^6 \cdot 2^4$    b) $2^{-3} \cdot 2^{-1}$    c) $4^3 \cdot 4^{-5}$    d) $5^4 \cdot 5^{-2}$    e) $6^2 \cdot 6^{-2}$    f) $4^{-2} \cdot 4^0$

**Lösung**

a) $2^6 \cdot 2^4 = (2 \cdot 2 \cdot 2 \cdot 2 \cdot 2 \cdot 2) \cdot (2 \cdot 2 \cdot 2 \cdot 2) = 2^{6+4}$    Wert des Terms: $1024 = 2^{10}$

b) $2^{-3} \cdot 2^{-1} = \frac{1}{2^3} \cdot \frac{1}{2^1} = \frac{1}{2 \cdot 2 \cdot 2} \cdot \frac{1}{2} = \frac{1}{2 \cdot 2 \cdot 2 \cdot 2} = 2^{-4} = 2^{-3+(-1)}$    Wert des Terms: $\frac{1}{2^4} = \frac{1}{16}$

c) $4^3 \cdot 4^{-5} = 4^3 \cdot \frac{1}{4^5} = \frac{4^3}{4^5} = \frac{\cancel{4} \cdot \cancel{4} \cdot \cancel{4}}{\cancel{4} \cdot \cancel{4} \cdot \cancel{4} \cdot 4 \cdot 4} = \frac{1}{4^2} = 4^{-2} = 4^{3+(-5)}$    Wert des Terms: $\frac{1}{16}$

d) $5^4 \cdot 5^{-2} = 5^4 \cdot \frac{1}{5^2} = \frac{5^4}{5^2} = \frac{\cancel{5} \cdot \cancel{5} \cdot 5 \cdot 5}{\cancel{5} \cdot \cancel{5}} = 5^2 = 5^{4+(-2)}$    Wert des Terms: $25$

e) $6^2 \cdot 6^{-2} = 6^2 \cdot \frac{1}{6^2} = \frac{6^2}{6^2} = 1 = 6^0 = 6^{2+(-2)}$    Wert des Terms: $1$

f) $4^{-2} \cdot 4^0 = 4^{-2} \cdot 1 = 4^{-2} = 4^{-2+0}$    Wert des Terms: $\frac{1}{16}$

In allen Teilen erhält man das Ergebnis der Multiplikation auch, indem man die beiden Exponenten addiert: $a^m \cdot a^n = a^{m+n}$

**Information**

In Aufgabe 1 haben wir an Zahlenbeispielen gesehen:

---

**Potenzgesetz für die Multiplikation von Potenzen mit gleicher Basis**

Man multipliziert Potenzen mit gleicher Basis, indem man die Exponenten addiert; die Basis bleibt dabei erhalten.

**(P1)** $a^m \cdot a^n = a^{m+n}$

*Beispiele:* $2^{-3} \cdot 2^5 = 2^{-3+5} = 2^2 = 4$;      $u^{-2} \cdot u^{-3} = u^{(-2)+(-3)} = u^{-5}$ für $u \neq 0$

---

**Aufgabe 2**  Multiplizieren von Potenzen mit verschiedener Basis
Vereinfache zunächst den Term und berechne ihn dann. Untersuche anschließend, ob man aus dem Rechenweg ein allgemeines Potenzgesetz folgern kann.
a) $2^6 \cdot 5^6$  b) $4^{-2} \cdot 2{,}5^{-2}$  c) $2^5 \cdot 3^4$

**Lösung**
a) $2^6 \cdot 5^6 = (2 \cdot 2 \cdot 2 \cdot 2 \cdot 2 \cdot 2) \cdot (5 \cdot 5 \cdot 5 \cdot 5 \cdot 5 \cdot 5)$
 $= (2 \cdot 5) \cdot (2 \cdot 5) \cdot (2 \cdot 5) \cdot (2 \cdot 5) \cdot (2 \cdot 5) \cdot (2 \cdot 5)$
 $= (2 \cdot 5)^6 = 10^6 = 1\,000\,000$

b) $4^{-2} \cdot 2{,}5^{-2} = \frac{1}{4^2} \cdot \frac{1}{2{,}5^2} = \frac{1}{16} \cdot \frac{1}{6{,}25} = \frac{1}{16 \cdot 6{,}25} = \frac{1}{100} = 10^{-2} = (4 \cdot 2{,}5)^{-2}$

c) Im Gegensatz zu den Teilaufgaben a) und b) stimmen die Potenzen $2^5$ und $3^4$ weder in der Basis noch in den Exponenten überein. Daher kann man den Term nicht als eine Potenz schreiben; wir berechnen den Term direkt: $2^5 \cdot 3^4 = 32 \cdot 81 = 2\,592$

**Information**  Die Ergebnisse der Aufgabe 2 lassen folgendes Potenzgesetz vermuten:

> **Potenzgesetz für die Multiplikation von Potenzen mit gleichem Exponenten**
> Man multipliziert Potenzen mit gleichem Exponenten, indem man die Basen multipliziert, der Exponent bleibt erhalten.
> (P2) $a^n \cdot b^n = (a \cdot b)^n$
>
> *Beispiele:* $4^3 \cdot 25^3 = (4 \cdot 25)^3 = 100^3 = 1\,000\,000$;   $x^{-2} \cdot y^{-2} = (x \cdot y)^{-2}$ für $x \neq 0$, $y \neq 0$

**Weiterführende Aufgaben**  Potenzieren einer Potenz
3. Vereinfache die Terme $(2^3)^4$, $(3^5)^{-1}$ und $(4^{-2})^{-3}$.
Folgere daraus ein allgemeines Potenzgesetz und begründe es für den Fall natürlicher Zahlen ungleich null als Exponenten.

> **Potenzgesetz für das Potenzieren einer Potenz**
> Man potenziert eine Potenz, indem man die Exponenten multipliziert, die Basis bleibt erhalten.
> (P3)  $(a^m)^n = a^{m \cdot n}$
>
> *Beispiele:* $(5^3)^2 = 5^{3 \cdot 2} = 5^6$;   $(x^2)^k = x^{2k}$;   $(z^{-2})^{-3} = z^6$ für $z \neq 0$

Addieren und Subtrahieren von Potenzen
4. Versuche, folgende Terme zu vereinfachen.
Du kannst auch an Zahlenbeispielen überprüfen.
a) $a^n + b^m$  c) $a^n + b^n$  e) $a^n - b^m$  g) $a^n - b^n$  i) $5a^n - a^n$
b) $a^n + a^m$  d) $a^n + a^n$  f) $a^n - a^m$  h) $a^n - a^n$  j) $2a^n + 4a^n$

> Eine Summe oder Differenz von Potenzen kann man vereinfachen, wenn dabei gleichartige Glieder zusammengefasst werden.
>
> *Beispiele:*  (1) $b^m + b^m = 2 \cdot b^m$   (2) $b^m - b^m = 0$   (3) $3a^n + a^n = 4a^n$

Übungsaufgaben

**5.** Berechne.
a) $2^3 \cdot 2^2$
b) $3^4 \cdot 3^5$
c) $5^4 \cdot 5^1$
d) $5^{-3} \cdot 5^{-2}$
e) $4^{-1} \cdot 4^3$
f) $1^4 \cdot 1^5$
g) $0^7 \cdot 0^8$
h) $10^4 \cdot 10^{-2}$
i) $(-1)^4 \cdot (-1)^2$
j) $(-2)^5 \cdot (-2)^{-5}$
k) $(-10)^{-3} \cdot (-10)^{-4}$
l) $0{,}2^2 \cdot 0{,}2^2$
m) $1{,}5^4 \cdot 1{,}5^{-2}$
n) $(-0{,}5)^{-5} \cdot (-0{,}5)^{-1}$
o) $\left(\frac{2}{3}\right)^2 \cdot \left(\frac{2}{3}\right)^3$
p) $\left(\frac{1}{2}\right)^{-4} \cdot \left(\frac{1}{2}\right)^3$

**6.** ## Sterne und Galaxien

Die Sterne im Weltall sind in spiralförmig aufgebauten Galaxien angeordnet. Auch das Milchstraßensystem, zu dem unser Sonnensystem gehört, ist eine solche Galaxie. Astronomen schätzen, dass es ungefähr 100 Mrd. Galaxien mit jeweils 200 Mrd. Sternen gibt.

Wie viele Sterne enthält das Weltall insgesamt?
Berechne ohne Taschenrechner im Kopf mithilfe von Zehnerpotenzen.

**7.** Vereinfache. Gib gegebenenfalls auch eine einschränkende Bedingung an.
a) $x^2 \cdot x^3$
b) $a^{-3} \cdot a^4$
c) $z^{-1} \cdot z^{-6}$
d) $y^{-5} \cdot y^2$
e) $a \cdot a^4 \cdot a^3$
f) $b^{-2} \cdot b \cdot b^{-5}$
g) $2a^2 \cdot 5a^3 \cdot 3a$
h) $u^3 \cdot u^{-4} \cdot v^2 \cdot v^{-1}$

**8.** ## Lebenssaft Blut

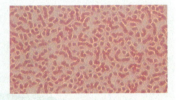

Rote Blutkörperchen des Menschen haben die Gestalt einer flachen Scheibe.
Ein Mensch hat in $1\,\text{mm}^3$ Blut etwa $5{,}5 \cdot 10^6$ solcher Blutkörperchen und durchschnittlich $6\,\ell$ Blut in seinen Adern.

Berechne ohne Taschenrechner: Wie viele rote Blutkörperchen hat ein Mensch?

**9.** Vereinfache ohne Taschenrechner.
a) $2^3 \cdot 50^3$
b) $2^{-6} \cdot 5^{-6}$
c) $2{,}5^{-4} \cdot 4^{-4}$
d) $(-5)^8 \cdot (-0{,}4)^8$

**10.** Kontrolliere folgende Behauptungen. Korrigiere gegebenenfalls.
a) $2^3 + 4^3 = 6^3$
b) $2^3 + 2^4 = 2^7$
c) $3^2 \cdot 3^3 = 3^5$
d) $4^3 - 4^2 = 4^1$
e) $(2+4)^3 = 2^3 + 4^3$
f) $(3-1)^2 = 3^2 - 1^2$

**11.** Forme um. Gib gegebenenfalls auch eine einschränkende Bedingung an.
a) $a^3 \cdot b^3$
b) $c^{-2} \cdot d^{-2}$
c) $a^0 \cdot b^0$
d) $r^{-4} \cdot s^{-4} \cdot t^{-4}$

**12.** Bilde alle Produkte. Der 1. Faktor soll von der linken Tafel, der 2. Faktor von der rechten Tafel stammen.
Vereinfache so weit wie möglich.

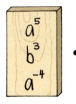 ·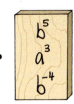

13. Berechne.
    a) $4^{-3} \cdot 0{,}25^{-3} \cdot 3^{-3}$
    b) $4^5 \cdot 2^5 \cdot 1{,}25^5$
    c) $6^{-4} \cdot \left(\frac{2}{3}\right)^{-4} \cdot \left(\frac{1}{8}\right)^{-4}$

14. Berechne so weit wie möglich im Kopf.
    a) $(2^3)^2$
    b) $(2^4)^3$
    c) $(2^4)^2$
    d) $((-3)^2)^2$
    e) $(-3^2)^2$
    f) $-(3^2)^2$
    g) $(2^{-3})^{-4}$
    h) $(-2^2)^5$
    i) $-(2^2)^{-5}$
    j) $(-1^5)^7$
    k) $-(1^5)^7$
    l) $((-1)^5)^7$

15. Forme um. Gib gegebenenfalls eine einschränkende Bedingung an.
    a) $(x^3)^4$
    b) $(a^3)^{-2}$
    c) $(z^{-3})^7$
    d) $(w^{-2})^{-5}$
    e) $((-x)^2)^6$
    f) $(-x^2)^6$

16. Kontrolliere Merlins Behauptungen. Finde Gegenbeispiele oder begründe.

    (1) $n^m = m^n$
    (2) $(a^m)^n = (a^n)^m$
    (3) $(a^n)^m = a^{nm}$

17. Die Potenzgesetze bieten eine gute Möglichkeit zum überschlagsmäßigen Berechnen mithilfe von Zehnerpotenzen.
    Berechne überschlagsmäßig mithilfe von $2^{10} \approx 1000$.
    a) $2^{30}$
    b) $2^{11}$
    c) $2^{19}$
    d) $2^{14}$
    e) $5^4 \cdot 2^{20}$

    $2^{10} \approx 1000$, also
    $2^{20} = 2^{10} \cdot 2^{10} \approx 1\,000\,000$
    Potenzgesetz (P1)

18. Rechne wie im Beispiel.
    a) $(\sqrt{2})^4$
    b) $(\sqrt{5})^8$
    c) $(\sqrt{7})^{10}$
    d) $(\sqrt{10})^{12}$
    e) $\sqrt{\frac{1}{2}}^{10}$
    f) $(-\sqrt{3})^6$
    g) $-(\sqrt{5})^8$
    h) $-(\sqrt{3})^4$

    $(\sqrt{3})^6 = ((\sqrt{3})^2)^3$
    $= 3^3$
    $= 27$
    Potenzgesetz (P3)

19. a) Berechne und vergleiche:
    (1) $(2+4)^3$ und $2^3 + 4^3$
    (2) $(2 \cdot 4)^3$ und $2^3 \cdot 4^3$.
    b) Gilt folgende Aussage?
    Man potenziert eine Summe, indem man jeden Summanden potenziert und die Potenzen addiert.

20. a) Recherche-Auftrag:
    (1) Die Zahl $10^{100}$ wird als ein googol bezeichnet. Finde heraus, wer diesen Zahlnamen vorgeschlagen hat.
    (2) Die Zahl $10^{120}$ wird als Shannon's number bezeichnet. Was hat Claude Shannon berechnet, als er diese Zahl ermittelte?
    b) Berechne googol · googol.
    c) Jorinde meint, dass Shannon's number 20-mal größer als ein googol ist. Was meinst du?

**Das kann ich noch!**

A) Entscheide rechnerisch, ob das Dreieck ABC mit den Seitenlängen a, b, c rechtwinklig, spitzwinklig oder stumpfwinklig ist.
Gib jeweils an, bei welchem Eckpunkt der rechte bzw. der stumpfe Winkel liegt.
1) a = 1,5 cm; b = 2 cm; c = 2,5 cm
2) a = 3 cm; b = 4 cm; c = 6 cm
3) a = 6 cm; b = 8 cm; c = 9 cm
4) a = 7,5 cm; b = 6 cm; a = 4,5 cm

## 4.2.2 Dividieren von Potenzen

**Ziel**
Du hast Regeln und Bedingungen für die Multiplikation von Potenzen kennengelernt. Hier untersuchst du, welche Regeln und Bedingungen für die Division von Potenzen gelten.

**Zum Erarbeiten**

**Dividieren von Potenzen mit gleicher Basis**
Untersuche anhand der folgenden Beispiele, wie man Potenzen mit gleicher Basis dividiert.

(1) $\dfrac{2^7}{2^3}$  (2) $\dfrac{5^2}{5^4}$  (3) $\dfrac{2^3}{2^{-6}}$  (4) $\dfrac{2^3}{2^{-1}}$  (5) $\dfrac{3^{-5}}{3^2}$  (6) $\dfrac{5^{-2}}{5^{-6}}$  (7) $\dfrac{5^{-3}}{5^{-2}}$

→ Wir schreiben die Potenzen aus und vereinfachen damit das Problem so, dass wir ohne Potenzen rechnen können.

(1) $\dfrac{2^7}{2^3} = \dfrac{2\cdot 2\cdot 2\cdot 2\cdot 2\cdot 2\cdot 2}{2\cdot 2\cdot 2} = 2\cdot 2\cdot 2\cdot 2 = 2^4 = 2^{7-3}$

(2) $\dfrac{5^2}{5^4} = \dfrac{5\cdot 5}{5\cdot 5\cdot 5\cdot 5} = \dfrac{1}{5^2} = 5^{-2} = 5^{2-4}$

(3) $\dfrac{2^3}{2^{-6}} = \dfrac{2^3}{\frac{1}{2^6}} = 2^3 \cdot 2^6 = 2^9 = 2^{3-(-6)}$

(4) $\dfrac{2^3}{2^{-1}} = \dfrac{2^3}{\frac{1}{2}} = 2^3 \cdot 2 = 2^4 = 2^{3-(-1)}$

(5) $\dfrac{3^{-5}}{3^2} = \dfrac{\frac{1}{3^5}}{3^2} = \dfrac{1}{3^5 \cdot 3^2} = \dfrac{1}{3^7} = 3^{-7} = 3^{-5-2}$

(6) $\dfrac{5^{-2}}{5^{-6}} = \dfrac{\frac{1}{5^2}}{\frac{1}{5^6}} = \dfrac{5^6}{5^2} = \dfrac{5\cdot 5\cdot 5\cdot 5\cdot 5\cdot 5}{5\cdot 5} = 5^4 = 5^{-2-(-6)}$

(7) $\dfrac{5^{-3}}{5^{-2}} = \dfrac{\frac{1}{5^3}}{\frac{1}{5^2}} = \dfrac{5^2}{5^3} = \dfrac{5\cdot 5}{5\cdot 5\cdot 5} = \dfrac{1}{5} = 5^{-1} = 5^{-3-(-2)}$

Damit wurde in jedem Fall im Ergebnis der untere Exponent vom oberen subtrahiert, was dem durchgeführten Kürzen entspricht.
Wir vermuten:
$\dfrac{a^m}{a^n} = a^{m-n}$ für $a \neq 0$

**Dividieren von Potenzen mit gleichem Exponenten**

Untersuche an folgenden Beispielen, wie man Potenzen mit gleichem Exponenten dividiert.

(1) $\dfrac{5^3}{6^3}$

(2) $\dfrac{5^{-3}}{6^{-3}}$

→ Durch das Ausschreiben der Potenzen und das Umschreiben des Quotienten in ein Produkt, können wir bekannte Rechenregeln anwenden:

(1) $\dfrac{5^3}{6^3} = \dfrac{5\cdot 5\cdot 5}{6\cdot 6\cdot 6} = \dfrac{5}{6} \cdot \dfrac{5}{6} \cdot \dfrac{5}{6} = \left(\dfrac{5}{6}\right)^3$

(2) $\dfrac{5^{-3}}{6^{-3}} = \dfrac{\frac{1}{5^3}}{\frac{1}{6^3}} = \dfrac{6^3}{5^3} = \dfrac{1}{\frac{5^3}{6^3}} = \dfrac{1}{\left(\frac{5}{6}\right)^3} = \left(\dfrac{5}{6}\right)^{-3}$

Wir vermuten als Regel für das Dividieren von Potenzen:
$\dfrac{a^n}{b^n} = \left(\dfrac{a}{b}\right)^n$ für $b \neq 0$

**Information**

Verschiedene Zeichen für die Division:
$\frac{x}{y} = x : y$

**Potenzgesetz für die Division von Potenzen mit gleicher Basis**

Man dividiert Potenzen mit gleicher Basis, indem man die Exponenten subtrahiert; die Basis bleibt dabei erhalten.

(P1*) $\quad \dfrac{a^m}{a^n} = a^{m-n}$ für $a \neq 0$

Beispiele: $\dfrac{2^6}{2^{-4}} = 2^6 : 2^{-4} = 2^{6-(-4)} = 2^{10} = 1\,024; \qquad \dfrac{x^{-2}}{x^{-5}} = x^{(-2)-(-5)} = x^3$

**Potenzgesetz für die Division von Potenzen mit gleichem Exponenten**

Man dividiert Potenzen mit gleichen Exponenten, indem man die Basen dividiert; der Exponent bleibt dabei erhalten.

(P2*) $\quad \dfrac{a^n}{b^n} = \left(\dfrac{a}{b}\right)^n$ für $b \neq 0$

Beispiele: $\dfrac{6^{-4}}{3^{-4}} = \left(\dfrac{6}{3}\right)^{-4} = 2^{-4} = \dfrac{1}{16}; \qquad \dfrac{y^{-2}}{z^{-2}} = \left(\dfrac{y}{z}\right)^{-2}$

**Zum Üben**

1. Berechne ohne Taschenrechner.

    a) $\dfrac{7^5}{7^4}$    c) $2^{10} : 2^9$    e) $\dfrac{0{,}5^8}{0{,}5^6}$    g) $\dfrac{7^2}{7^{-1}}$    i) $\dfrac{(-3)^9}{(-3)^7}$    k) $10^{-5} : 10^{-5}$

    b) $\dfrac{5^4}{5^6}$    d) $10^4 : 10^3$    f) $\dfrac{1{,}2^9}{1{,}2^{10}}$    h) $\dfrac{2^{-17}}{2^{-11}}$    j) $\dfrac{(-5)^{-1}}{(-5)^{-3}}$    l) $5^0 : 5^{-2}$

2. Vier Schüler antworten auf die Frage:
   „Wie heißt die Hälfte von $2^{22}$?"
   Wer hat Recht? Begründe deine Antwort.

3. Vereinfache.

    a) $\dfrac{24^5}{12^5}$    d) $\dfrac{34^5}{17^5}$    g) $\dfrac{0{,}75^{-5}}{0{,}25^{-5}}$    j) $\dfrac{\left(-\tfrac{2}{3}\right)^5}{\left(-\tfrac{4}{9}\right)^5}$

    b) $15^4 : 3^4$    e) $\dfrac{13^{-4}}{65^{-4}}$    h) $1^9 : 0{,}5^9$    k) $\dfrac{(+1)^{20}}{(-1)^{20}}$

    c) $\dfrac{2^{-10}}{4^{-10}}$    f) $\dfrac{1\,000^{-4}}{250^{-4}}$    i) $2^6 : \left(\tfrac{1}{2}\right)^6$    l) $\dfrac{\left(\tfrac{3}{4}\right)^{-3}}{\left(\tfrac{1}{4}\right)^{-3}}$    n) $\dfrac{\left(-\tfrac{1}{6}\right)^{-4}}{6^{-4}}$    o) $\dfrac{\left(\tfrac{3}{4}\right)^{-3}}{\left(\tfrac{4}{3}\right)^{-3}}$    p) $\dfrac{\left(\tfrac{5}{3}\right)^3}{\left(-\tfrac{3}{4}\right)^3}$

4. Vereinfache. Gib gegebenenfalls eine einschränkende Bedingung an.

    a) $\dfrac{a^2}{a^{-4}}$    c) $c^3 : c^5$    e) $\dfrac{y^{-6}}{y^{-3}}$    g) $b^{-2} : b^0$    i) $\dfrac{(a \cdot b)^{-5}}{(a \cdot b)^{-7}}$    k) $\dfrac{(x+y)^2}{(x+y)^7}$

    b) $\dfrac{x^{-3}}{x^6}$    d) $c^5 : c^3$    f) $\dfrac{z^{-9}}{z^{-7}}$    h) $\dfrac{(a \cdot b)^5}{(a \cdot b)^3}$    j) $\dfrac{(a \cdot \sqrt{2})^{-4}}{(a \cdot \sqrt{2})^{-3}}$    l) $\dfrac{(x+\sqrt{5})^7}{(x+\sqrt{5})^{-1}}$

**Dividend**
Math.: zu teilende Zahl; Zähler eines Bruches

**Divisor**
Math.: teilende Zahl; Nenner eines Bruches

5. Bilde alle Quotienten, bei denen der Dividend von der einen und der Divisor von der anderen Tafel stammt. Vereinfache.

## 4.3 Zinseszinsen

**Einstieg**

Jan hat am 1.1.2016 einmalig 250 € auf ein neu eingerichtetes Konto eingezahlt.

Jedes Jahr erhält er von der Bank Zinsen zu einem Zinssatz von 1,5 %. Den Kontostand möchte er gerne für jedes Jahr ausrechnen können.

„Hier hast du ein Rechenblatt, das die Kontostände für alle Jahre von jetzt an ausrechnen kann. Du musst nur die Zelle C4 weiter nach unten ziehen."

Mehr verrät ihm sein Vater nicht.

| | C3 | | $f_x$ =C2*1,015 | |
|---|---|---|---|---|
| | A | B | C | D |
| | | laufende Nummer | Kontostand in € | |
| 1 | Jahr | des Jahres | am Jahresende | |
| 2 | | | 250,00 | |
| 3 | 2016 | 1 | 253,75 | |
| 4 | 2017 | 2 | | |
| 5 | 2018 | 3 | | |
| 6 | 2019 | 4 | | |
| 7 | 2020 | 5 | | |
| 8 | 2021 | 6 | | |
| 9 | 2022 | 7 | | |
| 10 | 2023 | 8 | | |
| 11 | 2024 | 9 | | |

a) Jan probiert die Anleitung seines Vaters aus und erhält in der Tat die neuen Kontostände. Wie lauten diese?

b) Jan erzählt seinen Freunden von der Tabellenkalkulation, was bei diesen aber nicht viel Begeisterung aufkommen lässt. „Ja, wenn man den Kontostand auf seinem Smartphone ausrechnen lassen könnte, das wäre gut.", meint Leon. „Ich könnte so eine App programmieren, brauche dafür aber die Formel für den Kontostand."

Hilf Jan und Leon und ermittle für sie eine Formel, mit der man den Kontostand nach n Jahren ausrechnen kann.

**Aufgabe 1**

Zum 13. Geburtstag von Lisa legt ihre Patentante ein Sparbuch über 5 000 € an. Über dieses Sparbuch darf Lisa erst verfügen, wenn sie den 18. Geburtstag feiert. Auch die jährlichen Zinsen zu einem Zinssatz von 2 % darf sie nicht abheben. Die angefallenen Zinsen werden also immer weiter verzinst (Zinseszins).

a) Über welchen Geldbetrag kann Lisa an ihrem 18. Geburtstag verfügen?

b) Lisa will bis zum 21. Geburtstag warten. Welchen Geldbetrag hat sie dann?

c) Welchen Geldbetrag hätte sie am 18. Geburtstag mehr, wenn der Zinssatz 2,5 % betragen hätte?

**Lösung**

a) Jedes Jahr wächst ihr Kapital um 2 %, also auf 102 %, des jeweiligen Vorjahres. Das ist jedes Mal das 1,02-fache. Übersichtlich lässt sich die Entwicklung des Kapitals so darstellen:

$$5\,000\,€ \xrightarrow{\cdot 1,02} 5\,100\,€ \xrightarrow{\cdot 1,02} 5\,202\,€ \xrightarrow{\cdot 1,02} 5\,306,04\,€ \xrightarrow{\cdot 1,02} 5\,412,16\,€ \xrightarrow{\cdot 1,02} 5\,520,40\,€$$

Lisa hat an ihrem 18. Geburtstag über $5\,000\,€ \cdot 1,02^5 \approx 5\,520\,€$ zur Verfügung.

b) Der Betrag von 5 520,40 € wird noch dreimal mit 1,02 multipliziert, also $5\,520,40\,€ \cdot 1,02^3 \approx 5\,858,30\,€$.

Lisa wird am 21. Geburtstag ungefähr 5 858 € haben.

c) Der Faktor, mit dem das jeweilige Kapital multipliziert werden müsste, wäre 1,025. Das Guthaben am 18. Geburtstag betrüge somit $5000\,€ \cdot 1,025^5 \approx 5\,657,04\,€$.

Lisa hätte also ungefähr $5\,657,04\,€ - 5\,520,40\,€ \approx 136\,€$ mehr.

**Information**

Verzinst man ein Kapital $K_0$ über eine Zeitspanne von n Jahren mit dem Zinssatz p %, ohne die Zinsen abzuheben, so erhält man als Endkapital $K_n$:

$$K_n = K_0 \cdot \left(1 + \frac{p}{100}\right)^n$$

**Übungsaufgaben**

2. Fabian hat 600 € zu 1,5 % p. a. für 5 Jahre angelegt.
   a) Wie viel Geld bekommt er dann ausbezahlt? Wie viel Zinsen hat er bekommen?
   b) Wie viele Jahre muss er mindestens sparen, um mehr als 800 € zu haben? Löse durch Probieren.

3. Kai verzinst auf einem Konto 4 Jahre lang ein Anfangskapital von 1 000 € zu 3 %. Marie dagegen hat sogar ein Anfangskapital von 1 500 € bei gleich hohem Zinssatz. Berechne ihre Endguthaben. Vergleiche und begründe.

4. Betrachte die Überlegung von Lukas rechts. Wo steckt der Fehler?

5. a) Ermittle, nach wie viel Jahren sich ein Anfangskapital von 1 000 € bei einem Zinssatz von 5 % verdoppelt hat. Verändere das Anfangskapital. Was folgt aus der Untersuchung?
   b) Untersuche, nach wie vielen Jahren sich ein Anfangskapital von 1 000 € bei unterschiedlichen Zinssätzen verdoppelt hat. Lege eine Tabelle an.
   c) Welcher Zusammenhang besteht zwischen dem Zinssatz p % und der Verdopplungszeit d? Überprüfe die Vermutung für weitere Zinssätze bis 10 % und für andere Zinssätze. Vergleiche mit der nebenstehenden Faustformel.

Faustformel:
$d = \frac{72}{r}$

Wenn ich pro Jahr 4 % Zinsen bekomme, dann hat sich mein Kapital nach 25 Jahren verdoppelt, denn 25 · 4 % = 100 % und 100 % + 100 % = 200 % = 2 und das heißt Verdoppelung.

6. Frau Sparfroh legt 5000 € in der festverzinslichen Anleihe rechts an.
   a) Welchen Betrag erhält sie ausgezahlt? Schätze zunächst, rechne dann.
   b) Stelle die Wertentwicklung ihres angelegten Kapitals in Abhängigkeit von der Zeit grafisch dar. Erstelle auch eine Funktionsgleichung dafür.

**HD Bank**
Vermögen bilden mit unserer festverzinslichen Anleihe
Ausgabedatum: 1.1.2010
Zinssatz 9 % p. a.
Rückzahlung einschließlich Zinseszinsen am 1.1.2025

7. Erzeuge mit einer Tabellenkalkulation die nebenstehende Tabelle. Wie lauten die Formeln in den einzelnen Zellen?
   a) Verändere die Höhe der Einzahlung, den Zinssatz und die Anzahl der Jahre. Untersuche, wie sich eine Verdopplung der Größen jeweils auswirkt. Gibt es allgemeingültige Regeln dafür?
   b) Untersuche auch Beispiele, bei denen gleichzeitig eine Größe verdoppelt, dafür aber eine andere Größe halbiert wird. Gibt es allgemeingültige Regeln?

8. Anna zahlt auf ein Sparbuch mit einem Zinssatz von 2 % eine Summe von 500 € ein, Bea auf ein Online-Konto eine Summe von 300 € bei einem Zinssatz von 3 %. Beide heben im Laufe der Zeit nichts von ihren Konten ab.
   a) Bea behauptet: „Meine Geldanlage ist viel besser. Warte mal ab, bald habe ich mehr Geld auf dem Konto als du." Nimm Stellung zu dieser Aussage.
   b) Stelle das Guthaben von Anna und Bea in einem gemeinsamen Diagramm in Abhängigkeit von der Zeit dar. Beschreibe es und bestimme einen bedeutsamen Zeitpunkt.

9. Erfinde eine Rechengeschichte zu den Termen.
   a) $500 \cdot 1{,}04^5$
   b) $20\,000 \cdot 1{,}01^{10}$
   c) $1\,200 \cdot 1{,}035^2$
   d) $K_n = 1\,500 \cdot 1{,}015^n$

10. Ein Teil der Metropole New York liegt auf der Insel Manhattan. Dieser Stadtteil bedeckt eine Fläche von ungefähr 90 km². In Spitzenlagen beträgt der Grundstückspreis in New York etwa 20 000 € pro m². Eine historisch nicht streng belegte Legende besagt, dass das Areal im Jahre 1626 von dem aus Wesel am Niederrhein stammenden Peter Minuit den indianischen Ureinwohnern für den (heutigen) Gegenwert von 24 $ abgekauft wurde.

    a) Berechne den von Peter Minuit gezahlten Quadratmeterpreis.
    b) Angenommen, die Ureinwohner hätten damals die 24 $ auf ein mit 5 % verzinstes Konto eingezahlt. Welchen Anteil an Manhattan könnten sie heute mit dem durch Zinseszins angewachsenen Vermögen kaufen?
    c) Bei welchem Zinssatz würde eine solche Langzeitanlage von 24 $ ungefähr den heutigen Wert von Manhattan erbringen? Probiere hierzu verschiedene Zinssätze aus.

Spiel (2 Spieler)

11. Spieler A hält eine Stoppuhr (oder ein Smartphone) in der Hand, Spieler B hat einen Taschenrechner (oder ein Smartphone mit Rechner-App). In diesem Spiel tut man so, als ob eine Sekunde ein Jahr dauert., d. h., das n in der Zinseszinsformel gibt die Anzahl der Sekunden an. Das Spiel hat zwei Varianten: In beiden Varianten muss man den Zinssatz vorher festlegen, z.B. p% = 10 %
    a) *Zeiten schätzen:* Wie lange dauert es, bis ein Anfangskapital von 1 € auf einen vorgegebenen Wert angewachsen ist? Spieler B denkt sich einen bestimmten Wert für n aus (z. B. n = 8) und berechnet $K_8 = 2{,}14$ €. Diesen Wert teilt er A mit. Den Wert n = 8 verrät er nicht. Jetzt muss Spieler A die Stoppuhr so lange laufen lassen, bis nach seiner Schätzung das Kapital von 1 € auf 2,14 € angewachsen ist. Dann vergleicht er diese gestoppte Zeit mit der richtigen, von B vorher berechneten Zeit. Im Beispiel müsste er also möglichst dicht an n = 8 (Sekunden) herankommen. Für jede falsche Sekunde erhält A einen Strafpunkt. Jetzt tauschen A und B die Rollen.
    b) *Kapital schätzen:* Auf welches Kapital wächst das Anfangskapital bei vorgegebenem Zeitraum? Der Spieler mit der Stoppuhr (A) stoppt die Uhr nach z. B. 15 Sekunden. Diesen Wert teilt er dem anderen Spieler (B) mit. B muss nun schätzen, auf welchen Wert das Kapital gewachsen ist. Mit dem Taschenrechner wird anschließend der richtige Wert bestimmt. Für jeden Euro Abweichung gibt es einen Strafpunkt.
    c) Bewertet die beiden Spielvarianten: Worin liegen die Schwierigkeiten bei der Ausführung und bei dem Strafpunktesystem?

## Das Wichtigste auf einen Blick

**Potenzen**

Für reelle Zahlen a und natürliche Exponenten n gilt:
$a^0 = 1$, $a^1 = a$
$a^n = \underbrace{a \cdot a \cdot a \cdot a \cdot \ldots \cdot a}_{n \text{ Faktoren } a}$ für $n > 1$.

$a^n$ — Exponent / Basis

Für reelle Zahlen $a \neq 0$ und und ganze Zahlen als Exponenten gilt: $a^{-n} = \frac{1}{a^n}$ mit $n \in \mathbb{N}^*$.

*Beispiele:*
$4^0 = 1$
$4^3 = 4 \cdot 4 \cdot 4 = 64$
$(-4)^3 = (-4) \cdot (-4) \cdot (-4) = -64$
$4^{-3} = \frac{1}{4^3} = \frac{1}{64}$

**Zinseszinsen**

Wird das Kapital nicht abgehoben, so wächst ein Anfangskapital $K_0$ im Laufe von n Jahren bei einem Zinssatz von $p\%$ auf das Kapital $K_n = (1 + p\%)^n \cdot K_0$.

*Beispiel:*
$K_0 = 1\,000$ €,
$P\% = 2\%$, $n = 12$
$K_{12} = 1\,000\,€ \cdot 1{,}02^{12} = 1\,268{,}24\,€$

## Bist du fit?

1. Radioaktives Chlor $^{39}$Cl zerfällt so schnell, dass die vorhandene Menge sich jede Stunde halbiert. Zu Beginn der Messung werden 10 mg der Substanz nachgewiesen.
   Berechne, wie viel $^{39}$Cl
   (1) nach 20 Minuten noch vorhanden ist;   (2) 30 Minuten vorher vorhanden war.

2. Gib die Längenangabe statt mit Zehnerpotenzen mit einer Vorsilbe an.

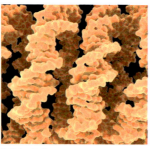
DNA $10^{-5}$ m

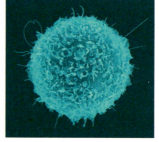
Lymphozyt $10^{-4}$ m

Milchstraße $10^{21}$ m

3. Eine 120 m lange Brücke besteht aus 5 m langen Einzelteilen. Jedes Teilstück dehnt sich bei einer Temperaturerhöhung um 1 Grad um $6 \cdot 10^{-5}$ m aus.
   Berechne den Längenunterschied der Brücke im Sommer (45 °C) und im Winter (−15 °C).

4. Auf welchen Betrag wächst ein Kapital von 13 000 € in 4 Jahren, wenn der Zinssatz 1,25 % beträgt?

5. Ein Kapital ist in 4 Jahren bei einer Verzinsung von 3,75 % auf 15 062,50 € gestiegen.
   Berechne das Anfangskapital.

# Bleib fit im ... Umgang mit Baumdiagrammen und Pfadregeln

**Zum Aufwärmen**

1. Eine Euro-Münze wird dreimal nacheinander geworfen.
   a) Vervollständige das Baumdiagramm im Heft.
   b) Wie groß ist die Wahrscheinlichkeit, zweimal nacheinander Kopf zu werfen?
   c) Wie groß ist die Wahrscheinlichkeit, zweimal nacheinander das gleiche Symbol zu werfen?

2. In einer Tüte befinden sich sieben Bonbons, vier sind blau, die restlichen drei sind rot. Ein Kind darf ohne Zurücklegen nacheinander zwei Bonbons ziehen.
   a) Ist die Wahrscheinlichkeit, dass alle zwei Bonbons blau sind größer oder kleiner als 30 %? Begründe deine Meinung.
   b) Wie hoch ist die Wahrscheinlichkeit, dass das Kind genau ein rotes Bonbon zieht?

**Zum Erinnern**

**(1) Mehrstufige Zufallsexperimente**

Zufallsexperimente, die in mehreren Schritten nacheinander durchgeführt werden, lassen sich gut in einem Baumdiagramm darstellen.
Zu jedem Ergebnis des Zufallsexperimentes gehört ein Pfad.
Der unterste Pfad in dem Baumdiagramm rechts z.B. zeigt das Ergebnis, erst eine blaue und dann eine grüne Kugel zu ziehen. Man notiert es kurz als Paar: (B|G).

*Beispiel:* Aus einem Gefäß mit 3 roten, 2 grünen und 1 blauen Kugel werden nacheinander 2 Kugeln gezogen, ohne sie wieder zurückzulegen.

**(2) Pfadmultiplikationsregel**

Die Wahrscheinlichkeit eines Pfades ist gleich dem Produkt der Wahrscheinlichkeiten längs des Pfades, z.B.

$P(B|G) = \frac{1}{6} \cdot \frac{2}{5} = \frac{1}{15}$

**(3) Pfadadditionsregel**

Gehören zu einem Ereignis mehrere Pfade in einem Baumdiagramm, dann erhält man die Wahrscheinlichkeit des Ereignisses, indem man die Pfadwahrscheinlichkeiten der einzelnen zu dem Ereignis gehörenden Ergebnisse addiert.
Z.B. beträgt die Wahrscheinlichkeit dafür, die blaue Kugel beim Ziehen zu erhalten:

P(blaue Kugel) = P(R|B) + P(G|B) + P(B|R) + P(B|G)

$= \frac{1}{2} \cdot \frac{1}{5} + \frac{1}{3} \cdot \frac{1}{5} + \frac{1}{6} \cdot \frac{3}{5} + \frac{1}{6} \cdot \frac{2}{5} = \frac{1}{10} + \frac{1}{15} + \frac{1}{10} + \frac{1}{15} = \frac{1}{3}$

Zum Üben

3. Eine Firma produziert Ziegelsteine an zwei Standorten: 70 % in Ahausen und 30 % in Bedorf. Bei der Produktion in Ahausen sind 99 % aller Steine fehlerfrei, bei der Produktion in Bedorf 98 %.
   a) Zeichne ein Baumdiagramm.
   b) Berechne die Wahrscheinlichkeit dafür, dass ein von dieser Firma hergestellter Ziegelstein fehlerfrei ist.

4. In einer Schüssel befinden sich fünf gelbe, drei rote und zwei grüne Riesengummibären. Max zieht – ohne hinzuschauen – davon drei nacheinander. Zeichne ein Baumdiagramm. Berechne dann die Wahrscheinlichkeit folgender Ereignisse:
   a) Drei rote Gummibären werden gezogen.
   b) Erst wird ein roter, dann ein gelber und dann ein grüner Gummibär gezogen.
   c) Beide grünen Bären werden gezogen.
   d) Man zieht von jeder Farbe einen Bären.

5. In einer Urne befinden sich 14 gleichartige Kugeln, davon 5 blaue, 4 gelbe, 3 rote und zwei schwarze. Zwei Kugeln werden nacheinander gezogen.
   a) Nach dem ersten Ziehen wird die Kugel wieder zurück in die Urne gelegt. Wie groß ist die Wahrscheinlichkeit beide Male eine schwarze Kugel zu ziehen?
   b) Nach dem ersten Ziehen wird die Kugel nicht wieder zurückgelegt. Wie groß ist nun die Wahrscheinlichkeit beide Male eine schwarze Kugel zu ziehen?

6. Das abgebildete Glücksrad wird zweimal gedreht. Bestimme die Wahrscheinlichkeit für das Ereignis.
   a) Zweimal die Zahl 5
   b) Zwei unterschiedliche Zahlen
   c) Zweimal die gleiche Farbe
   d) Erst Orange dann Rot

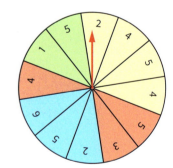

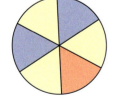

7. Welches Spiel würdest du eher gewinnen?
   (1) Ein Würfel wird zweimal geworfen. Um zu gewinnen, müssen beide Augenzahlen übereinstimmen.
   (2) Das nebenstehende Glücksrad wird zweimal gedreht. Um zu gewinnen, muss beide Male Rot erscheinen.

8. Zwei Tennisspielerinnen spielen mehrfach gegeneinander. Die bessere von beiden hat in der Vergangenheit 60 % der Spiele gegen die andere gewonnen. Wir nehmen an, dass für sie auch in den bevorstehenden Spielen die Gewinnwahrscheinlichkeit 60 % beträgt.
   a) Beide vereinbaren drei Spiele. Diejenige, die die Mehrzahl dieser Spiele gewinnt, wird von der anderen zu einem Essen eingeladen. Wie groß ist die Wahrscheinlichkeit, dass die bessere der beiden Spielerinnen eingeladen wird?
   b) Ändert sich diese Wahrscheinlichkeit, wenn nicht 3, sondern 5 Spiele vereinbart werden? Schätze zunächst, rechne dann zur Kontrolle.

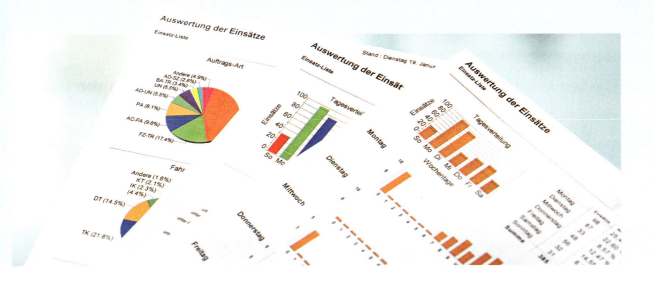

# 5. Daten und Zufall

Statistiken und Äußerungen zu Statistiken begegnen dir überall im Alltag.

„Es gibt Lügner, gottverdammte Lügner, und es gibt Statistiker."
(Winston Churchill, ehemaliger englischer Premierminister)

„Die Statistik ist die wichtigste Hilfswissenschaft in der Gesellschaft."
(August Bebel, Mitbegründer der SPD)

„Statistiken = Zahlengebäude. Sollen sie gut sein, brauchen sie - wie gute Häuser - ein solides Fundament, klare Konturen und den Beweis, dass sie im Wandel der Zeiten ihren Wert behalten. Es gibt aber auch schlechte Statistiken. Sie fallen zusammen wie Kartenhäuser."
(Paul Schnitker, ehemaliger deutscher Unternehmer)

„Statistik ist für mich das Informationsmittel der Mündigen. Wer mit ihr umgehen kann, kann weniger leicht manipuliert werden. Der Satz: „Mit Statistik kann man alles beweisen" gilt nur für die Bequemen, die keine Lust haben, genau hinzusehen."
(Elisabeth Noelle-Neumann, Professorin für Kommunikationswissenschaften)

→ Erläutere die obigen Zitate. Findest du Argumente für die verschiedenen Sichtweisen? Was hältst du von Statistiken?

*In diesem Kapitel ...*
*analysieren wir grafische statistische Darstellungen kritisch und lernen das Erkennen von beabsichtigten Manipulationen und unbeabsichtigten falschen Rückschlüssen in Statistiken. Wir nutzen Wahrscheinlichkeiten zum Beurteilen von Chancen und Risiken sowie zum Schätzen von Häufigkeiten.*

# Lernfeld: Aufgepasst beim Darstellen und Auswerten von Daten

### Interessante(re) Grafiken

Stellt euch vor, ihr seid Grafiker und habt den Auftrag, grafisch darzustellen, wie groß die Städte und Gemeinden sind, in denen die Bundesbürger wohnen. Jan meint: Balkendiagramme sind langweilig. Er zeichnet stattdessen Häuser in verschiedenen Größen; dabei fasst er die Daten noch etwas zusammen.

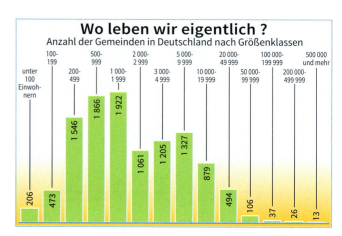

→ Ist die Grafik angemessen? Miss die Größe der Häuser nach und diskutiere mit deinen Mitschülern über Verbesserungen.
Habt ihr andere Vorschläge für eine „interessante" Grafik?

### Statistische Daten im Vergleich

Das Statistische Landesamt von Nordrhein-Westfalen veröffentlichte folgende Daten über die Anzahl der Schüler in der Sekundarstufe I:

| Schuljahr | Hauptschule | Realschule | Gesamtschule | Gymnasium | sonstige | gesamt |
|---|---|---|---|---|---|---|
| 1997/98 | 277 065 | 294 623 | 172 579 | 366 933 | 54 731 | 1 165 931 |
| 2007/08 | 233 271 | 326 413 | 192 348 | 401 801 | 73 718 | 1 227 551 |
| 2015/16 | 100 200 | 245 300 | 274 700 | 325 400 | 271 700 | 1 001 500 |

→ Diskutiere folgende Aussagen:
  (1) Es gibt immer weniger Schüler.
  (2) Dem Gymnasium laufen die Schüler weg.
  (3) Gesamtschulen im Aufwind.
  (4) Niemand möchte mehr an die Hauptschule.
  (5) Die Realschule war und ist immer eine beliebte Schulform gewesen.

→ Recherchiert, welche Diagramm-Optionen euer Tabellenkalkulationsprogramm enthält, und erstellt Grafiken zu den obigen Daten.

→ Stellen die drei Grafiken die Entwicklung der Schülerzahlen angemessen dar?
Diskutiere hierüber mit deinem Partner. Überlegt euch Verbesserungen

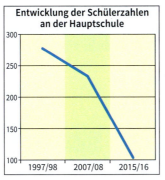

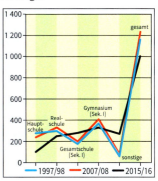

### Informationen organisiert wiedergeben – mit dem Organigramm

## TV-Empfang in deutschen Haushalten

Die meisten Bundesbürger beziehen ihr Fernsehen noch immer über Kabel. Insgesamt gibt es 41,39 Millionen TV-Anschlüsse in Deutschland. Fast 18 Millionen Haushalte empfangen ihre TV-Programme dabei über einen Kabelanschluss, sehr dicht gefolgt vom Satellitenfernsehen. Während die Zahl der Kabelhaushalte in den letzten Jahren relativ konstant geblieben ist, hat sich die Anzahl der Schüssel-Fans seit 2008 fast verdoppelt, was Beobachter vor allem auf die geringen Kosten im Vergleich zum teuren Kabelanschluss zurückführen. Kräftige Wachstumsraten findet man auch beim DSL TV, auch wenn erst knapp 5 % der deutschen Haushalte so fern schauen. Insgesamt ist die Digitalisierung der Fernsehlandschaft fast abgeschlossen. Während es 2008 noch ca. 21,3 Millionen analoge Anschlüsse gab, sind es heute nur noch knapp 19 % der deutschen Anschlüsse.

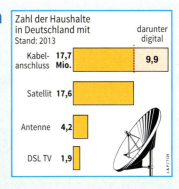

→ Unten links sind die Informationen des Zeitungsartikels aus dem Jahr 2013 in Form eines sogenannten Organigramms zusammengestellt worden.
Erklärt und überprüft die Darstellung.

→ Das Organigramm unten rechts stammt aus dem Jahre 2008. Vergleicht dieses Organigramm mit dem Organigramm für 2013.
Formuliert passende Überschriften für einen Zeitungsartikel, der die Entwicklung der deutschen TV-Landschaft seit 2008 zum Thema hat.

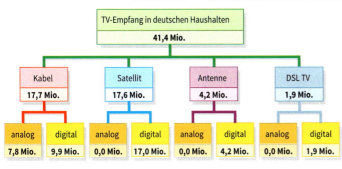
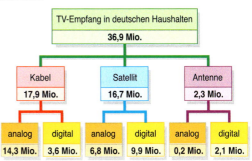

## 5.1 Darstellen von Daten mit zueinander ähnlichen Figuren

**Ziel** Statistiker stellen Veränderungen oft als Vergrößerung oder Verkleinerung von Figuren dar. Du kennst bereits Gesetzmäßigkeiten der Seitenlängen zueinander ähnlicher Vielecke. Hier lernst du nun, in welchem Zusammenhang die Flächeninhalte zueinander ähnlicher Vielecke stehen.

**Zum Erarbeiten**

 Die Stromerzeugung durch Fotovoltaikanlagen in Deutschland war 2015 fast viermal so hoch wie im Jahr 2012. Ein Grafiker hat diese Entwicklung durch nebenstehende Grafik veranschaulicht. Was meinst du dazu?

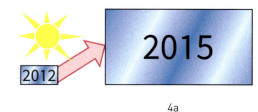

→ Das große Rechteck ist viermal so lang und viermal so breit wie das kleine Rechteck. Folglich passen 16 von den kleinen Rechtecken in das große Rechteck.
Die für das Jahr 2015 abgebildete Fotovoltaikanlage ist also nicht viermal, sondern 16-mal so groß wie die für das Jahr 2012. Somit vermittelt die Grafik einen übertriebenen Eindruck vom Anstieg der Fotovoltaikanlagen.

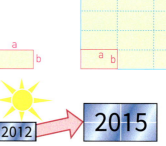

Zeichnet der Grafiker hingegen ein Rechteck mit doppelt so langen Seiten, so ist der Flächeninhalt des großen Rechtecks viermal so groß wie der des kleinen. Diese Darstellung vermittelt einen angemessenen Eindruck.

 Der Grafiker möchte wissen, wie sich die Veränderung der Seitenlänge auf den Flächeninhalt auswirkt. Die Seitenlängen eines Rechteckes werden mit dem Faktor k vergrößert. Mit welchem Faktor verändert sich der Flächeninhalt?

→ Das Rechteck mit den Seitenlängen a und b hat den Flächeninhalt $A = a \cdot b$. Wird es mit dem Faktor k vergrößert, so hat das neue Rechteck die Seitenlängen $k \cdot a$ und $k \cdot b$. Dessen Flächeninhalt A* ergibt sich daraus:
$A^* = (k \cdot a) \cdot (k \cdot b) = k^2 \cdot a \cdot b = k^2 \cdot A$
Der Flächeninhalt des Rechtecks wird also mit dem Faktor $k^2$ vergrößert.
Entsprechendes gilt für die Verkleinerung mit dem Faktor k.

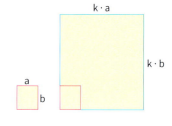

 Der Grafiker möchte nun wissen, ob dieser Zusammenhang auch für andere Figuren gilt. Begründe, dass dieser Zusammenhang auch für rechtwinklige Dreiecke, beliebige Dreiecke und beliebige Vielecke gilt.

→ Jedes rechtwinklige Dreieck kann man zu einem doppelt so großen Rechteck ergänzen. Vergrößert man also die Seitenlängen eines rechtwinkligen Dreiecks mit dem Faktor k, so vergrößert sich dessen Flächeninhalt ebenso wie der des Rechtecks um den Faktor $k^2$.

$A = \frac{1}{2} \cdot a \cdot b$

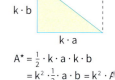

$A^* = \frac{1}{2} \cdot k \cdot a \cdot k \cdot b$
$= k^2 \cdot \frac{1}{2} \cdot a \cdot b = k^2 \cdot A$

**Zum Selbstlernen** 5.1 Darstellen von Daten mit zueinander ähnlichen Figuren

Ein beliebiges Dreieck kann durch eine geeignete Höhe in zwei rechtwinklige Teildreiecke zerlegt werden. Somit führt auch bei beliebigen Dreiecken eine Ver-k-fachung der Seitenlängen zu einer Ver-$k^2$-fachung des Flächeninhalts.
Entsprechend gilt dieser Zusammenhang auch für allgemeine Vielecke, da sich jedes Vieleck aus Dreiecken zusammensetzen lässt.

Längenverhältnis: $k$
Flächenverhältnis:
$\frac{A_W}{A_V} = k^2$

**Satz**
Ist das Vieleck W ähnlich zum Vieleck V und entsteht W aus V durch maßstäbliches Vergrößern bzw. Verkleinern mit dem Ähnlichkeitsfaktor $k$, so ist der Flächeninhalt des Vielecks W genau $k^2$-mal so groß wie der Flächeninhalt des Vielecks V: $\mathbf{A_W = k^2 \cdot A_V}$

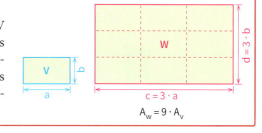

$A_W = 9 \cdot A_V$

**Zum Üben**

2. Im Jahr 2014 verunglückten in Deutschland innerorts im Straßenverkehr 181 Pkw-Insassen, 166 motorisierte Zweiradfahrer, 230 Radfahrer und 368 Fußgänger. Die Anzahl der tödlich verunglückten Pkw-Insassen ist also gerundet nur $\frac{1}{4}$ so groß wie die der übrigen Verkehrsteilnehmer zusammen. Rechts hat ein Grafiker daher für die übrigen Verkehrsteilnehmer ein gleichseitiges Dreieck mit viermal so großer Seitenlänge wie für die Pkw gezeichnet. Bestimme mit einer Skizze oder einer Rechnung, in welchem Verhältnis die Flächeninhalte zueinander stehen.

3. a) Von einem Foto soll ein Poster hergestellt werden. Ein Fotolabor hat nebenstehendes Angebot. Ist der Preis für das größere Poster gegenüber dem kleineren Poster durch den erhöhten Materialverbrauch gerechtfertigt?
   b) Für die beiden Poster soll ein Rahmen hergestellt werden. Vergleiche die Gesamtlänge der Leiste für das größere Poster mit der Länge der Leiste für das kleinere Poster.
   c) Begründe: Sind zwei Rechtecke ähnlich zueinander mit dem Ähnlichkeitsfaktor $k$, so ist das Verhältnis der Umfänge beider Rechtecke ebenfalls $k$.
   d) Verallgemeinere den Satz in Teilaufgabe c) auf Vielecke und begründe ihn.

4. Die Größe von Monitoren wird üblicherweise als Bildschirmdiagonale in der Längeneinheit Zoll (") angegeben: 1" ≈ 2,54 cm.
   In einem Überwachungszentrum wurde ein 12"-Monitor gegen einen 24"-Monitor ausgetauscht.
   Bestimme den Faktor, mit dem dabei
   a) die Seitenlänge
   b) die Größe der Bildfläche vervielfacht wird.

## 5.2 Analyse von grafischen Darstellungen

**Einstieg**  In einer Jubiläumsfestschrift soll grafisch dargestellt werden, dass sich die Anzahl der verkauften Bücher eines Verlages in den letzten drei Jahren verdoppelt hat.
Beschreibt die folgenden Vorschläge für Grafiken. Beurteilt, ob sie einen angemessenen Eindruck von den Veränderungen vermitteln.

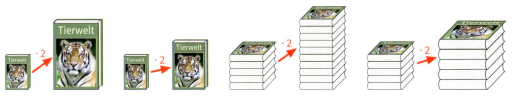

**Aufgabe 1** Grafische Darstellung von Veränderungen mit Flächen und Körpern
a) Die Werbeabteilung einer Fernsehzeitschrift will in einer Anzeige die Zunahme der Verkaufszahlen veranschaulichen:
2010: durchschnittlich 453 000 verkaufte Exemplare,
2015: durchschnittlich 729 000 verkaufte Exemplare.
Mit welchem Faktor muss das Foto der Zeitschrift vergrößert werden, damit die Veränderung angemessen dargestellt wird?

b) Nach einer Information des Bundesumweltamtes konnte in den letzten 10 Jahren der Anteil an wieder verwendbaren Wertstoffen im Müllaufkommen der Bundesbürger noch einmal verdoppelt werden.
Ein Grafiker wird beauftragt, diese Entwicklung durch Darstellung einer quaderförmigen Verpackung zu veranschaulichen.
Begründe, dass die Grafik rechts die Verdopplung nicht angemessen wiedergibt.
Ermittle, mit welchem Faktor die Kantenlänge vergrößert werden muss, damit das Volumen verdoppelt wird.

**Lösung** a) Wir bestimmen den Faktor f, mit dem man die Verkaufszahlen im Jahr 2010 vervielfachen muss, um die im Jahr 2015 zu erhalten:

$f = \frac{729\,000}{453\,000} \approx 1{,}61$

Zur Veranschaulichung werden rechteckige Fotos verwendet. Der Flächeninhalt des Fotos für 2015 muss f-mal so groß sein wie der des Fotos für 2010.
Folglich muss die Seitenlänge mit dem Faktor

$\sqrt{f} \approx \sqrt{1{,}61} \approx 1{,}27$, also auf 127 % vergrößert werden.

b) In der Grafik wurden die Kantenlängen der quaderförmigen Verpackung verdoppelt. Damit wird das Volumen verachtfacht. Bei der räumlichen Darstellung ergibt sich der Eindruck aus dem Volumen und legt somit eine Verachtfachung nahe.
Um das Volumen des Quaders mit den Kantenlängen a, b, c zu verdoppeln, muss jede Kantenlänge mit einem Faktor k vergrößert werden, sodass gilt:
$ka \cdot kb \cdot kc = 2 \cdot abc$, also $k^3 = 2$
Durch Probieren stellen wir fest: $k \approx 1{,}26$; denn $1{,}26^3 \approx 2{,}000376 \approx 2$

**Information**

**(1) Darstellen statistischer Daten durch Flächen**

In dem Abschnitt 5.1 haben wir auf Seite 190 gesehen, dass eine Verdopplung beider Seitenlängen des Rechtecks zu einer Vervierfachung des Flächeninhalts führt.
Der Flächeninhalt einer Figur kann näherungsweise durch Auslegen mit kleinen Quadraten bestimmt werden. Die Vergrößerung eines Quadrats mit dem Faktor k liefert ein Quadrat mit $k^2$-fachem Flächeninhalt.

$A_1 = a^2$

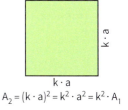
$A_2 = (k \cdot a)^2 = k^2 \cdot a^2 = k^2 \cdot A_1$

> Vergrößert man die beiden Seitenlängen einer Figur mit dem Faktor k, so wird der Flächeninhalt mit dem Faktor $k^2$ vergrößert.
> Werden Flächen zur Veranschaulichung gewählt, dann muss der Flächeninhalt proportional zur dargestellten Größe abgebildet werden: Sollen zwei Größen miteinander verglichen werden und ist eine Größe f-mal so groß wie die andere, dann muss jede Strecke mit dem Faktor $\sqrt{f}$ multipliziert werden.

**(2) Darstellen statistischer Daten durch Körper**

In der Aufgabe 1b) auf Seite 192 haben wir gesehen, dass eine Verdopplung der Seitenlängen eines Quaders zu einer Verachtfachung des Volumens führt.
Das Volumen eines Körpers kann näherungsweise durch Zerlegen in kleine Würfel bestimmt werden. Die Vergrößerung eines Würfels mit einem Faktor k liefert einen Würfel mit $k^3$-fachem Volumen.

$V_1 = a^3$

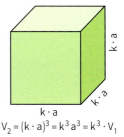
$V_2 = (k \cdot a)^3 = k^3 a^3 = k^3 \cdot V_1$

> Vergrößert man die Kantenlängen eines Körpers mit dem Faktor k, so wird das Volumen mit dem Faktor $k^3$ vergrößert.

### (3) Kubikwurzel

In Aufgabe 1 b) auf Seite 192 sollte ein Quader mit einem doppelt so großem Volumen gezeichnet werden. Durch Probieren haben wir festgestellt, dass die Seitenlängen ungefähr mit dem Faktor 1,26 vergrößert werden müssen, denn $1{,}26^3 \approx 2$.

Soll ein Quader mit einem k-mal so großem Volumen gezeichnet werden, so müssen die Kantenlängen mit einem Faktor f vergrößert werden, für den gilt: $f^3 = k$.

> **Definition**
> Gegeben ist eine nichtnegative Zahl a. Unter der **Kubikwurzel** aus a versteht man diejenige nichtnegative Zahl, die mit 3 potenziert die Zahl a ergibt.
> Für die Kubikwurzel aus a schreibt man: $\sqrt[3]{a}$
> Beispiele: $\sqrt[3]{1000} = 10$, denn $10^3 = 1000$    $\sqrt[3]{0{,}125} = 0{,}5$, denn $0{,}5^3 = 0{,}125$

Wie Quadratwurzeln kann man auch Kubikwurzeln mit dem Taschenrechner bestimmen.

**Weiterführende Aufgabe**

**Achseneinteilung bei Linien- und Säulendiagrammen**

2. Die Grafik rechts soll den Erfolg der Bemühungen um eine Verringerung des Kohlendioxid-Ausstoßes darstellen.
   a) Aus mehreren Gründen erscheint die Verringerung sehr eindrucksvoll. Erläutere dies.
   b) Zeichne ein Linien- oder Säulendiagramm, das die Verminderung der Emission angemessen darstellt.

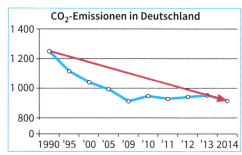

**Räumliche Anordnung von Objekten**

3. a) Betrachte die Quader in dem Raum unten. Welchen Eindruck hast du von ihrer Größe?
   b) Untersuche, ob die Grafik einen angemessenen Eindruck vermittelt.

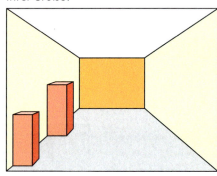

**Information**

In Zeitungen und Zeitschriften findet man oft Grafiken, die den Betrachter irreführen können. Dies kann ohne Absicht geschehen – dann würde man dies eher als „handwerklichen Fehler" bezeichnen – oder gezielt – dann würde man dies als (versuchte) Manipulation ansehen. Folgende Gesichtspunkte sollten bei der Erstellung von Grafiken beachtet werden:

## (1) Weglassen eines Sockelbetrages

Ist bei einem Linien- oder Säulendiagramm eine Achse so eingeteilt, dass der Nullpunkt nicht dargestellt wird, so können auch geringfügige Veränderungen sehr groß erscheinen. Man spricht daher auch vom *Matterhorn-Effekt*.

## (2) Eindruck bei räumlichen Anordnungen

Werden Gegenstände und Figuren in einer Grafik hintereinander angeordnet, dann erscheinen Objekte im Vordergrund größer als vergleichbare im Hintergrund. Es entsteht manchmal der Eindruck, als seien alle Figuren gleich groß. Um diesen Effekt zu vermeiden, muss man die hinteren Objekte kleiner zeichnen.

**Übungsaufgaben**

4. Im Oktober 2004 kostete 1 Barrel Rohöl 50 US-Dollar, im Januar 2008 schon doppelt so viel.
   a) Ein Grafiker hat diese Preisentwicklung durch nebenstehende Grafik veranschaulicht. Was meinst du dazu?
   b) Im September 2015 kostete 1 Barrel Öl nur noch 45 Euro. Erweitere die Grafik aus a) um diesen Sachverhalt.

5. Ist die Grafik zu den Bruttolöhnen angemessen? Haben die Geldmünzen die richtige Größe?

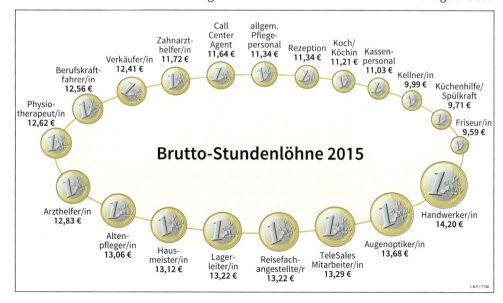

**qm**
weniger gebräuchliche Abkürzung für Quadratmeter

6. Zeichne eine angemessene Darstellung, die veranschaulicht, wie viel Platz den Tieren bei konventioneller und bei biologischer Tierhaltung zur Verfügung stehen muss.

7. Anfang des Jahres 2010 besaßen 8,43 Millionen Menschen in Deutschland ein Smartphone. Anfang 2015 schon 45,6 Millionen Bürger. Zeichne eine Darstellung mit Rechtecken für die Smartphones, die diese Veränderung angemessen wiedergibt.

8. Eine Firma hat den Absatz eines Waschmittels in einem Jahr verdoppelt. Sie stellt dieses Wachstum im Werbeprospekt wie im Bild dar.
   a) Wird der Absatzzuwachs durch die Größenverhältnisse im Bild richtig wiedergegeben? Zeichne die Quader gegebenenfalls im richtigen Verhältnis.
   b) Für ein anderes Waschmittel wurde eine Absatzsteigerung von 64 % erzielt. Erstelle eine Grafik, die die Steigerung richtig wiedergibt.
   c) Sucht nach grafischen Darstellungen in Zeitungen oder Prospekten, an denen Größenverhältnisse durch zueinander ähnliche Körper dargestellt werden. Überprüft, ob die Größenverhältnisse richtig sind.

9. Untersuche, ob die Grafik die Entwicklung der Zahl der Todesopfer bei Naturkatastrophen angemessen darstellt.

10. a) Untersuche, ob die Grafik der Entwicklung des Kindergeldes angemessen darstellt. Beziehe dich dabei sowohl auf die Veranschaulichung im Koordinatensystem als auch auf die zur Illustration ergänzten Kinderwagen.
    b) Das Kindergeld für das erste und zweite Kind wurde im Jahr 2002 auf 154 € festgelegt, 2009 auf 164 € erhöht, 2014 auf 184 € erhöht, 2015 auf 188 € und 2016 auf 190 € erhöht. Stelle die Entwicklung der Höhe des Kindergeldes in einem Liniendiagramm angemessen dar.

## 5.2 Analyse von grafischen Darstellungen

**11.** Untersuche, ob die Grafiken einen angemessenen Eindruck vermitteln.

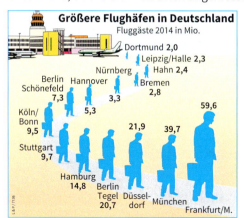
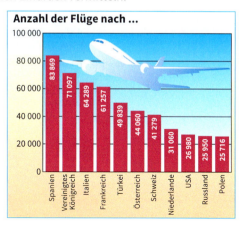

**12.** Vergleiche die Aussage und Wirkung der beiden grafischen Darstellungen.

**13.** Untersuche, ob die Form der Darstellung der Daten einen angemessenen Eindruck erweckt.

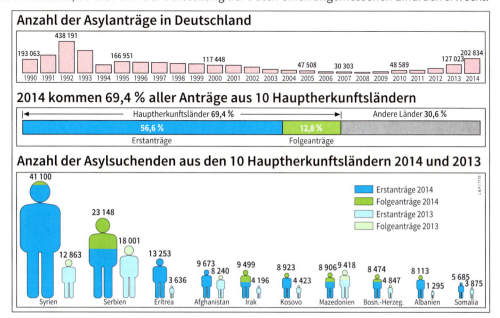

14. Untersuche, ob die linke grafische Darstellung zu den Asylanträgen einen angemessenen Eindruck vermittelt.
Zeichne dann mit in der rechten Grafik dargestellten Daten eine Veranschaulichung für die Anzahlen von positiven und negativen Entscheidungen eine Grafik mit Zetteln wie in der linken Grafik; beschränke dich dabei auf 5 bis 10 von dir ausgewählte Länder.

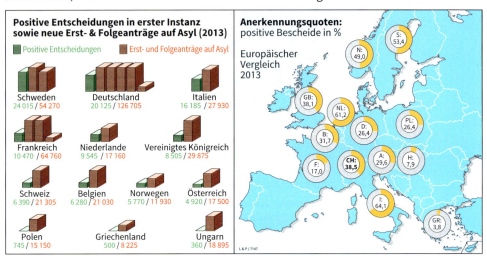

15. Ein Chef bekommt von der Buchhaltung das Diagramm rechts über die Umsatzentwicklung seines Unternehmens. Er möchte bei den Aktionären des Unternehmens einen besonders guten Eindruck hinterlassen, sodass er seiner PR-Abteilung vor der Veröffentlichung der Unternehmensstatistik den Auftrag gibt, die Statistik so zu verändern, dass die Firma besonders gut dastehe.
Er bekommt folgende drei Vorschläge präsentiert:

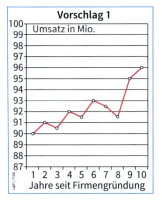 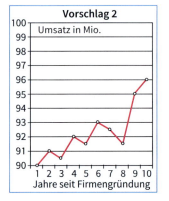 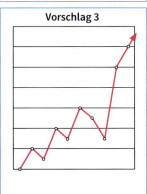

a) Beschreibe die Grafiken im Vergleich zur Ausgangsstatistik.
b) Was kann man an allen drei überarbeiteten Grafiken kritisieren?
c) Welche Grafik würdest du als Chef des Unternehmens veröffentlichen? Welche Überschrift würdest du der Grafik geben?

16.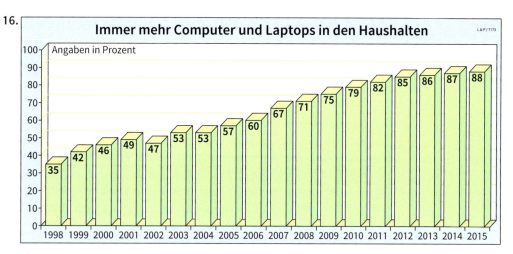

a) Formuliere die Aussage des Diagramms.
   Vermittelt es einen angemessenen Eindruck von der Entwicklung?
b) Zeichne eine Darstellung mit Rechtecken, die die Entwicklung von 2001 im Vergleich zu 2013 angemessen dargestellt.

17. In einer Zeitung findet man das nebenstehende Diagramm in einem Artikel zum Thema „Arbeitslosigkeit drastisch gesunken!".
    a) Beschreibe, welchen Eindruck das Diagramm hervorruft.
    b) Zeichne selber ein Diagramm, das die Entwicklung angemessen darstellt.
    c) „Die Arbeitslosenquote ist um 1,5 % gesunken."
       Nimm Stellung zu dieser Aussage.

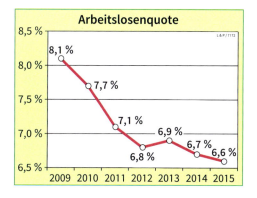

18. Beurteile die gewählten Darstellungsformen.

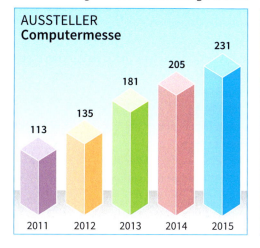
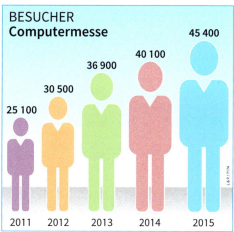

# Auf den Punkt gebracht

# Aufgepasst beim Verwenden von recherchierten Daten

Im Alltag, beim Fernsehen oder beim Zeitungslesen, begegnen wir zunehmend Zahlenreihen und verschiedene Arten von Statistiken, beispielsweise über die wirtschaftliche Entwicklung, über Wahlergebnisse oder über Umfrageergebnisse, die Einstellungen bestimmter Bevölkerungsgruppen ausdrücken. Auf den ersten Blick wollen Statistiken informieren, aber vor allem sollen sie Meinungen belegen. Wenn man sich also auf die Suche nach Statistiken macht, um sie etwa in einem Referat zu verwenden, stößt man bei der Recherche von Daten zumeist nicht auf neutrale, objektive Darstellungen von Zahlen, sondern auf gedeutete Zahlenreihen. Ihre Darstellung unterliegt einem gewissen Erkenntnisinteresse, es kommt ganz entscheidend auf den Urheber der Statistik an. Wenn man zum Thema „Atomkraft" recherchiert, macht es einen Unterschied, ob man eine Statistik von einer Umweltorganisation oder eine Darstellung eines Energiekonzerns verwendet. Bei der Untersuchung der Arbeitslosigkeit ist es von Interesse, ob die Arbeitslosenstatistik vom Staat oder von den Gewerkschaften erstellt worden ist, siehe etwa folgendes Beispiel:

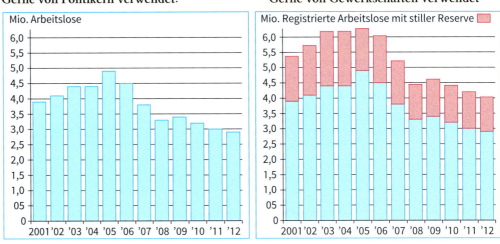

Bevor man also nicht selbst erstellte Statistiken verwendet, sind sie einer genauen Prüfung zu unterziehen. Dabei solltest du dir folgende Fragen stellen:
- Zu welchem Einzelthema gibt die Statistik Auskunft?
- Von wem wurde die Statistik veröffentlicht oder in Auftrag gegeben? Ist dadurch ein bestimmtes Erkenntnisinteresse zu erwarten? Wie ist der Ersteller der Statistik an seine Daten gekommen? Sind diese Daten repräsentativ?
- An wen ist die Statistik gerichtet?
- Auf welchen Zeitraum bezieht sie sich? Gibt es Lücken in der Darstellung? Auf welchen geographischen Raum bezieht sie sich?
- Sind Manipulationen oder Fehler in der Darstellung zu erkennen? Gibt es etwa Sprünge oder Verzerrungen? Sind irgendwelche Daten nicht berücksichtigt worden?

*Tipp:* Es kann oft sehr hilfreich sein, grafische Darstellungen in Tabellen und umgekehrt Tabellen in Grafiken zu übertragen, da dadurch etwaige Manipulationsabsichten ersichtlich werden. Du sollst Dir die Zahlen genau anschauen, um nicht auf grafische Gestaltungstricks herein zu fallen, denn auf die Zahlen, nicht auf ihre Darstellung kommt es an.

## Auf den Punkt gebracht

Oft werden in Grafiken verschiedene Daten miteinander kombiniert und dadurch Zusammenhänge suggeriert, die nicht der Realität entsprechen.
Ein prägnantes Beispiel liefert beispielsweise die folgende Tabelle und das daraus entwickelte Diagramm zur Geburtenrate und der Anzahl brütender Storchenpaare in 14 Ländern Europas.

| Land | Fläche (in km²) | Anzahl brütender Storchenpaare | Bevölkerung (in Mio.) | Anzahl der Geburten (in 1 000 pro Jahr) | Anzahl brütender Storchenpaare pro 1 000 km² | Jährliche Geburtenrate (pro 1 000 der Bevölkerung) |
|---|---|---|---|---|---|---|
| Belgien | 30 520 | 1 | 9,9 | 87 | 0,03 | 8,8 |
| Bulgarien | 111 000 | 5 000 | 9 | 117 | 45,05 | 13,0 |
| Dänemark | 43 100 | 9 | 5,1 | 59 | 0,21 | 11,6 |
| Deutschland | 357 000 | 3 300 | 78 | 901 | 9,24 | 11,6 |
| Frankreich | 544 000 | 140 | 65 | 447 | 0,26 | 11,9 |
| Griechenland | 132 000 | 2 500 | 10 | 106 | 18,94 | 10,6 |
| Niederlande | 41 900 | 4 | 15 | 188 | 0,10 | 12,5 |
| Italien | 301 280 | 5 | 57 | 551 | 0,02 | 9,7 |
| Österreich | 83 860 | 300 | 7,6 | 87 | 3,58 | 11,4 |
| Polen | 312 680 | 30 000 | 38 | 610 | 95,94 | 16,1 |
| Portugal | 92 390 | 1 500 | 10 | 120 | 16,24 | 12,0 |
| Spanien | 504 750 | 8 000 | 39 | 439 | 15,85 | 11,3 |
| Schweiz | 41 290 | 150 | 6,7 | 82 | 3,63 | 12,2 |
| Ungarn | 93 000 | 5 000 | 11 | 124 | 53,76 | 11,3 |

In dieser grafischen Darstellung werden die menschliche Geburtenrate und die Anzahl brütender Storchenpaare miteinander in Beziehung gesetzt.

Das rechte Diagramm zeigt auf, dass dort, wo viele Störche brüten, auch die Geburtenrate höher ist als in Gegenden, die von Störchen nicht so sehr aufgesucht werden. Dies könnte zu der Schlussfolgerung führen, das Störche die menschliche Geburtenrate beeinflussen oder kurz: Der Storch bringt die Babys!
Der gesunde Menschenverstand verrät uns sofort, dass dies nur eine Scheinkausalität sein kann.

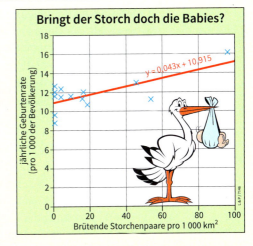

Wir merken uns: Nur weil etwas mathematisch korreliert, muss es keinen kausalen Zusammenhang zwischen den beiden in Beziehung gesetzten Datenreihen geben. Man darf Korrelation somit nicht mit Verursachung verwechseln!
Die Kombination und das in Bezug setzen von verschiedenen Zahlenreihen können helfen, um zu Hypothesen für die eigene Forschung zu gelangen, jedoch müssen diese stets noch durch Untersuchungen bestätigt werden.
Allgemein solltest du jeder Statistik erst einmal misstrauisch gegenüber treten. Insgesamt kann man somit festhalten:
Traue keiner Statistik uneingeschränkt, die du nicht selbst erstellt hast!

## 5.3 Abschätzen von Chancen und Risiken

**Einstieg**

### Tuberkulose

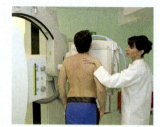

Tuberkulose (kurz TBC) ist weltweit immer noch eine der gefährlichsten Infektionskrankheiten. Bis in die 90er-Jahre wurden in Deutschland Röntgen-Reihenuntersuchungen durchgeführt.
Dabei wurde festgestellt, ob Schatten auf der Lunge zu sehen waren. Als der Anteil der Erkrankten aber auf unter 0,2 % gesunken war und die Gefährdung durch zu häufige Belastung des Körpers durch Röntgenstrahlungen in den Blick geriet, wurde die flächendeckende Reihenuntersuchung eingestellt. Ein weiterer Gesichtspunkt war in diesem Zusammenhang der sehr hohe Anteil von 30 % falsch-negativer Befunde und der nicht zu übersehende Anteil von 2 % falsch-positiver Befunde.

a) Erläutert, was mit „falsch-negativen" und „falsch-positiven" Befunden gemeint ist.
b) Stellt für einen Anteil von 0,2 % Tuberkulose-Kranken unter den Testteilnehmern die Informationen in einem Baumdiagramm dar.
c) Welche Informationen kann man dem umgekehrten Baumdiagramm entnehmen?

**Aufgabe 1**

### Sicherheit eines medizinischen Tests

Diabetes (mellitus), umgangssprachlich Zuckerkrankheit, ist eine chronische Stoffwechselkrankheit, bei der zu wenig Insulin in der Bauchspeicheldrüse produziert wird. Dies führt zu einer Störung des Kohlehydrat-, aber auch des Fett- und Eiweißstoffwechsels. Zur Untersuchung, ob jemand an Diabetes erkrankt ist, wird ein so genannter Glukosetoleranztest durchgeführt. Der Arzt gibt dem Patienten eine genau bemessene Zuckerwassermenge zu trinken und prüft damit nach einer kurzen Wartezeit die Blutzuckerwerte.

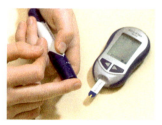

Aufgrund von umfangreichen Untersuchungen hat man folgende Erfahrungswerte gefunden:

**Sensitivität** (lat.)
(Über)- Empfindlichkeit
**Spezifität**
Eigentümlichkeit, Besonderheit

- Bei Personen, die an Diabetes erkrankt sind, reagiert der Test in 72 % der Fälle („positiv"). Man sagt dafür auch: Die *Sensitivität* dieses Tests beträgt 72 %.
- Bei Personen, die nicht an Diabetes erkrankt sind, zeigt sich in 73 % der Fälle keine Reaktion („negativ"). Man sagt dafür auch: Die *Spezifität* des Tests beträgt 73 %.
- Eine Person, die schon weiß, dass sie an Diabetes erkrankt ist, wird den Glukosetoleranztest nicht durchführen. Betrachtet man nur die Personen, die nicht wissen, ob sie an Diabetes erkrankt sind oder nicht, so schätzt man, dass darunter 1 % Diabetiker sind.

Was bedeutet es, wenn bei einer Vorsorgeuntersuchung ein „positiver" Befund festgestellt wird? Mit welcher Wahrscheinlichkeit ist diese Person tatsächlich an Diabetes erkrankt? Warum erscheint das Ergebnis unserer Rechnung paradox? Wie brauchbar ist der Glukosetoleranztest?

**Lösung**

Das Vorliegen der Erkrankung an Diabetes und das Durchführen des Glukose-Toleranztests können wir als zweistufiges Zufallsexperiment auffassen.

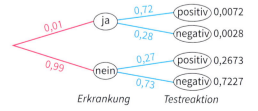

Wir stellen uns vor, dass der Schnelltest beispielsweise an 10 000 (nichts ahnenden) Patienten durchgeführt wird, und übertragen die Informationen aus der Aufgabenstellung in eine Tabelle:
1 % von 10 000 Personen, also 100, leiden an Diabetes. Bei 72 % dieser Diabetiker, also bei 72 Personen, reagiert der Test positiv.
Bei 73 % der 9 900 Personen, die nicht an Diabetes leiden, also bei 7 227 Personen, reagiert der Test negativ. Die übrigen Daten ergänzen wir durch Summen- und Differenzbildung.

|  | Diabetiker ja | Diabetiker nein | gesamt |
|---|---|---|---|
| Test positiv | 72 | 2 673 | 2 745 |
| Test negativ | 28 | 7 227 | 7 255 |
| gesamt | 100 | 9 900 | 10 000 |

Wir lesen an der Tabelle ab:
Bei 10 000 Patienten wird der Test ungefähr 2 745-mal positiv ausgehen; von diesen sind aber tatsächlich nur ca. 72 krank – das sind gerade einmal 2,6 %. Andererseits sind ungefähr 7 227 von 7 255 Patienten mit negativem Testergebnis nicht an Diabetes erkrankt – das sind immerhin 99,6 %.
Der Glukose-Toleranztest ist also in einer Hinsicht brauchbar: Wenn das Testergebnis negativ ist, kann man fast sicher davon ausgehen, dass die Person nicht an Diabetes erkrankt ist.
Die berechnete Wahrscheinlichkeit von 2,6 % steht nur im scheinbaren Widerspruch zur „Sicherheit" des Testverfahrens (Sensitivität). Die große Anzahl von falschen Testergebnissen (2 673 von 10 000) bei einer großen Anzahl von nichterkrankten Personen (9 900 von 10 000) führt zu diesem paradox erscheinenden Ergebnis, weil die Anzahl der erkrankten Personen (glücklicherweise) vergleichsweise klein ist (nur 100 von 10 000).

**Information**

**Abschätzen von Chancen und Risiken bei Rückschlüssen**
In Aufgabe 1 war über ein medizinisches Testverfahren bekannt, mit welcher Wahrscheinlichkeit bei einer erkrankten Person ein positives Testergebnis zu erwarten ist. Um zu erfahren, wie brauchbar das Testverfahren ist, benötigen wir aber eine Information darüber, mit welcher Wahrscheinlichkeit eine getestete Person tatsächlich krank ist, wenn das Testverfahren ein positives Ergebnis liefert bzw. mit welcher Wahrscheinlichkeit eine getestete Person tatsächlich nicht krank ist, wenn das Testverfahren eine negative Testreaktion gezeigt hat.

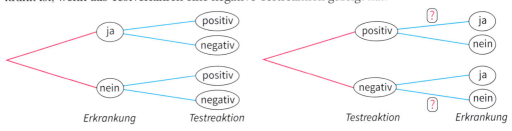

Die Teilnahme am Test ist ein zweistufiges Zufallsexperiment, bei dem auf der 1. Stufe das Vorliegen der Erkrankung betrachtet wird und dann abhängig davon auf der 2. Stufe die Testreaktion.

Beim Folgern aus einem Testergebnis ist es umgekehrt: Die Testreaktion erfolgte auf der 1. Stufe dieses Zufallsexperiments und abhängig davon die Folgerung auf das Vorliegen einer Erkrankung dann auf der 2. Stufe.

Die Wahrscheinlichkeiten für das 2. Baumdiagramm können wir am einfachsten bestimmen, wenn wir die absoluten Häufigkeiten in großen Grundgesamtheiten schätzen und diese übersichtlich in einer Tabelle notieren. Aus dieser Tabelle kann man dann auf die interessierenden Wahrscheinlichkeiten „zurück"-schließen, um so die Chancen und Risiken des Testverfahrens abschätzen zu können.

**Aufgabe 2**

**Gewinnerwartung**

Dir wird folgendes Glücksspiel angeboten. Für einen Euro darfst du das nebenstehende Glücksrad drehen und erhältst den Betrag, auf dem der Zeiger zum Stehen kommt. Lohnt sich das Spiel?

**Lösung**

Wir stellen uns vor, dass wir dieses Spiel 100-mal spielen, und schätzen die zu erwartenden absoluten Häufigkeiten und entsprechenden Auszahlungen. Der Gewinn ist die Differenz aus dem Auszahlungsbetrag und dem Spieleinsatz von einem Euro.

| Ergebnis | Wahrscheinlichkeit | Erwartete Anzahl in 100 Spielen | Erwartete Auszahlungsbetrag (in €) |
|---|---|---|---|
| Grün | $\frac{1}{2}$ | 50 | $50 \cdot 0 = 0$ |
| Blau | $\frac{1}{4}$ | 25 | $25 \cdot 1 = 25$ |
| Orange | $\frac{1}{4}$ | 25 | $25 \cdot 2 = 50$ |

Man kann also erwarten, in 100 Spielen $0\,€ + 25\,€ + 50\,€ = 75\,€$ ausgezahlt zu bekommen. Andererseits haben diese 100 Spiele $100 \cdot 1\,€ = 100\,€$ gekostet. Bei 100 Spielen kann man somit einen Verlust von 25 € erwarten. Das entspricht einem durchschnittlichen Verlust von 0,25 € pro Spiel.

**Information**

**Gewinnerwartung**

Zur Berechnung des durchschnittlichen Gewinns, den man bei einem Glücksspiel erwarten kann, schätzt man mithilfe der Wahrscheinlichkeiten, die absoluten Häufigkeiten, mit denen die einzelnen Ergebnisse bei einer großen Anzahl von Spielen vorkommen. Mit diesen geschätzten absoluten Häufigkeiten ermittelt man den durchschnittlichen Gewinn.

**Weiterführende Aufgabe**

**Faire Spiele**

3. Claudia und Eva vereinbaren ein Würfelspiel:
   Claudia soll doppelt so viele Cent an Eva zahlen, wie die Augenzahl des Würfels anzeigt.
   Wie groß muss der Spieleinsatz von Eva sein, damit beide nach vielen Spielrunden mit gleich hohem Gewinn und Verlust rechnen können?

**Information**

**Faire Spiele**

Spiele, bei denen sich langfristig Gewinn und Verlust ausgleichen, die Gewinnerwartung also 0 beträgt, nennt man fair.

## 5.3 Abschätzen von Chancen und Risiken

**Übungsaufgaben**

4. Die Wahrscheinlichkeit, dass Eltern oder Kinder von Diabeteskranken selbst an Diabetes erkranken, ist mit 10 % vergleichsweise hoch (siehe Aufgabe 1 auf Seite 202).
Welche Aussagen sind möglich, wenn bei einem Glukosetoleranztest eine positive bzw. eine negative Reaktion erfolgt?

5. Die Testverfahren zum Nachweis der HIV-Infektion haben mittlerweile eine hohe Sicherheit: Bei 99,9 % der tatsächlich Infizierten erfolgt eine positive Testreaktion (d. h. nur bei 0,1 % der Infizierten versagt der Test). Allerdings zeigt der Test auch irrtümlich eine positive Reaktion bei 0,2 % der Nichtinfizierten.
   a) Man schätzt, dass 0,1 % der Testteilnehmer in Deutschland HIV-infiziert sind. Berechne die Wahrscheinlichkeit für das Vorliegen einer Infektion, wenn der Test bei einer Person positiv ausgeht.
   Wie sicher können sich Personen mit negativem Testergebnis fühlen?
   Überlege, welche Folgerungen sich ergeben würden, wenn man dieses Testverfahren bei einer Million zufällig ausgewählter Personen anwenden würde.
   b) Wenn ein HIV-Test positiv verlaufen ist, wird der Test bei der betreffenden Person noch einmal durchgeführt.
   Was bedeutet es nun, wenn zweimal hintereinander eine positive Testreaktion erfolgte (Ereignis „pp")?
   Vervollständige das nebenstehende Baumdiagramm.
   Gib das Rechenergebnis in Worten wieder.

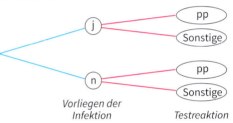

6. Bei der Warenausgabe einer Fabrik, die Elektronikbauteile fertigt, werden Kontrollmessungen durchgeführt.
Bauteile, die nicht vollständig funktionstüchtig sind, werden zu 95 % als solche erkannt.
Allerdings kommt es auch in 2 % der Fälle vor, dass wegen eines Messfehlers funktionstüchtige Bauteile irrtümlich als nicht funktionstüchtig angezeigt werden.
Erfahrungsgemäß sind 90 % der produzierten Bauteile in Ordnung.

   a) (1) Ein zufällig herausgegriffenes Bauteil wird als fehlerhaft angezeigt.
   Mit welcher Wahrscheinlichkeit ist es tatsächlich nicht zu gebrauchen?
   (2) Ein zufällig herausgegriffenes Bauteil wird als funktionstüchtig angezeigt.
   Mit welcher Wahrscheinlichkeit ist es tatsächlich zu gebrauchen?
   b) Um die Fehlerquote zu senken, wird die Kontrollmessung von einer unabhängig arbeitenden Person wiederholt.
   Mit welcher Wahrscheinlichkeit ist ein zweifach als fehlerhaft angezeigtes Bauteil auch tatsächlich nicht funktionstüchtig bzw. ist ein zweifach als funktionstüchtig angezeigtes Bauteil tatsächlich in Ordnung?

7. Die folgende Tabelle enthält Daten über den Bestand der Kraftfahrzeuge in Nordrhein-Westfalen am 01.02.2015.

| Kfz-Zulassungen | Personenkraftwagen | Motorräder | Gesamt |
|---|---|---|---|
| Benzin | 6 419 229 | 800 854 | 7 220 083 |
| Diesel | 2 853 856 | 712 | 2 854 568 |
| Elektro-Antrieb | 2 976 | 1 310 | 4 286 |
| Sonstige | 202 768 | 1 887 | 204 654 |
| Gesamt | 9 478 829 | 804 763 | 10 283 592 |

Berechne die Wahrscheinlichkeit dafür, dass bei neu zugelassenen Kraftfahrzeugen
a) ein zufällig ausgewähltes ein Pkw mit Benzin-Motor ist;
b) ein zufällig ausgewähltes einen Benzin-Motor hat;
c) ein zufällig aus den Fahrzeugen mit Benzin-Motor ausgewähltes ein Pkw ist;
d) ein zufällig aus den Motorrädern ausgewähltes einen Elektro-Antrieb hat.
e) Wofür ist die Wahrscheinlichkeit größer? Für ein zufällig aus den Personenkraftwagen ausgewähltes elektrisch betriebenes Fahrzeug oder für ein zufällig aus den Motorrädern ausgewähltes Gefährt mit einem Elektro-Motor?

f) Stelle deinem Partner weitere Fragen, die er mithilfe der Tabelle beantworten kann.

8. a) Eine Firma stellt Isolierglasscheiben sowohl mit einer Silberbeschichtung als auch mit einer Goldbeschichtung her. Diese Metallbeschichtung erhöht die Wärmereflektion und führt somit zu einer besseren Isolation.
Im Rahmen einer Qualitätskontrolle wurde festgestellt, dass 15 von 232 Glasscheiben mit Silberbeschichtung nicht in Ordnung waren. Bei den 167 mit Gold beschichteten Scheiben waren 9 fehlerhaft.
Stelle diese Angaben übersichtlich dar und erschließe daraus weitere Daten.
b) Bestimme die Wahrscheinlichkeit, dass
(1) eine Glasscheibe eine defekte Beschichtung aufweist;
(2) eine mit Silber beschichtete Scheibe defekt ist;
(3) eine defekte Scheibe silberbeschichtet ist:
(4) eine defekte Scheibe goldbeschichtet ist.

9. Eine Schülerzeitung hat erhoben, wie gerne Jungen und Mädchen der 9. Jahrgangsstufe tanzen.

|  | Junge | Mädchen |
|---|---|---|
| Tanze gerne | 34 | 68 |
| Tanze nicht gerne | 56 | 32 |

Stellt euch abwechselnd gegenseitig Fragen zu Wahrscheinlichkeiten, die der Partner beantwortet.

10. a) Das Organigramm rechts zeigt, welche Fremdsprachen Schülerinnen und Schülern einer 9. Klasse lernen. Stellt euch abwechselnd gegenseitig Fragen zu Wahrscheinlichkeiten, die der Partner jeweils beantwortet.
b) Führt an eurer Schule eine entsprechende Umfrage durch.
Wertet sie aus und vergleicht mit den nebenstehenden Daten.

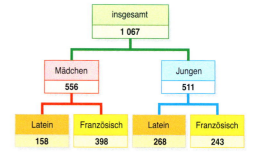

## 5.3 Abschätzen von Chancen und Risiken

**12. a)**

### Dopingkontrollen in Verruf
Nachdem in den letzten Jahren des Öfteren Sportler aus verschiedenen sportlichen Disziplinen nach Dopingkontrollen irrtümlich des Dopings verdächtigt worden sind, ist eine heftige Diskussion um die herkömmlichen Testverfahren entbrannt. Bei einer Dopingkontrolle muss ein Sportler einen Becher Urin abgeben, der daraufhin auf verbotene Substanzen getestet wird. Es gibt verschiedene Testverfahren mit unterschiedlicher Spezifität und Sensivität. Für ein Testverfahren gilt beispielsweise: Bei 96 % der tatsächlich gedopten Sportler zeigt der Test dies auch an, man spricht von einem positiven Befund. Allerdings zeigt der Test auch irrtümlich einen positiven Befund bei 2 % der Sportler an, die sich korrekt verhalten haben.

Der Anteil an Sportlern, die unerlaubte Mittel zur Leistungssteigerung einnehmen, hängt auch von der Sportart ab. Innerhalb des Jahres müssen sich 5 000 Sportler einer bestimmten Sportart der Dopingkontrolle unterziehen und 0,5 % davon haben gedopt.
(1) Über wie viele Sportler wird ein Fehlurteil abgegeben? Berechne auch die Wahrscheinlichkeit dafür.
(2) Wie groß ist die Wahrscheinlichkeit, dass ein Sportler zu Unrecht des Dopings bezichtigt wird? Erläutere, wieso die Wahrscheinlichkeit so hoch ist.
(3) Wie groß ist die Wahrscheinlichkeit, dass ein nicht gedopter Sportler auch ein negatives Testergebnis erhält?

**b)** Aufgrund der oben beschriebenen Testungenauigkeiten geben Sportler und Sportlerinnen bei einer Dopingkontrolle immer eine A- und eine B-Probe ab. Ist die A-Probe positiv, wurde somit eine verbotene Dopingsubstanz nachgewiesen, wird im Anschluss daran der betroffene Sportverband benachrichtigt, der mit dem Labor und dem betroffenen Sportler einen Termin für die Analyse der B-Probe vereinbart. Ist die B-Probe auch positiv, gilt der Sportler als gedopt, ansonsten ist er in der Regel von den Dopingvorwürfen entlastet. Die beiden Proben finden somit unabhängig voneinander statt.
(1) Erkläre und ergänze das Baumdiagramm rechts.
(2) Wie groß ist die Wahrscheinlichkeit, dass ein gedopter Sportler des Dopings überführt wird und bei beiden Proben kein Fehler gemacht wird?
(3) Stelle deinem Sitznachbarn weitere Fragen zur Aufgabe.

```
                              0,96    gedopter Sportler
                                      überführt
                    positiv
              0,96          0,04
  gedopt
              0,04
                    negativ
              A-Probe                 B-Probe
```

---

**Das kann ich noch!**

**A)** 1) Skizziere das Netz der zylindrischen Dose rechts.
2) Berechne den Materialbedarf der Dose.

**B)** Bei einem Zylinder wird der Radius halbiert. Berechne, mit welchem Faktor man die Höhe vervielfachen muss, damit das Volumen unverändert bleibt.

12. Die 36 Felder sollen den Stadtplan einer Kleinstadt mit ca. 10 000 Einwohnern darstellen. Auf allen leeren Feldern stehen Wohnsiedlungen.
In der dortigen Zeitung steht folgender Artikel:

**Erzeugen Stromleitungen Krebs?**
In der Nähe der neuen Stromtrasse gibt es neuerdings zehn Fälle von an Krebs erkrankten Einwohnern ...

a) Was hältst du von der Schlagzeile?
b) Jedes Jahr erkranken ca. 0,6 % der deutschlandweiten Bevölkerung neu an Krebs. Wie würde deiner Meinung nach eine zufällige Verteilung der in der Kleinstadt neu an Krebs erkrankten Menschen über den Stadtplan aussehen?
c) Simuliere eine zufällige Verteilung, indem du mit zwei Würfeln die Kranken auf den Stadtplan verteilst. In wie fern kann man den Verdacht des Zeitungsredakteurs anzweifeln?
d) Finde selber Schlagzeilen, indem du zufällige (simulierte) Häufungen als echte Häufungen ausgibst.

13. Ein Spielautomat hat die in der Tabelle angegebene Gewinnregel. Der Einsatz pro Spiel beträgt 1 €.
Welche Auszahlung kann man im Mittel erwarten?
Wie hoch ist der durchschnittliche Gewinn bzw. Verlust, den man erwarten kann?

| Ergebnis | Auszahlung | Wahrscheinlichkeit |
|---|---|---|
| 2 Glocken | 0,50 € | 0,25 |
| Glocke/Kirsche | 1,00 € | 0,20 |
| 2 Kirschen | 2,00 € | 0,10 |
| 1 Glücksklee | 5,00 € | 0,05 |
| 2 Glücksklee | 10,00 € | 0,01 |

14. Die Klasse 10 a hat für ein Schulfest ein Glücksrad gebastelt: Bleibt es auf Rot stehen, gewinnt man eine CD im Wert von 5 €, bei Blau einen Stift im Wert von 2 € und bei Grün ein Poster im Wert von 1 €. Bleibt das Glücksrad auf Gelb stehen, so hat man verloren.
Welchen Einsatz sollte die Klasse für das Drehen des Glücksrades nehmen?

15. Bei einem Klassenfest muss jede der 30 Familien ein Los kaufen. Der erste Preis hat einen Wert von 20 €, der zweite Preis von 15 €, der dritte von 10 €. Außerdem gibt es noch 15 Trostpreise, die einen Wert von je 1 € haben.
Wie viel muss ein Los kosten, damit
a) jedes Los dem Veranstalter im Schnitt einen Gewinn von 2 € einbringt;
b) Einnahmen und Ausgaben bei dem Spiel übereinstimmen?

*impair* ungerade
*manque* niedrig, die Zahlen 1 bis 18
*noir* schwarz
*pair* gerade
*passe* hoch, die Zahlen 19 bis 36
*rouge* rot

16. Beim Roulette-Spiel gibt es 36 Felder mit den Zahlen 1, 2, 3, … 36, außerdem noch das besondere Feld, das die Nummer 0 trägt und grün gefärbt ist.
    a) Beim Setzen auf eine *einfache Chance* (z.B. rotes Feld oder schwarzes Feld, gerade oder ungerade Zahl, erste oder zweite Hälfte der Zahlen) ist die Null keine Gewinnzahl.
    Man erhält das Doppelte seines Einsatzes zurückgezahlt, wenn das Ereignis eintritt, auf das man gesetzt hat. Berechne den zu erwartenden Gewinn beim Setzen auf Rot.
    b) Beim Setzen auf das untere, mittlere oder obere Dutzend wird das Dreifache des Einsatzes ausgezahlt. Wie groß ist der durchschnittliche Gewinn des Spielbetreibers bei diesen Einsätzen?

17. Eine Klasse plant eine Lotterie für ein Schulfest. Ein Los soll 1 € kosten und man möchte pro Los einen Gewinn von 0,50 € machen. Man glaubt, 200 Lose verkaufen zu können und möchte 50 Trostpreise sowie einen 1., einen 2. und einen 3. Preis ausgeben.
Überlege einen Spielplan, der diese Bedingungen erfüllt.

18. a) Ein Tetraeder trägt die Augenzahlen 1, 2, 3, 4. Anna will bei einem Spiel an Bianca 10 Cent pro Augenzahl zahlen. Wie groß muss Biancas Einsatz sein, damit dies Spiel fair ist?
    b) Wie groß wäre der Einsatz von Bianca bei einem Spiel mit einem Oktaeder mit den Augenzahlen 1 bis 8?

19. Alexander und Boris vereinbaren, einen Würfel zu werfen, bis Augenzahl 6 erscheint, maximal jedoch sechsmal. Alexander zahlt einen Spieleinsatz von 10 Cent pro Wurf. Wir nehmen an, dass das Spiel fair sein soll. Wie viel müsste Boris als Gewinnprämie an Alexander auszahlen, wenn die 6 erscheint?

20. Gärtnermeisterin Krause liefert 65 % der Rosen an ein Blumenfachgeschäft, 25 % der Rosen verkauft sie an Privatkunden, 10 % der Rosen gibt sie zu Dekorationszwecken ab. Die Selbstkosten belaufen sich auf 0,60 € pro Rose. Frau Krause erzielt folgende Preise:

| Verkauf | Preis pro Stück |
|---|---|
| an Blumenfachgeschäft | 0,70 € |
| an Privatkunden | 1,00 € |
| für Dekoration | 0,05 € |

a) Mit welchem durchschnittlichen Verkaufspreis für eine Rose kann sie rechnen?
b) Welchen Gewinn kann sie für eine Rose im Durchschnitt erwarten?

## Das Wichtigste auf einen Blick

**Darstellen mit Flächen**

Vergrößert man ein Vieleck mit dem Faktor k zu einem dazu ähnlichen Vieleck, so hat dieses einen $k^2$-mal so großen Flächeninhalt.
Der optische Eindruck von der Größe von Vielecken wird vom Flächeninhalt hervorgerufen.

*Beispiel:*

$A_W = 3^2 \cdot A_V = 9 \cdot A_V$

**Darstellen mit Körpern**

Vergrößert man einen Körper mit dem Faktor k zu einem dazu ähnlichen Körper, so hat dieser ein $k^3$-mal so großes Volumen.
Der optische Eindruck von der Größe von Körpern wird vom Volumen hervorgerufen.

*Beispiel:*

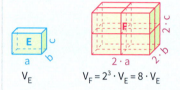

$V_E \qquad V_F = 2^3 \cdot V_E = 8 \cdot V_E$

**Räumliche Anordnung von Körpern**

Werden Körper in einer Grafik hintereinander angeordnet, so erscheinen die Körper im Vordergrund größer als vergleichbare im Hintergrund.

*Beispiel:*

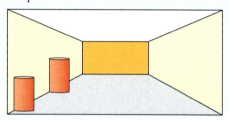

**Sockelbetrag**

Beginnt bei einem Säulen- oder Liniendiagramm die Hochachse nicht bei 0, sondern einem größeren Wert, so können geringfügige Veränderungen unangemessen groß erscheinen.

*Beispiel:*

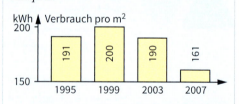

**Abschätzen von Chancen und Risiken**

Um die Brauchbarkeit von Testverfahren abzuschätzen, werden mithilfe bekannter Wahrscheinlichkeiten absolute Häufigkeiten in großen Grundgesamtheiten geschätzt. Daraus kann man Näherungswerte für gesuchte Wahrscheinlichkeiten bestimmen.

*Beispiel:*
Erkrankungswahrscheinlichkeit: 1 %
Positiver Test bei Erkrankung: 98 %
Positiver Test bei Gesunden: 3 %
Absolute Häufigkeiten bei 10 000 Getesteten

|  | krank | gesund | Gesamt |
|---|---|---|---|
| Test: pos. | 98 | 297 | 395 |
| Test: neg. | 2 | 9 603 | 9 605 |
| Gesamt | 100 | 9 900 | 10 000 |

Wahrscheinlichkeit, dass eine Person mit einem positiven Testergebnis tatsächlich krank ist: $\frac{98}{395} \approx 0{,}25 = 25\,\% = \frac{1}{4}$

| Gewinn-erwartung | Für eine große Zahl von Spielen werden die absoluten Häufigkeiten der einzelnen Gewinne mit den Gewinnwahrscheinlichkeiten der einzelnen Gewinne geschätzt und damit das arithmetische Mittel berechnet. | *Beispiel:* Roulette-Spiel $P(\text{ungerade Zahl}) = \frac{18}{37}$ $P(\text{gerade Zahl mit 0}) = \frac{19}{37}$ Setzen von 10 € auf ungerade Zahl, Gewinn beim Erscheinen von ungerader Zahl: 10 € Bei 3700 Spielen ca. 1800 Gewinne: Erwartung: $(1800 \cdot 20 € + 1900 \cdot (-10 €)) : 3700$ $= 15000 € : 3700$ $\approx 4{,}05 €$, also durchschnittlicher Verlust von $10 € - 4{,}05 € = 5{,}95 €$ |

## Bist du fit?

1. In der Grafik unten werden die Anzahl der Musik-Downloads in den USA und in Kanada im 1. Halbjahr verglichen. Begründe, dass die Darstellung nicht angemessen ist und zeichne eine bessere.

96,7 Mio.      24,0 Mio.

2. a) Untersuche, ob die Darstellung die Größenverhältnisse angemessen darstellt. Zeichne dann selbst ein Diagramm mit würfelförmige Luftfrachtcontainer unterschiedlicher Größen zur Veranschaulichung der Daten

   b) Mitte des Jahres 2015 lebten auf den Kontinenten:
   Asien: 4397 Mio. Menschen
   Afrika: 1171 Mio. Menschen
   Amerika: 987 Mio. Menschen
   Europa: 742 Mio. Menschen
   Australien/Ozeanien: 40 Mio. Menschen
   Beurteile die Grafik.

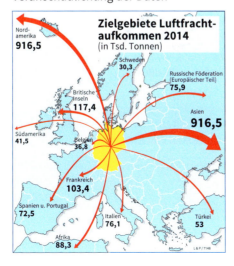 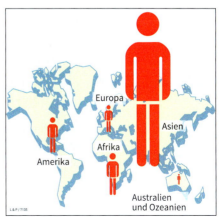

3. Stelle das Wachstum der erneuerbaren Energien, dargestellt im nebenstehenden Liniendiagramm, einmal besonders positiv und einmal besonders negativ dar.
Welche Arten der Datenmanipulation kennst du?
Welche bieten sich hier an, hier angewendet zu werden?

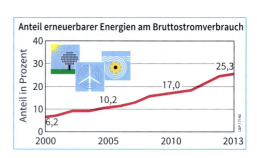

4. Untersuche, ob die grafische Darstellung zum Umsatz der Fußballklubs einen angemessenen Eindruck von den Größenverhältnissen erweckt.

5. Ein Schnelltest-Verfahren zur Früherkennung einer Infektionskrankheit hat eine Sensitivität von 75 % (d. h. bei 75 % der tatsächlich Erkrankten ergibt sich ein positives Testergebnis) und eine Spezifität von 80 % (d. h. auch bei 20 % der Nichterkrankten ist das Testergebnis positiv). 5 % der Bevölkerung leiden unter der Krankheit.
Welche Informationen lassen sich aus diesen Angaben gewinnen?

6. Ein Fernsehsender möchte eine neue Quizsendung ausstrahlen. Vorher bekommt die Produktionsfirma den Auftrag, zu überprüfen, ob die Werbeeinnahmen ausreichen, um die Preisgelder zu finanzieren. In anderen Ländern läuft das Format schon länger und es wurde gezählt, welche Gewinne die Kandidaten jeweils erzielt haben. Durchschnittlich drei Kandidaten kommen in der Quizsendung zum Zuge. Reicht das Budget, um die Preisgelder zu finanzieren, wenn pro Sendung 100 000 € an Werbeeinnahmen generiert werden?

| Gewinnstufe (in €) | Anzahl der Kandidaten |
|---|---|
| 500 | 2,0 % |
| 1 000 | 4,0 % |
| 2 000 | 6,5 % |
| 4 000 | 14,0 % |
| 8 000 | 22,0 % |
| 16 000 | 22,0 % |
| 32 000 | 17,0 % |
| 64 000 | 6,3 % |
| 125 000 | 4,7 % |
| 250 000 | 1,5 % |

7. Erläutere ausführlich folgende Zitate und gelange anschließend zu einem abgewogenen Urteil zu den Chancen und Risiken von Statistiken.

„Ich stehe Statistiken skeptisch gegenüber. Denn laut Statistik haben ein Millionär und ein armer Kerl jeder eine halbe Million."
*(F. D. Roosevelt, ehemaliger amerikanischer Präsident)*

„Die Statistik ist eine große Lüge, die aus lauter kleinen Wahrheiten besteht."
*(Lionel Strachey, englischer Schreiber)*

# 6. Pyramide, Kegel, Kugel

Für besondere Dekorationen werden nicht nur zylinderförmige Kerzen, sondern auch kegel-, kugel- und pyramidenförmige verwendet.

Diese Kerzen werden durch Gießen von Wachs in entsprechende Formen hergestellt.

→ Skizziere Netze für die abgebildeten Gießformen.

→ Beschreibe, wie man den Materialbedarf der Formen berechnen kann.

*In diesem Kapitel ...*

*lernst du, wie man den Oberflächeninhalt sowie das Volumen von Pyramide, Kegel und Kugel berechnet.*

## Lernfeld: Wie groß ist …?

**Volumen einer besonderen Pyramide**

→ Auf dem Foto rechts seht ihr drei Exemplare derselben Pyramide. Wegen unterschiedlicher Lage ist kaum zu erkennen, dass es sich stets um die gleiche Pyramide handelt.

→ Bastelt selbst drei Exemplare dieser Pyramide. Ihre Grundfläche ist ein Quadrat mit der Seitenlänge 5 cm und die Spitze liegt genau 5 cm senkrecht über einem Eckpunkt.

→ Die drei Pyramiden lassen sich überraschenderweise lückenlos zu einem bekannten Körper zusammensetzen. Berechnet damit das Volumen dieser Pyramide.

→ Verallgemeinert das Ergebnis auf eine beliebige Länge a statt 5 cm und erstellt damit eine Formel für das Volumen einer solchen besonderen Pyramide.

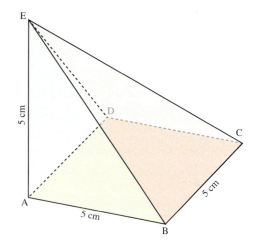

**Kegel-Wettbewerb**

→ Jeder bastelt aus einem DIN-A4-Blatt einen Kegel ohne Boden. Beachtet dabei:

→ Die Lasche hat eine Breite von 1 cm.

→ Es darf nichts angestückelt werden.

→ Der Durchmesser der Bodenöffnung soll mindestens 4 cm betragen.

→ Der Kegel soll mindestens 4 cm hoch sein.

→ Anschließend soll in einer Siegerehrung ausgezeichnet werden: der höchste Kegel, der spitzeste Kegel, der Kegel mit dem größten Bodendurchmesser, der Kegel mit dem größten Oberflächeninhalt, der Kegel mit dem größten Volumen, der Kegel mit dem kleinsten Volumen, der am schönsten bemalte Kegel, …

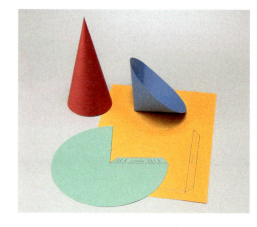

# 6.1 Oberflächeninhalt von Pyramide und Kegel

## 6.1.1 Pyramide – Netz und Oberflächeninhalt

Einstieg

a) Betrachtet die oben abgebildeten Körper. Beschreibt ihre Form. Welche Gemeinsamkeiten, welche Unterschiede weisen sie auf?
b) Für eine Schaufensterdekoration werden viele Exemplare der Pyramide rechts benötigt.
Wie viel Pappe ist zur Herstellung einer Pyramide nötig?

Aufgabe 1

### Biberschwanzziegel

Der **Biberschwanzziegel** ist ein flacher, an der Unterkante oft halbrund geformter Dachziegel. Seine Form erinnert insofern an den Schwanz eines Bibers, als er in einer Rundung endet und in der Mitte durch ein leicht erhobenen Strich längs halbiert wird. Weite Teile der Nürnberger Altstadt sind mit solchen Ziegeln eingedeckt.
Der Biberschwanz wird in zwei überlappenden, seitlich jeweils um einen halben Ziegel versetzten Lagen auf den Dachstuhl gelegt und haftet noch bei steilen Dächern ohne zusätzliche Verankerung sehr gut. Dadurch entsteht der typische „Fischschuppen-Eindruck".

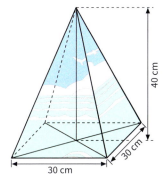

Das Bild zeigt einen Turm mit quadratischer Grundfläche und einem pyramidenförmigen Dach. Die Länge der Grundkante des Daches beträgt 9 m, die Höhe des Daches 6 m.
Das Turmdach soll mit Biberschwanz-Ziegeln neu gedeckt werden. Für 1 m² Dachfläche werden 36 Ziegel benötigt.
Wie viele Dachziegel müssen geliefert werden?

Lösung

**(1) Berechnen der Größe der Dachfläche**
Die Dachfläche besteht aus vier zueinander kongruenten gleichschenkligen Dreiecken. Jedes dieser Dreiecke hat den Flächeninhalt $\frac{a \cdot h_s}{2}$.
Somit folgt für die Dachfläche:
$A = 4 \cdot \frac{a \cdot h_s}{2} = 2 \cdot a \cdot h_s$

Die Kantenlänge a der Pyramide ist bekannt. Die Dreieckshöhe $h_s$ der Seitenfläche müssen wir noch berechnen; sie ist die Hypotenuse in dem grün gefärbten Dreieck.
Nach dem Satz des Pythagoras gilt dann:
$h_s^2 = (6\,m)^2 + (4{,}5\,m)^2 = 36\,m^2 + 20{,}25\,m^2 = 56{,}25\,m^2$, also: $h_s = 7{,}5\,m$
Damit erhalten wir für die Größe der Dachfläche: $A = 2 \cdot 9\,m \cdot 7{,}5\,m = 135\,m^2$

**(2) Berechnen der Anzahl der Dachziegel**
Für 1 m² Dachfläche werden 36 Ziegel benötigt. Für 135 m² sind es dann $135 \cdot 36 = 4860$.
*Ergebnis:* Für das Decken des Daches müssen mindestens 4860 Dachziegel bestellt werden.

Information

**(1) Pyramiden**

> Eine Pyramide ist ein Körper, der von einem Vieleck und weiteren Dreiecken begrenzt wird. Die Dreiecke treffen sich in einem Punkt, der *Spitze* der Pyramide, und grenzen alle an das Vieleck. Das Vieleck heißt **Grundfläche** der Pyramide, die Dreiecke heißen **Seitenflächen**. Die Seitenflächen bilden zusammen die **Mantelfläche** der Pyramide.
>
>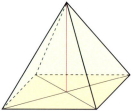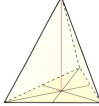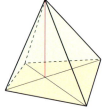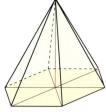
>
> quadratische Pyramide   dreiseitige Pyramide   vierseitige Pyramide   sechsseitige Pyramide
>
> Der Abstand der Spitze von der Grundfläche ist die **Höhe** der Pyramide.
> Eine **quadratische Pyramide** ist eine besondere Pyramide, sie hat ein Quadrat als Grundfläche; ihre Spitze liegt senkrecht über dem Schnittpunkt der Diagonalen des Quadrats.

*Eine Pyramide kann auch schief sein. Beispiel:*

**(2) Oberflächeninhalt einer Pyramide**

> **Satz**
> Für den **Oberflächeninhalt O einer Pyramide** mit dem Grundflächeninhalt G und dem Mantelflächeninhalt M gilt:
> **O = G + M**
>
>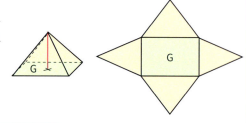

*Der Oberflächeninhalt ist die Größe der Oberfläche*

6.1 Oberflächeninhalt von Pyramide und Kegel

**Weiterführende Aufgabe**

**Schrägbild einer Pyramide**

**2.** Zeichne ein Schrägbild einer quadratischen Pyramide mit a = 6 cm und h = 7 cm. Wähle als Verzerrungswinkel α = 45° und als Verzerrungsfaktor q = $\frac{1}{2}$.

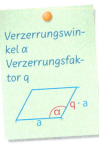

Verzerrungswinkel α
Verzerrungsfaktor q

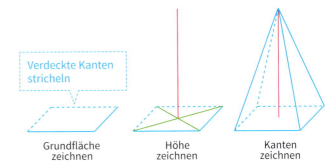

Grundfläche zeichnen — Höhe zeichnen — Kanten zeichnen

**Übungsaufgaben**

**3.** Der Fuß einer Stehlampe hat die Form einer quadratischen Pyramide. Er wird aus Stahlblech gefertigt und pulverbeschichtet. Wie groß ist die zu beschichtende Fläche? Entnimm die Abmessungen aus dem Schrägbild.

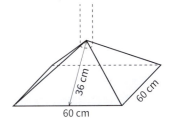

**4.** Nennt Gegenstände aus eurer Umwelt, die pyramidenförmig sind. Gestaltet damit ein Plakat für den Klassenraum.

**5.** Moritz hat für verschiedene Pyramiden ein Netz gezeichnet. Kontrolliere.

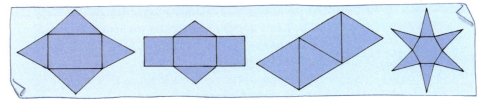

**6.** Eine quadratische Pyramide hat die Grundkante a = 4 cm und die Seitenkante s = 6 cm.
  a) Zeichne ein Netz und stelle den Körper her.
  b) Berechne die Seitenhöhe sowie den Mantelflächeninhalt und den Oberflächeninhalt.
  c) Berechne die Körperhöhe und zeichne ein Schrägbild mit α = 45° und q = $\frac{1}{2}$.

**7.** Die rechts abgebildete gläserne Pyramide steht vor dem Louvre in Paris.
Sie ist 21,6 m hoch und hat eine quadratische Grundfläche, deren Seite 35,4 m lang ist. Die Außenfläche wird regelmäßig von Fensterputzern gereinigt.
Wie groß ist diese Fläche?

**8.** Die Überdachung eines Informationsstandes besteht aus 9 quadratischen Glaspyramiden ohne Boden.
Diese sind aus Fensterglas von 1 cm Dicke hergestellt worden, das 2,5 g pro cm³ wiegt.
Wie schwer ist das Glasdach?

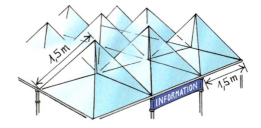

9. Gegeben ist eine quadratische Pyramide mit der Grundkante a und der Seitenhöhe $h_s$. Gib eine Formel für den Oberflächeninhalt O an. Löse nach den Variablen $h_s$ und a auf.

10. a) Vergleiche den Materialverbrauch für die beiden quadratischen Pyramiden.
    b) Verändere entweder die Länge der Grundkante oder der Seitenhöhe so, dass beide Pyramiden gleichen Materialverbrauch haben.

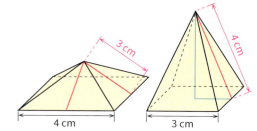

11. Ein (regelmäßiges) *Tetraeder* ist eine Pyramide, die von vier zueinander kongruenten gleichseitigen Dreiecken begrenzt ist.
    a) Berechne den Oberflächeninhalt O eines Tetraeders mit der Kantenlänge a = 4 cm. Stelle zunächst eine Formel auf.
    b) Zeichne auch ein Schrägbild und ein Netz des Tetraeders.
    c) Stelle den Körper her.

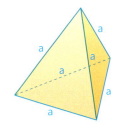

12. Gegeben ist eine Pyramide mit rechteckiger Grundfläche (a = 6 cm; b = 4 cm) und der Körperhöhe h = 5 cm. Die Spitze soll senkrecht über dem Schnittpunkt der Diagonalen des Rechtecks liegen.
    *Beachte:* Die Pyramide hat zwei verschiedene Seitenhöhen.
    a) Zeichne ein Schrägbild mit $\alpha = 45°$ und $q = \frac{1}{2}$.
    b) Zeichne ein Netz der Pyramide.
    c) Berechne den Oberflächeninhalt O. Leite zunächst eine Formel für die zu berechnende Größe her.

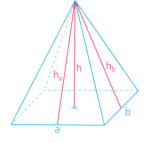

13. Gegeben ist eine schiefe Pyramide mit quadratischer Grundfläche. Die Grundkante ist 5 cm lang, die Spitze der Pyramide steht 7 cm senkrecht über einem Eckpunkt der Grundfläche.
    a) Zeichne ein Schrägbild und ein Netz der Pyramide.
    b) Berechne den Oberflächeninhalt der Pyramide.
    c) Stelle die Pyramide her.

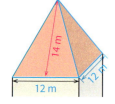

14. Links ist das pyramidenförmige Dach eines Turmes abgebildet. Es soll mit Schindeln gedeckt werden. Von einer Firma wird die Arbeit für 105 € pro m² übernommen. Wie teuer sind die Dacharbeiten, wenn noch die Mehrwertsteuer dazukommt und bei Bezahlung innerhalb von 10 Tagen 3 % Skonto gewährt werden?

15. Im Botanischen Garten in Hamburg stehen zwei Glaspyramiden. Man kann sich die beiden „Teilpyramiden" aus einer quadratischen Pyramide mit der Grundkante 11 m und der Höhe 10 m entstanden vorstellen, die entlang ihrer Diagonalen geteilt wurde.
    a) Zeichne ein Schrägbild einer solchen Glaspyramide.
    b) Zeichne ein Netz dieser Pyramide und stelle daraus ein Modell her.
    c) Berechne, wie viel Glas für die beiden „Teilpyramiden" benötigt wurde.

## 6.1.2 Kegel – Netz und Oberflächeninhalt

**Einstieg**  Wie viel Verpackungspapier wird für die Eistüte benötigt?

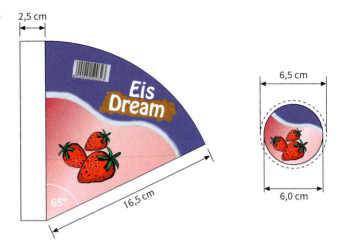

**Aufgabe 1**

Das kegelförmige Dach eines alten Wehrturms soll neu mit Schiefer gedeckt werden. Der Radius r des Daches beträgt 5,60 m, die Höhe h des Daches beträgt 7,50 m.
Für die Bestellung der Schieferplatten wird die Größe der Dachfläche benötigt.
Berechne diese.

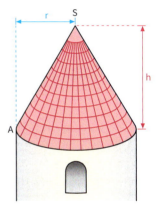

**Lösung**

Die Dachfläche ist die Mantelfläche eines Kegels. Bei der Berechnung der Größe M der Mantelfläche gehen wir folgendermaßen vor:

(1) Wir stellen uns vor: Der Mantel wird entlang einer Mantellinie aufgeschnitten und in die Ebene abgewickelt. Wir erhalten einen Kreisausschnitt mit dem Radius s und dem Bogen b. Die Länge b des Bogens ist gleich dem Umfang der Grundfläche des Kegels: $b = 2\pi r$

*Beachte:* r ist hier der Radius der Grundfläche des Kegels.
Nun gilt für den Flächeninhalt eines Kreisausschnitts:
$A = \frac{1}{2} b \cdot r$
In unserem Fall muss man in diese Formel für b den Umfang $2\pi r$ der Grundfläche und für r den Radius s des Kreisausschnitts einsetzen.
Also gilt für den Mantelflächeninhalt M:
$M = \frac{1}{2} 2\pi r \cdot s = \pi r s$

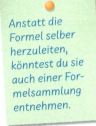
Anstatt die Formel selber herzuleiten, könntest du sie auch einer Formelsammlung entnehmen.

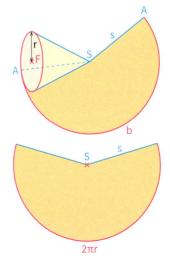

(2) Nach dem Satz des Pythagoras gilt im grünen Dreieck für
die Länge s der Mantellinie des Kegels:
$s^2 = r^2 + h^2$
$s^2 = (5{,}60\,m)^2 + (7{,}50\,m)^2$
$s = \sqrt{87{,}61\,m^2} \approx 9{,}36\,m$

(3) Wir setzen die Werte in die Formel für den Mantelflächeninhalt ein:
$M = \pi\,r\,s \approx \pi \cdot 5{,}60\,m \cdot 9{,}36\,m$
$M \approx 164{,}67\,m^2$

*Ergebnis:* Es müssen Schieferplatten für eine Dachfläche von 165 m² bestellt werden. Dabei muss noch berücksichtigt werden, dass sich die Schieferplatten überlappen und Verschnitt anfällt.

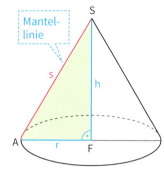

**Information**

(1) **Kegel – Bezeichnungen**

Ersetzt man das Vieleck der Grundfläche einer Pyramide durch einen Kreis, so erhält man einen mit der Pyramide verwandten Spitzkörper.

> Ein **Kegel** ist ein Körper, dessen **Grundfläche** eine Kreisfläche (*Grundkreis*) ist.
> Die **Mantelfläche** eines Kegels ist gewölbt.
> Der Abstand der Spitze von der Grundfläche ist die **Höhe** des Kegels.
> Eine Verbindungsstrecke vom Kreisrand zur Spitze heißt **Mantellinie**.

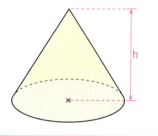

(2) **Oberflächeninhalt eines Kegels**

> **Satz**
> Für den **Mantelflächeninhalt M eines Kegels** mit dem Grundkreisradius r und der Länge s einer Mantellinie gilt:
> $M = \pi \cdot r \cdot s$
> Für den **Oberflächeninhalt O** dieses Kegels gilt:
> $O = G + M = \pi r^2 + \pi r s = \pi r \cdot (r + s)$

*Der Oberflächeninhalt ist die Größe der Oberfläche.*

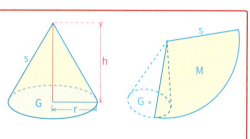

**Weiterführende Aufgabe**

Schrägbild von Zylinder und Kegel

2. Erläutere die rechts gezeigten Möglichkeiten zum Skizzieren des Schrägbildes eines stehenden Zylinders.
Skizziere selbst für den Radius 2 cm und die Höhe 5 cm das Schrägbild
  a) eines Zylinders;
  b) eines Kegels.

*Sicht von vorne links*   *Sicht von vorne*

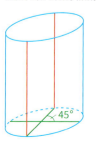  

## 6.1 Oberflächeninhalt von Pyramide und Kegel

**Information**

**Schrägbild von Zylinder und Kegel**

Zum Zeichnen der Grundfläche muss das Schrägbild eines Kreises gezeichnet werden. Dazu benötigt man Tiefenstrecken. Im einfachsten Fall beschränkt man sich auf einen Durchmesser. Man zeichnet dann zunächst den parallel zur Zeichenebene verlaufenden Durchmesser. Zum Zeichnen des dazu orthogonalen Durchmessers kann man diesen

(a) im Winkel von 45° auf die Hälfte verkürzt zeichnen (Sicht von vorne links) oder
(b) im Winkel von 90° auf die Hälfte verkürzt zeichnen (Sicht direkt von vorne).

*Sicht von vorne links*  *Sicht von vorne*  *Sicht von vorne links*  *Sicht von vorne*

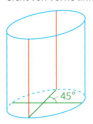 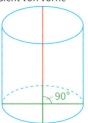 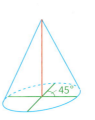 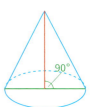

**Übungsaufgaben**

3. Aus Pappe soll die rechts abgebildete Schultüte hergestellt werden. Wie viel dm² sind für die Herstellung erforderlich, wenn für Verschnitt und Klebefalze 9 % dazu gerechnet werden?

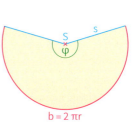

4. Nennt Beispiele für Kegel aus eurer Umwelt.

5. Berechne Mantelflächeninhalt M und Oberflächeninhalt O des Kegels.
   a) r = 4 cm  b) d = 46 dm  c) r = 2,7 m  d) s = 9,75 m
      s = 6 cm     s = 15 m       h = 2,3 m     h = 7,25 m

6. a) Ein Zylinder hat einen Radius von 3 cm und eine Höhe von 6 cm. Skizziere das Netz und berechne den Oberflächeninhalt.
   b) Der Zylinder liegt auf der Mantelfläche, so dass die Höhe orthogonal zur Zeichenebene ist. Skizziere das Schrägbild.

7. Skizziere das Schrägbild eines Zylinders mit dem Radius 2,5 cm und der Höhe 5,5 cm.
   a) Der Zylinder liegt auf der Mantelfläche.
   b) Der Zylinder steht auf der Grundfläche; zeichne auf die Hälfte verkürzte Tiefenlinien
      (1) im Winkel von 45°, d. h. Sicht von vorne links
      (2) im Winkel von 90°, d. h. Sicht direkt von vorne.

8. a) Ein Kreisausschnitt mit dem Radius 4 cm soll zu einem Kegel zusammengebogen werden. Die Größe des Mittelpunktswinkels ist
      (1) φ = 180°;  (2) φ = 90°;  (3) φ = 270°.
      Berechne den Radius, die Höhe sowie den Grundflächeninhalt und den Oberflächeninhalt des Kegels.
   b) Begründe: Für die Größe φ des Mittelpunktswinkels des Mantels gilt: $\varphi = \frac{360° \cdot r}{s}$
   c) Berechne für die Kegel in Aufgabe 4 den Mittelpunktswinkel φ des Kegelmantels.

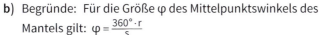

9. Gegeben ist ein Kegel mit dem Radius r = 3 cm und der Höhe h = 5 cm.
   a) Berechne die Länge s der Mantellinie sowie den Oberflächeninhalt O.
   b) Zeichne ein Netz des Kegels und stelle den Körper her.
   c) Berechne die Größe des Neigungswinkels α und des Öffnungswinkels γ.
   d) Skizziere ein Schrägbild dieses Kegels.

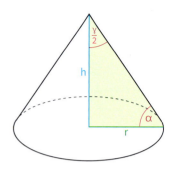

10. Der Turm links hat ein annähernd kegelförmiges Dach, das neu gedeckt werden soll. Das Turmdach ist 13,80 m hoch und sein Umfang beträgt 27,75 m.
    a) Pro Quadratmeter werden 93 € gerechnet; dazu kommt noch die Mehrwertsteuer (19 % im Jahr 2016). Wie teuer wird das Decken des Daches?
    b) Die weiße Mantelfläche soll neu gestrichen werden. Dafür werden 11,50 € pro m² veranschlagt, zuzüglich Mehrwertsteuer. Welche Kosten müssen für den Anstrich einkalkuliert werden?

11. Von einem Kegel sind die Länge der Mantellinie s = 18 cm und die Größe der Mantelfläche M = 345 cm² bekannt. Berechne den Oberflächeninhalt O.

12. Berechne den Oberflächeninhalt des Kegels (Bezeichnungen wie in Aufgabe 6).
    a) s = 9 cm, γ = 60°   b) r = 4 cm, γ = 90°   c) h = 5 cm, α = 50°

 13. Stellt verschiedene Kegel her. Fotografiert die Körper und präsentiert die Fotos, zugehörige Schrägbilder, Netze und Formeln auf einem Plakat. Ihr könnt auch Objekte aus dem täglichen Leben einbeziehen.

14. Modelliere die Sahnepuddingschachtel rechts als einfachen Körper und berechne den Materialbedarf.

15. Skizziere das Schrägbild eines Kegels mit Radius 3 cm und Höhe 7 cm.
    a) Der Kegels soll auf der Grundfläche stehen und
       (1) von vorne links;
       (2) direkt von vorne zu sehen sein.
    b) Der Kegel soll auf der Mantelfläche liegen.

16. Beweise die in der Formelsammlung rechts angegebene Formel.

**Formelsammlung**
**Kegelstumpf**
Für die Mantelfläche gilt:
$M = \pi (r_1 + r_2) \bar{s}$

## 6.2 Satz des Cavalieri

**Einstieg**

### Cayan Tower in Dubai

Der Cayan Tower in Dubai ist das höchste verdrehte Gebäude der Welt. Baubeginn war 2006, im Juni 2013 wurde das Gebäude fertiggestellt. Der Wolkenkratzer ist mit 72 Stockwerken 307 m hoch.
Jedes Stockwerk ist gegenüber dem darunterliegenden um 1,2° gedreht, so dass das gesamte Gebäude, wie der Turning Torso in Malmö, insgesamt um 90° gedreht ist.

### Turning Torso in Malmö
**Spiralförmiges Hochaus mit 7-eckigem Grundriss**

Dieser Wolkenkratzer wurde vom spanischen Architekten Santiago Calatrava entworfen. Die Form soll an einen sich drehenden menschlichen Körper erinnern. Die Grundfläche ist ein Siebeneck mit 400 m² Grundfläche. Das im August 2005 eingeweihte Hochhaus erreicht mit
seinen 54 Etagen eine Höhe von 190 m. Es ist damit das höchste Haus in Skandinavien. Jedes Geschoss ist um ca. 1,6° zum darunter liegenden Geschoss verdreht. Auf die ganze Höhe verdreht sich das Gebäude somit um 90°, sodass der Turm den Eindruck erweckt, er würde sich um die eigene Achse drehen.

**Umbauter Raum** oder **Bruttorauminhalt:** Volumen des Gebäudes

Bei Gebäuden spielt der Bruttorauminhalt, also das Volumen des Gebäudes eine große Rolle.
a) Welchen Einfluss hat die Drehung der einzelnen Stockwerke auf den Bruttorauminhalt der Gebäude?
b) Überlegt mit dem Ergebnis von Teilaufgabe a), wie man den Bruttorauminhalt der beiden Gebäude berechnen kann.

**Information**

### (1) Satz des Cavalieri

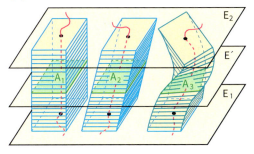 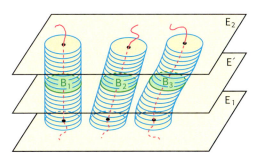

Wir fassen einen Stoß aufgeschichteter Spielkarten bzw. runder Bierdeckel als Modell eines *geraden* Prismas bzw. Zylinders auf. Die Modelle werden durchbohrt und auf eine Schnur aufgezogen. Nun kann man verschiedene Körper erzeugen, insbesondere *schiefe* Prismen bzw. *schiefe* Zylinder.

Der Anschauung entnehmen wir:
(1) Die erzeugten schiefen Körper haben dasselbe Volumen wie die geraden Ausgangskörper.
(2) Liegt eine Grundfläche eines aus den Modellen erzeugten Körpers in der Ebene $E_1$, so liegt die andere Grundfläche in einer zu $E_1$ parallelen Ebene $E_2$.
(3) Schneidet man alle aus demselben Modell entstandenen Körper durch eine Ebene $E'$, die zu $E_1$ parallel ist, so haben die entstehenden Schnittflächen $A_1$, $A_2$ und $A_3$ alle den gleichen Flächeninhalt. Flächeninhaltsgleich sind auch die Schnittflächen $B_1$, $B_2$ und $B_3$.

**Bonaventura Cavalieri**
*Mailand 1598
†Bologna 1647

Diesen Sachverhalt hat der italienische Mathematiker Cavalieri als grundlegenden Satz formuliert. Wir benutzen ihn für die Volumenberechnung der Pyramide, des Kegels und der Kugel.

> **Satz des Cavalieri:** Liegen zwei Körper zwischen zueinander parallelen Ebenen $E_1$ und $E_2$ und werden sie von *jeder* zu $E_1$ parallelen Ebene $E'$ so geschnitten, dass gleich große Schnittflächen entstehen, so haben die Körper das gleiche Volumen.

### (2) Volumenvergleich zweier Pyramiden

Mithilfe des Satzes des Cavalieri kann man folgenden Satz begründen.

> **Satz**
> Pyramiden mit gleicher Höhe und gleich großer Grundfläche besitzen das gleiche Volumen.

Dazu führen wir folgende Überlegungen durch:
(1) Die gleich großen Grundflächen D und R der beiden Pyramiden liegen in derselben Ebene $E_1$. Die Spitzen S bzw. T liegen in derselben zu $E_1$ parallelen Ebene $E_2$, da die Höhen übereinstimmen.
(2) Eine zu $E_1$ parallele Ebene $E'$ schneidet die Pyramiden in den Flächen D' bzw. R'. Den Abstand von $E'$ zu $E_2$ nennen wir h'.

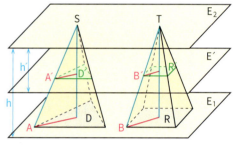

(3) Wir zeigen nun, dass D' zu D und R' zu R ähnlich ist: Die Dreiecke SAD und SAD' sind ähnlich zueinander. Daher gilt: $\frac{|SA'|}{|SA|} = \frac{h'}{h} = k$

Entsprechende Beziehungen gelten auch für die restlichen Seitenkanten, also wird jede Seitenkante beider Pyramiden durch $E'$ im selben Verhältnis mit $k = \frac{h'}{h}$ geteilt. Daraus folgt nun, dass sich die Seitenlängen der Flächen D und D' bzw. R und R' wie die zugehörigen Seitenkantenlängen der Pyramide verhalten. Daraus ergibt sich wegen der Gleichheit der Winkel die Ähnlichkeit von D' zu D bzw. R' zu R.
(4) Für die Flächeninhalte $G_{D'}$, $G_D$, $G_{R'}$, $G_R$ der Figuren D', D, R', R gilt:
$G_{D'} = k^2 \cdot G_D$ und $G_{R'} = k^2 \cdot G_R$
(5) Da nach Voraussetzung $G_D = G_R$ ist, gilt auch $G_{D'} = G_{R'}$. Damit sind die Bedingungen des Satzes des Cavalieri erfüllt. Also sind die Pyramiden volumengleich.

### Übungsaufgaben

1. Einem Würfel mit 6 cm Kantenlänge ist ein schiefes quadratisches Prisma so einbeschrieben, wie es das Bild zeigt.
   a) Berechne und vergleiche die Volumina des Würfels und des schiefen Prismas.
   b) Gib das Volumen des Prismas für einen Würfel mit der Kantenlänge a an.

2. Es gibt Tassen, die die Form eines schiefen Zylinders haben. Die links abgebildete Tasse hat innen eine Höhe von 80 mm, außen ist die Höhe 87 mm. Der Innendurchmesser beträgt 66 mm und die Wand ist überall 5 mm dick. Berechne das Fassungsvermögen der Tasse.

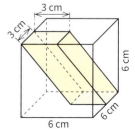

## 6.3 Volumen von Pyramide und Kegel

### 6.3.1 Volumen der Pyramide

**Einstieg**  Ermittelt durch Umfüllversuche eine Vermutung zur Volumenformel für Pyramiden.

**Aufgabe 1**

**Volumen einer speziellen Pyramide**
Jeder Würfel lässt sich durch geeignete Schnitte in sechs gleiche Pyramiden zerlegen. Berechne das Volumen dieser speziellen Pyramide.

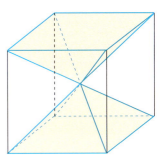

**Lösung**

Wir bezeichnen die Kantenlänge des Würfels mit a. Jede dieser sechs Pyramiden hat die Grundkantenlänge a und die Höhe $\frac{a}{2}$.
Der Würfel hat das Volumen $V_W = a^3$. Damit erhalten wir für das Volumen V einer dieser Pyramiden: $V = \frac{1}{6} V_W = \frac{1}{6} a^3$

**Information**

**(1) Volumen einer Pyramide**
Eine spezielle Pyramide in Aufgabe 1 hat die Grundflächengröße $G = a^2$ und die Höhe $\frac{a}{2}$. Für das Volumen dieser Pyramide kann man daher auch schreiben: $V = \frac{1}{6} a^3 = \frac{1}{3} a^2 \cdot \frac{1}{2} a = \frac{1}{3} G \cdot h$
Dieses kann man verallgemeinern.

---

**Satz**
Für das **Volumen V einer Pyramide** mit der Grundflächengröße G und der Höhe h gilt:
$$V = \frac{1}{3} G \cdot h$$

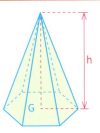

---

**(2) Beweis der Formel mithilfe des Satzes des Cavalieri**
Das unten gezeichnete dreiseitige Prisma ist in drei Pyramiden P′, P″, P‴ zerlegt worden.

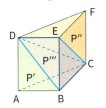 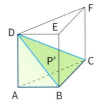 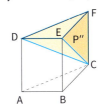 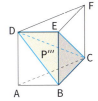

Betrachte die Pyramiden P′ und P″: Das Dreieck ABC ist kongruent zum Dreieck DEF (Grundflächen des Prismas). $\overline{AD}$ und $\overline{CF}$ sind die Höhen von P′ bzw. P″; es gilt |AD| = |CF| (Seitenkanten des Prismas). Die Pyramiden P′ und P″ haben also gleich große Grundflächen und die gleiche Höhe; sie haben somit das gleiche Volumen.

Betrachte die Pyramiden P′ und P‴. Die Dreiecke ABD und BED sind zueinander kongruent und liegen in der gleichen Ebene, da Rechteck ABED durch die Diagonale $\overline{BD}$ in zueinander kongruente Dreiecke zerlegt wird. C ist die gemeinsame Spitze der Pyramiden P′ und P‴. Die Pyramiden P′ und P‴ haben also gleich große Grundflächen und die gleiche Höhe; sie haben somit das gleiche Volumen. Da das Volumen von P′ sowohl mit dem von P″ als auch mit dem von P‴ übereinstimmt, besitzen alle drei Pyramiden dasselbe Volumen.

Die Pyramide P′ hat eine dreieckige Grundfläche ABC. Außerdem steht die Seitenkante $\overline{AD}$ orthogonal zur Grundfläche. Die Spitze liegt also genau über einer Ecke der dreieckigen Grundfläche. Die Pyramide P′ hat damit die gleiche Grundfläche und die gleiche Höhe wie das Prisma, jedoch nur ein Drittel des Volumens. Für ihr Volumens gilt daher: $V = \frac{1}{3} G \cdot h$.

**(3) Verallgemeinerung auf beliebige Pyramiden**

Zu jeder beliebigen Pyramide P gibt es eine dreiseitige Pyramide P′ mit folgenden Eigenschaften:
- Die Grundflächen beider Pyramiden sind gleich groß.
- Die Höhen beider Pyramiden sind gleich lang.
- Die Höhe der dreiseitigen Pyramide ist eine Seitenkante, die orthogonal zur Grundfläche ist.

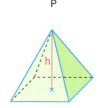
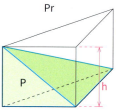

Diese dreiseitige Pyramide P′ hat nach dem Satz von Seite 223 dasselbe Volumen wie die Pyramide P. Ergänzt man die Pyramide P′ zu einem Prisma Pr, so gilt aufgrund der Überlegungen in der Lösung zu Aufgabe 1: $V = \frac{1}{3} G \cdot h$.

**Weiterführende Aufgaben**

**Volumen eines Pyramidenstumpfes**

2. Die quadratische Pyramide wird 4 cm von der Spitze entfernt parallel zur Grundfläche abgeschnitten.
   Ferner gilt: $G_1 = 64 \text{ cm}^2$ und h = 10 cm
   a) Berechne das Volumen des entstehenden Pyramidenstumpfes, indem du das Volumen der oberen Ergänzungspyramide vom Volumen der ursprünglichen Pyramide abziehst.
   b) In einer Formelsammlung findest du die Formel rechts. Begründe sie.

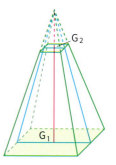
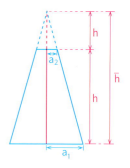

**Volumen eines Pyramidenstumpfs**
Für das Volumen V eines Pyramidenstumpfes mit der Höhe h und zueinander parallelen Flächen der Größe $G_1$ und $G_2$ gilt:
$V = \frac{1}{3} h \left( G_1 + \sqrt{G_1 G_2} + G_2 \right)$

## 6.3 Volumen von Pyramide und Kegel

**Übungsaufgaben**

3. Berechne das Volumen V der Pyramide mit der Höhe h = 9,8 cm. Zeichne ein Schrägbild.
   a) Die Grundfläche ist ein Quadrat mit a = 6,3 cm.
   b) Die Grundfläche ist ein Rechteck mit a = 11,3 cm und b = 7,2 cm.
   c) Die Grundfläche ist ein gleichschenkliges Dreieck mit a = b = 5,9 cm und c = 9,3 cm.
   d) Die Grundfläche ist ein gleichseitiges Dreieck mit a = 10,8 cm.
   e) Die Grundfläche ist ein Trapez mit a = 6,8 cm, c = 4,2 cm und $h_a$ = 5,3 cm.

4. Ein Marmordenkmal besteht aus einem quadratischen Prisma mit der Höhe h = 1,20 m und der Grundkantenlänge a = 90 cm sowie einer aufgesetzten Pyramide von 1,50 m Höhe. 1 cm³ Marmor wiegt 2,6 g. Wie viel wiegt das Denkmal?

5. Die größte Pyramide ist die um 2600 v. Chr. erbaute Cheops-Pyramide. Sie war ursprünglich 146 m hoch, die Seitenlänge der quadratischen Grundfläche betrug ca. 233 m.
   a) Berechne das Volumen der Cheopspyramide.
   b) Heute beträgt die Länge der Grundseite nur noch ungefähr 227 m, die Höhe nur ungefähr 137 m. Wie viel m³ Stein sind inzwischen verwittert? Gib diesen Anteil auch in Prozent an.
   c) Von der heutigen Pyramide soll ein maßstabsgerechtes Modell aus Pappe hergestellt werden. Wähle einen Maßstab und berechne den Materialverbrauch für das Modell.
   d) Bestimme für die heutige Pyramide den Neigungswinkel
   (1) der Seitenkante;          (2) der Seitenfläche zur Grundfläche.

6. Berechne das Volumen und die Größe der Oberfläche und der Neigungswinkel.
   a)           b)           c)           d)

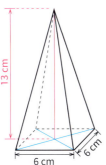 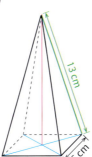 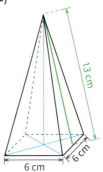 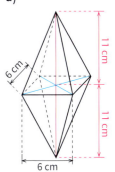

7. Eine quadratische Pyramide hat das Volumen 216 cm³ und die Höhe 8 cm. Stelle für die Länge der Grundkante zunächst eine Formel auf; berechne sie dann.

8. Entscheide, ob die Aussage wahr oder falsch ist. Begründe.
   (1) Wenn die Größe der Grundfläche einer Pyramide verdoppelt [verdreifacht] wird, so wird auch das Volumen der Pyramide verdoppelt [verdreifacht].
   (2) Werden alle Grundkanten einer Pyramide halbiert und dafür die Höhe verdoppelt, so bleibt das Volumen gleich.
   (3) Wird die Höhe einer Pyramide halbiert, so wird auch das Volumen halbiert.
   (4) Wird das Volumen einer Pyramide verdoppelt, so wird auch die Höhe verdoppelt.
   (5) Verkürzt man jede Kantenlänge einer Pyramide um 10 %, so nimmt das Volumen auch um 10 % ab.

9. Ein Zelt hat die Grundfläche eines regelmäßigen Sechsecks. Der Durchmesser des Zeltbodens beträgt 275 cm, die Höhe 155 cm.
   a) Berechne näherungsweise den Materialbedarf für
      (1) das Außenzelt;   (2) das Innenzelt.
   b) Bestimme das Volumen des Zelts.

10. Berechne
    (1) den Oberflächeninhalt,
    (2) das Volumen des Körpers,
    (3) die Neigungswinkel der geneigten Flächen gegen die Horizontale (Maße in m).

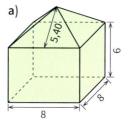 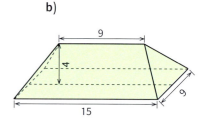

11. Einige Kristalle haben die Form eines regelmäßigen sechsseitigen Prismas mit aufgesetzten Pyramiden. Berechne Volumen und Oberflächeninhalt des Kristalls.

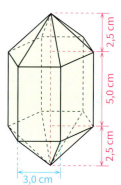

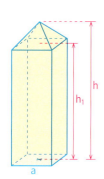

12. Der Körper links mit quadratischer Grundfläche und den Maßen h = 42 cm und $h_1$ = 37 cm besitzt ein Gesamtvolumen von 1 39 cm³.
    a) Berechne jeweils das Volumen der Teilkörper (Prisma und Pyramide) und bestimme die Seitenlänge a der quadratischen Grundfläche.
    b) Berechne dann den Neigungswinkel der Seitenflächen gegenüber ihrer Grundfläche.

13. Ein *Tetraeder* ist eine von vier gleichseitigen, kongruenten Dreiecken begrenzte Pyramide.
    a) Berechne die Höhe h des Tetraeders aus der Kantenlänge a. Beachte, wie der Höhenschnittpunkt H die Seitenhalbierenden im Dreieck teilt.
    b) Gegeben ist ein Tetraeder mit der Kantenlänge a = 4 cm. Wie hoch ist das Tetraeder? Berechne auch die Höhe einer Seitenfläche sowie die Größe der Oberfläche.
    c) Gegeben ist ein Tetraeder mit der Körperhöhe h = 6 cm. Berechne Kantenlänge und Höhe einer Seitenfläche.

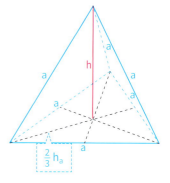

14. Beschreibe, wie die rechts abgebildete Kakao-Verpackung hergestellt wird.
    Modelliere ihre Form mithilfe eines einfachen Körpers und berechne dessen Materialbedarf und Volumen.

6.3 Volumen von Pyramide und Kegel      229

**14.** Berechne das Fassungsvermögen der Backform.

**15.** Zwei quadratische Pyramiden haben ein Volumen von 1 dm³. Die eine Pyramide ist 1 dm hoch und die andere Pyramide hat eine Grundkante von 1 dm Länge. Vergleiche die Oberflächeninhalte.

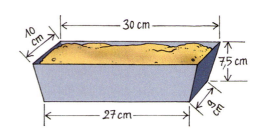

### 6.3.2 Volumen eines Kegels

**Einstieg**  Ermittelt durch Umfüllversuche eine Vermutung zur Volumenformel für Kegel.

**Einführung**

Zeichnet man in die Grundfläche eines Kegels ein Vieleck und verbindet man dessen Eckpunkte mit der Spitze, so erhält man eine Pyramide. Je mehr Eckpunkte das Vieleck hat, desto besser stimmt die Pyramide mit dem Kegel überein.
Für jede dieser Pyramiden gilt $V = \frac{1}{3} A_G \cdot h$, wobei sich $A_G$ mit zunehmender Eckenzahl immer weniger vom Flächeninhalt des Grundkreises unterscheidet.
Folglich gilt für das Volumen eines Kegels: $V = \frac{1}{3} \pi r^2 \cdot h$

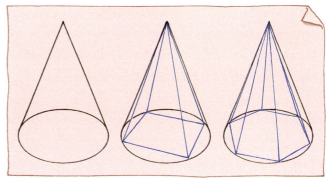

**Information**

> **Satz**
>
> Für das **Volumen V eines Kegels** mit der Grundflächengröße G und der Höhe h gilt:
>
> $V = \frac{1}{3} G \cdot h$
>
> Bezeichnet r den Radius des Grundkreises des Kegels, so gilt insbesondere:
>
> $V = \frac{1}{3} \pi r^2 \cdot h$

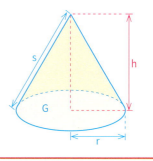

**Weiterführende Aufgaben**

**Beweis der Formel für das Kegelvolumen mithilfe des Satzes des Cavalieri**

1. Die Grundfläche des Kegels K und der Pyramide P sollen gleich groß sein, ebenso die Höhen der beiden Körper.
Beweise mithilfe des Satzes des Cavalieri, die Formel für das Volumen V des Kegels.

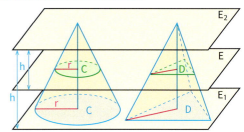

**Eine weitere Formel zur Volumenberechnung eines Kegels**

2. In einer Formelsammlung findest du die Formel rechts. Begründe sie.

   **Volumen eines Kegels**
   Für das Volumen eines Kegels mit dem Durchmesser des Grundkreises und der Höhe h gilt:
   $V = \frac{1}{12} \pi d^2 \cdot h$

**Volumen des Kegelstumpfs**

3. Der abgebildete Kegel wird 4 cm von der Spitze entfernt abgeschnitten.
Ferner gilt $r_1 = 8$ cm und $h = 12$ cm.
   a) Berechnet das Volumen des entstehenden Kegelstumpfes.

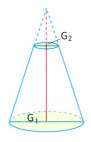
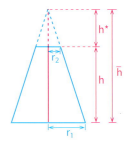

   b) In einer Formelsammlung findet ihr die Formel rechts. Begründet sie.

   **Volumen eines Kegelstumpfs**
   Für das Volumen V eines Kegelstumpfes mit der Höhe h und Kreisen mit dem Flächeninhalt $G_1$ und $G_2$ gilt:
   $V = \frac{1}{3} h \left( G_1 + \sqrt{G_1 G_2} + G_2 \right)$ bzw. $V = \frac{1}{3} \pi h \left( r_1^2 + r_1 r_2 + r_2^2 \right)$

**Übungsaufgaben**

4. Eine Kerze hat die Form eines Kegels mit dem Grundkreisradius $r = 2{,}9$ cm und der Höhe $h = 11{,}6$ cm. Berechne das Volumen der Kerze.

5. Berechne das Volumen des Kegels.
   a) $r = 5$ cm  
      $h = 9$ cm
   b) $d = 7{,}6$ dm  
      $h = 9{,}3$ dm
   c) $r = 3{,}9$ dm  
      $h = 1{,}2$ m
   d) $r = 4$ cm  
      $s = 8$ cm

6. Ein kegelförmiges Werkstück aus Grauguss hat den Grundkreisdurchmesser $d = 153$ mm und die Mantellinienlänge $s = 193$ mm. 1 cm³ Grauguss wiegt 7,3 g.
Wie viel wiegt das Werkstück?

## 6.3 Volumen von Pyramide und Kegel

7. Berechne das Volumen. Gib die Kantenlänge eines Würfels mit gleichem Volumen an.

   a) Dach
   Durchmesser: 6,40 m
   Dachsparrenlänge: 5,80 m

   b) Sandhaufen
   Umfang: 20,50 m
   Mantellinie: 3,90 m

   c) Vulkankrater des Poás in Costa Rica
   Umfang: 4,7 km
   Tiefe des Kraters: 300 m

8. a) Entscheide, ob die Aussage wahr oder falsch ist. Begründe.
   (1) Wird der Radius der Grundfläche eines Kegels verdoppelt, so verdoppelt sich auch das Volumen.
   (2) Wird der Radius der Grundfläche verdoppelt und dafür die Mantellinie halbiert, so bleibt das Volumen gleich.
   (3) Wird das Volumen eines Kegels verdoppelt, so wird auch die Höhe verdoppelt.
   (4) Wird die Mantellinie eines Kegels um 10 % verlängert und der Radius der Grundfläche nicht verändert, so nimmt das Volumen um 10 % zu.
   b) Untersuche weitere Zusammenhänge.

9. Leite zunächst eine Formel zur Berechnung der gesuchten Größe her.
   a) Ein Kegel hat das Volumen $V = 26{,}461\,\text{cm}^3$ und den Radius $r = 3{,}4\,\text{cm}$. Berechne die Höhe des Kegels.
   b) Ein Kegel hat das Volumen $V = 346{,}739\,\text{dm}^3$ und die Höhe $h = 6{,}7\,\text{dm}$. Berechne den Radius der Grundfläche.

10. Zu wie viel Prozent ist das Sektglas links gefüllt, wenn der Sekt
    (1) 6 cm; (2) 4 cm; (3) 3 cm; (4) 8 cm hoch steht?

11. Ein zylindrischer und ein kegelförmiger Messbecher fassen beide 1 l. Sie besitzen einen Grundkreisradius von 6 cm. In welcher Höhe müssen die Markierungen für $1\,\text{l}, \frac{1}{2}\,\text{l}, \frac{1}{4}\,\text{l}, \frac{1}{8}\,\text{l}$, und $\frac{3}{4}\,\text{l}$ angebracht werden?

12. Bei der Herstellung eines Sortiments von kegelförmigen Sektgläsern soll jedes Glas dasselbe Volumen von 120 ml fassen. Stellt in einer Tabelle zusammen, welche Maße möglich und sinnvoll sind, falls das Glas (1) bis zum Rand; (2) bis 1 cm unter dem Rand gefüllt wird. Überlegt zunächst, wie ihr geschickt vorgehen könnt. Ihr könnt z. B. auch ein Tabellenkalkulationsprogramm nutzen.

13. In verschiedene Werkstücke werden kegelförmige Hohlräume gebohrt. Dem Schrägbild kann man die Art der Bohrung und die Maße (in mm) entnehmen. Berechne das Volumen und die Größe der Oberfläche des Restkörpers.

    a) 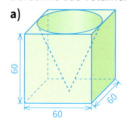 b) 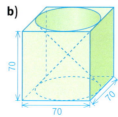 c) 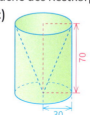 d)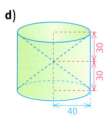

**14.** Bei einem Kegel bezeichnet r den Grundkreisradius, h die Höhe, s die Länge einer Mantellinie, V das Volumen und O die Größe der Oberfläche.
Berechne aus den gegebenen Größen die anderen.
- a) r = 7,5 cm  
  h = 1,35 m
- b) r = 45 cm  
  s = 78 dm
- c) h = 63 cm  
  s = 7,9 dm
- d) r = 5,6 cm  
  V = 426,9 cm³
- e) s = 3,6 cm  
  O = 135,2 cm²

**15.** Beschreibe, aus welchen Körpern die Boje zusammengesetzt ist.
Berechne das Volumen und den Oberflächeninhalt der Boje.

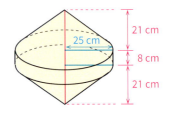

**16.** Aus einem Metallkegel mit dem Radius r = 10 cm; der Höhe h = 25 cm und der Dichte 8,4 $\frac{g}{cm^3}$ wird ein möglichst großes Metallteil hergestellt, in Form einer regelmäßigen sechseckigen Pyramide.
- a) Wie groß ist der Gewichtsunterschied der beiden Körper?
  Schätze zuerst, rechne dann genau.
- b) Die beiden Körper sollen als Hohlkörper aus Blech hergestellt werden. Das Blech ist 1 mm dick und wiegt 7,6 g pro cm³. Berechne den Gewichtsunterschied der Hohlkörper.

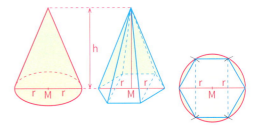

**17.** Wie viel Liter Wasser fasst
- a) der grüne Eimer;
- b) der blaue Eimer?

**18.** Der chinesische Künstler Ai Weiwei hat in der Londoner Tate Modern Gallery einen Kegel aus Porzellanimitationen von Sonnenblumenkernen („Sunflower Seeds") aufgeschichtet. Schätze mithilfe des Kegelvolumens, wie viele Sonnenblumenkernimitate er dafür verwendet hat.

**Das kann ich noch!**

**A)** Bestimme die Lösungsmenge.
1) $2x^2 - 4x = 0$
2) $x^2 + 1,5x - 1 = 0$
3) $\frac{1}{4}x^2 + \frac{1}{2}x + \frac{1}{4} = 0$
4) $4x^2 - 6x + 10 = 0$
5) $x^2 - 0,4x - 0,12 = 0$
6) $1,2x^2 + 5,64x + 5,76 = 0$
7) $(x-3)(x+4) = 0$
8) $x^2 - 3x = 0$
9) $(4x-3)(2x+4) = 0$

## 6.4 Kugel

### 6.4.1 Volumen der Kugel

**Einstieg**

Die Fotos zeigen einen Umfüllversuch. Der verwendete Zylinder, der Kegel und die Halbkugel haben alle denselben Radius r. Dieser entspricht auch der Höhe des Zylinders und des Kegels. Ermittle daraus eine Formel für das Volumen einer Kugel.

**Aufgabe 1**

**Formel für das Kugel-Volumen**
Vergleiche die Volumina des Kegels, der Halbkugel und des Zylinders. Folgere daraus eine Abschätzung für das Volumen der Kugel.

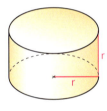 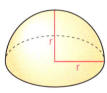 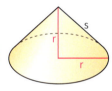

**Lösung**

Für das Volumen des Kegels gilt: $V_{Ke} = \frac{1}{3}\pi r^2 \cdot r = \frac{1}{3}\pi r^3$

Für das Volumen des Zylinders gilt: $V_Z = \pi r^2 \cdot r = \pi r^3$

Das Volumen $V_H$ der Halbkugel ist größer als das Volumen $V_{Ke}$ des Kegels, aber kleiner als das Volumen $V_Z$ des Zylinders, also: $\frac{1}{3}\pi r^3 < V_H < \pi r^3$

Für das Volumen $V_{Ku}$ der Kugel folgt daraus: $\frac{2}{3}\pi r^3 < V_{Ku} < 2\pi r^3$

**Information**

**(1) Vergleich der Volumina von Zylinder, Kegel und Halbkugel**

Im Bild siehst du drei Gefäße: einen Zylinder, einen Kegel und eine Halbkugel jeweils mit dem Radius r. Zylinder, Kegel und Kugel haben die Höhe r. Der Kegel ist mit Wasser gefüllt.

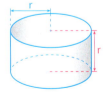 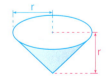 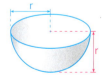

Durch Umschütten stellst du fest: Das Volumen der Halbkugel ist doppelt so groß wie das Volumen des Kegels: $V_H = 2 \cdot V_{Ke} = 2 \cdot \frac{1}{3}\pi r^2 \cdot r = \frac{2}{3}\pi r^3$.

Für das Volumen der Kugel erhält man also: $V_{Ku} = 2 \cdot V_H = \frac{4}{3}\pi r^3$.

---

**Satz**
Für das **Volumen V einer Kugel** mit dem Radius r gilt: $V = \frac{4}{3}\pi r^3$

### (2) Begründung der Formel für das Volumen einer Halbkugel

Der Restkörper R und die Halbkugel H liegen zwischen zwei zueinander parallelen Ebenen $E_1$ und $E_2$, da der Radius von H gleich der Höhe von R ist. Eine zu $E_1$ parallele Ebene E' schneidet den Restkörper R in einem Kreisring S*, die Halbkugel H in einer Kreisfläche S.

Den Abstand von E' zu $E_1$ bezeichnen wir mit x. Der Kreisring S* hat den äußeren Radius r und den inneren Radius x, da das Dreieck MPQ rechtwinklig und auch gleichschenklig ist.

Also hat der Kreisring S* den Flächeninhalt:
$A_R = \pi r^2 - \pi x^2$

Für den Radius $r_1$ des Schnittkreises S der Halbkugel gilt nach dem Satz des Pythagoras:
$A_K = \pi r_1^2 = \pi(r^2 - x^2) = \pi r^2 - \pi x^2$

Der Kreisring S* und der Schnittkreis S haben also den gleichen Flächeninhalt. Da der Restkörper R und die Halbkugel H zwischen zwei zueinander parallelen Ebenen $E_1$ und $E_2$ liegen und von jeder Parallelebene E' zu $E_1$ in gleich großen Flächen geschnitten werden, sind sie nach dem Satz des Cavalieri volumengleich. Es gilt also: $V_R = V_H$

Da das Volumen der Kugel doppelt so groß ist wie das Volumen der Halbkugel, gilt damit auch:
$V_{Ku} = 2 \cdot V_H = 2 \cdot V_R$

Volumen des Zylinders: $V_Z = \pi r^2 \cdot h = \pi r^2 \cdot r = \pi r^3$

Volumen des Kegels: $V_K = \frac{1}{3}\pi r^2 \cdot h = \frac{1}{3}\pi r^2 \cdot r = \frac{1}{3}\pi r^3$

Also gilt für das Volumen des Restkörpers: $V_R = V_Z - V_K = \pi r^3 - \frac{1}{3}\pi r^3 = \frac{2}{3}\pi r^3$

Da das Volumen der Halbkugel gleich dem Volumen des Restkörpers ist, gilt: $V_H = \frac{2}{3}\pi r^3$

Das Volumen der Kugel ist doppelt so groß: $V_K = \frac{4}{3}\pi r^3$

---

**Weiterführende Aufgaben**

### Formel zur Berechnung des Volumens einer Kugel aus dem Durchmesser

**2.** In der Technik wird häufig mit dem Durchmesser d gerechnet.

a) Begründe nebenstehende Formel. Berechne damit das Volumen der Kugellager-Kugel mit dem Durchmesser d = 8 mm.

**Volumen einer Kugel**
Für das Volumen der Kugel mit dem Durchmesser d gilt:
$V = \frac{1}{6}\pi d^3$

b) Berechne den Durchmesser einer Kugel mit $V = 8\,dm^3$.

### Volumen einer Hohlkugel

**3.** Bei einer Hohlkugel aus Gusseisen beträgt der Radius des Hohlraumes $r_1 = 8\,cm$ und der äußere Radius $r_2 = 10\,cm$. Die Dichte von Gusseisen ist $\rho = 7{,}3\,\frac{g}{cm^3}$. Wie viel wiegt die Hohlkugel?
Leite zunächst eine Formel für das Volumen der Hohlkugel her.

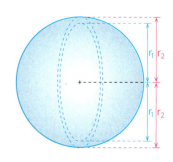

## 6.4 Kugel

**Übungsaufgaben**

4. Berechne das Volumen der Kugel.
   a) r = 38,6 cm
   b) d = 16,9 dm
   c) d = 0,09 m
   d) r = 214,6 dm

5. Berechne das Volumen des Himmelskörpers.
   a) Sonne: r = 7 · 10$^5$ km
   b) Venus: r = 6,2 · 10$^3$ km
   c) Mars: r = 3,43 · 10$^3$ km

6. Auf dem Foto siehst du einen Brunnen, in dessen Mitte sich eine Kugel aus Granit befindet.
   Die Kugel hat einen Durchmesser von 1,20 m.
   Wie viel wiegt die Kugel?

Dichtetabelle in $\frac{g}{cm^3}$

| Granit | 2,8 |
| --- | --- |
| Kork | 0,2 |
| Stahl | 7,9 |
| Messing | 8,6 |
| Glas | 2,5 |

7. Sven behauptet: „Das Volumen einer Kugel kann man ohne großen Fehler schneller mit der Näherung V ≈ 4 · r$^3$ berechnen."
   Um wie viel Prozent weicht die Näherung vom korrekten Wert ab?

8. Das Volumen einer Kugel beträgt 647 cm$^3$. Berechne den Radius der Kugel.
   Leite zunächst eine Formel her.

9. Kork ist ein besonders leichtes Material.
   a) Kannst du eine Kugel aus Kork mit einem Durchmesser von 1 m tragen?
      Schätze zuerst, rechne dann.
   b) Wie groß ist der Radius einer Stahlkugel, die genau so viel wiegt wie die Korkkugel?

10. Kontrolliere Leonards Hausaufgaben.

$$V = \frac{4}{3}\pi r^3 \quad |\sqrt[3]{\phantom{x}}$$
$$\sqrt[3]{V} = \frac{4}{3}\pi r$$
$$r = \frac{3 \cdot V}{4\pi}$$

$$V = \frac{4}{3}\pi \cdot \frac{d^3}{2}$$
$$= \frac{2}{3}\pi d^3$$
$$\approx 2d^3$$

11. a) Wie verändert sich das Volumen einer Kugel, wenn man den Radius verdoppelt, verdreifacht, …?
    b) Wie muss man den Radius einer Kugel verändern, wenn das Volumen verdoppelt werden soll?

12. a) Wie schwer ist eine Hohlkugel aus Messing mit dem Durchmesser d = 25,0 cm und der Wandstärke von 2,3 cm?
    b) Eine Hohlkugel aus Glas hat den Kugelumfang 56,5 cm und wiegt 31,1 g.
       Berechne die Wandstärke.

13. Wiegt Weihnachtsbaumkugeln und berechnet ihre Wandstärken. Stellt eure Ergebnisse zusammen.

### 6.4.2 Oberflächeninhalt der Kugel

**Einstieg**  Berechnet das Volumen einer Hohlkugel mit dem größeren Radius r = 124 mm und der Wandstärke h = 0,4 mm. Dividiert das Volumen der Hohlkugel durch h und begründet, warum ihr auf diese Weise einen Näherungswert für den Oberflächeninhalt der Kugel mit dem Radius r bekommt.
Versucht eure Überlegungen zu verallgemeinern, um eine Formel für den Oberflächeninhalt einer Kugel zu ermitteln.

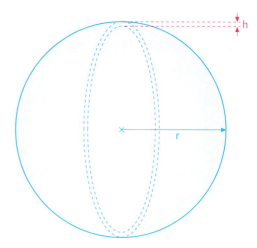

**Aufgabe 1**

Oberflächeninhalt einer Kugel
Ermittle eine Abschätzung für den Oberflächeninhalt einer Kugel durch Vergleich einer Halbkugel mit einem Kegel und mit einem Zylinder.

**Lösung**

Wir vergleichen eine Halbkugel mit dem Radius r mit einem Kegel und einem Zylinder, die ebenfalls den Radius r und die Höhe r haben. Anschaulich ist klar, dass der Kegel eine kleinere Mantelfläche als die Halbkugel hat, und beim Zylinder die Mantelfläche und die obere Deckfläche zusammen größer sind als die Mantelfläche der Halbkugel.

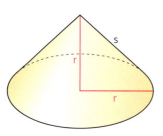 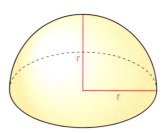 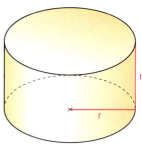

Für den Vergleich des Kegels mit der Halbkugel betrachten wir die Mantelfläche des Kegels. Für die Mantellinie s des Kegels gilt:
$s^2 = r^2 + r^2 = 2r^2$, also $s = \sqrt{2} \cdot r$
Für den Mantelflächeninhalt des Kegels gilt:
$M = \pi r s = \pi r \cdot \sqrt{2} \cdot r = \sqrt{2} \pi r^2$
Für den Vergleich des Zylinders mit der Halbkugel betrachten wir die obere Grundfläche und die Mantelfläche des Zylinders.
$G + M = \pi r^2 + 2 \pi r \cdot r$
$\quad\quad\ = \pi r^2 + 2 \pi r^2$
$\quad\quad\ = 3 \pi r^2$

Da eine Kugel aus zwei Halbkugeln zusammengesetzt werden kann, folgt für den Oberflächeninhalt O der Kugel die Abschätzung $2\sqrt{2} \pi r^2 < O < 6 \cdot \pi r^2$, also gerundet: $2{,}8 \pi r^2 < O < 6 \pi r^2$.

# 6.4 Kugel

**Information**

Für Zylinder und Kegel können wir ein ebenes Netz zeichnen und so die Größe der Oberfläche bestimmen.
Die Kugeloberfläche ist eine gekrümmte Fläche, die man nicht in die Ebene abwickeln kann. Daher müssen wir zur Bestimmung der Größe der Kugeloberfläche anders vorgehen:

(1) Man zerlegt die Oberfläche der Kugel in kleine Flächen („gekrümmte Dreiecke") und verbindet die Randpunkte jeder Fläche mit dem Kugelmittelpunkt.
So erhält man Teilkörper $K_1, K_2, ..., K_n$ der Kugel, die angenähert Pyramiden mit der Höhe r sind.

(2) $V_{K_u} = V_{K_1} + V_{K_2} + ... + V_{K_n}$
Unter Benutzung der Formel für das Volumen der Pyramide erhält man:

$V_{Ku} \approx \frac{1}{3} G_1 \cdot r + \frac{1}{3} G_2 \cdot r + ... + \frac{1}{3} G_n \cdot r$

$V_{Ku} \approx \frac{1}{3} r \cdot (G_1 + G_2 + ... + G_n)$

Der Term in der Klammer bezeichnet die Größe O der Kugeloberfläche.

(3) Zerlegt man die Kugeloberfläche in immer mehr kleinere Flächen, so unterscheiden sich die „gekrümmten" Dreiecke immer weniger von ebenen Dreiecken; das Volumen der Teilkörper $K_1, K_2, ..., K_n$ unterscheidet sich immer weniger vom Volumen der entsprechenden Pyramiden. Deshalb gilt:

$V_{Ku} = \frac{1}{3} O \cdot r$

(4) Wegen $V_{Ku} = \frac{4}{3} \pi r^3$ gilt: $\frac{4}{3} \pi r^3 = \frac{1}{3} O \cdot r$

Wir isolieren die Variable O: $O = \frac{4}{3} \pi r^3 \cdot \frac{3}{r}$, also $O = 4\pi r^2$

> **Satz**
> Für den **Oberflächeninhalt einer Kugel** mit dem Radius r gilt: $\mathbf{O = 4\pi r^2}$

**Weiterführende Aufgabe**

Oberflächeninhalt bei gegebenem Durchmesser

2. In der Technik wird häufig mit dem Durchmesser d gerechnet.
   a) Begründe: Für den Oberflächeninhalt O einer Kugel mit dem Durchmesser d gilt: $O = \pi d^2$
   b) Berechne den Durchmesser einer Kugel mit dem Oberflächeninhalt $O = 8 \, dm^2$.

**Übungsaufgaben**

3. a) Berechne die Größe der Dachfläche eines Kuppeldaches mit dem Radius $r = 60\,m$.
   b) Überprüfe die in dem Zeitungsartikel angegebene Behauptung.

**Kuppelzelt**
Die Dachfläche des Kuppelzeltes ist genau doppelt so groß wie die Fläche des Zeltbodens.

4. Berechne den Oberflächeninhalt der Kugel.
   a) $r = 17\,cm$    b) $d = 3,9\,dm$    c) $r = 0,09\,dm$    d) $V = 615\,mm^3$    e) $V = 8,27\,dm^3$

5. Der Oberflächeninhalt einer Kugel beträgt $803,84\,cm^2$.
   Wie groß ist der Radius? Leite zunächst eine Formel zur Berechnung des Radius r her.

6. a) Wie viel Stoff braucht man für die Hülle eines kugelförmigen Freiballons mit dem Durchmesser 12,75 m?
   b) Für die Hülle eines kugelförmigen Freiballons wurden 415 m² Stoff verbraucht.
   Wie viel m³ Gas fasst der Ballon?

7. Gib zunächst eine Formel für die gesuchte Größe an. Berechne dann.
   a) Berechne den Oberflächeninhalt einer Kugel mit dem Radius 1 m².
   b) Berechne den Oberflächeninhalt einer Kugel mit dem Durchmesser 1 m.
   c) Berechne den Oberflächeninhalt einer Kugel mit dem Umfang 1 m.
   d) Berechne den Oberflächeninhalt einer Kugel mit dem Volumen 1 m³.
   e) Berechne den Radius einer Kugel mit dem Oberflächeninhalt 1 m².

8. Der Erdradius beträgt 6 370 km.
   a) Berechne die Länge des Äquators.
   b) 70,8 % der Erdoberfläche sind mit Wasser bedeckt. Wie viel Liter sind das bei einer durchschnittlichen Meerestiefe von 3 500 m?
   c) Die durchschnittliche Dichte der Erde beträgt 5,56 g · cm⁻³. Wie groß ist die Masse der Erde?
   d) Vergleiche mit den Werten von Mond und Sonne.

9. Aus einem Wasserhahn tropft alle 3 Sekunden ein kugelförmiger Wassertropfen mit dem Durchmesser 4 mm. Wie viel Liter Wasser werden dadurch in einem Jahr verschwendet?

10. Bei einer Kugel ist r der Radius, V das Volumen und O der Oberflächeninhalt.
    Berechne die fehlenden Größen. Gib zunächst eine Formel für die gesuchte Größe an.
    a) r = 39 cm         c) V = 980 cm³        e) O = 60 000 dm²     g) O = 36 m²
    b) O = 260 cm²       d) O = 1 985,96 m²    f) r = 0,71 m         h) V = 36 m³

11. Die Lunge eines Menschen enthält ungefähr $4 \cdot 10^8$ Lungenbläschen; jedes hat einen Durchmesser von 0,2 mm.
    a) Wie groß ist die Oberfläche aller Lungenbläschen eines Menschen?
    b) Welchen Durchmesser hätte eine einzige Kugel der gleichen Oberflächengröße?
    c) Welche Oberflächengröße hätte eine Kugel, deren Volumen so groß ist wie das Volumen aller Lungenbläschen zusammen?

12. Ein Glaszylinder mit dem Innendurchmesser von 8 cm ist zum Teil mit Wasser gefüllt. Taucht man 8 Porzellankugeln mit der Dichte $2{,}4\,\frac{g}{cm^3}$ ein, so steigt der Wasserspiegel um 5 cm. Wie viel wiegt eine Kugel?

# Arbeiten mit der Formelsammlung

Der Pokal eines Schachturniers in der Parkanlage eines Kurortes soll die Spielfigur eines Bauern darstellen, wie er im Spiel dieser Anlage benutzt wird.
Der Kegelstumpf hat die Höhe $h = 50\,cm$, den oberen Radius $r_2 = 10\,cm$ und den unteren Radius $r_1 = 20\,cm$. Der Durchmesser der Kugel ist $d = 36{,}1\,cm$.
- Bestimme das Volumen der Spielfigur.
- Die Oberfläche des Körpers soll mit Blattgold belegt werden. Berechne die Kosten bei einem Preis von 7,5 Cent pro $cm^2$.

Dieses ist eine typische Aufgabe für vergessene oder nie gekannte Beziehungen. Um von einer Formelsammlung profitieren zu können, sollte man häufiger mit ihr gearbeitet haben und wissen, wie und wo man sich Informationen beschaffen kann. Nicht immer ist die Wahl der benutzten Variablen für die Bezeichnungen der Skizzen mit denen aus dem Unterricht übereinstimmend. Nicht einmal die unterschiedlichen Formelsammlungen sind gleich in ihren Figuren, Bezeichnungen und Begriffen zu dem gleichen Thema.

## Zylinder, Kegel, Kugel, Kugelteile

**Zylinder**

$V = G \cdot h$      $O = 2G + M$
$V = \pi r^2 h$      $M = 2\pi r h$
                 $O = 2\pi r(r + h)$

**Kegel**

$V = \frac{1}{3} G h$      $O = G + M$
$V = \frac{\pi}{3} r^2 h$      $M = \pi r s$
           $O = \pi r(r + s)$

**Kegelstumpf**

$V = \frac{\pi h}{3}(r_1^2 + r_1 r_2 + r_2^2)$    $M = \pi s (r_1 + r_2)$

**Kugel**

$V = \frac{4}{3} \pi r^3$      $O = 4\pi r^2$

**Kugelabschnitt** (Kugelkappe, Kugelsegment)

$V = \frac{\pi}{3} h^2 (3r - h)$    $M = 2\pi r h = \pi(r_1^2 + h^2)$
$\phantom{V} = \frac{\pi h}{6}(3 r_1^2 + h^2)$

**Kugelausschnitt** (Kugelsektor)

$V = \frac{2\pi}{3} r^2 h$    $M = 2\pi r h + \frac{1}{2}\sqrt{h(2r - h)}$

**Kugelschicht** (Kugelzone)

$V = \frac{\pi h}{6}(3 r_1^2 + 3 r_2^2 + h^2)$    $M = 2\pi r h$

## Kegelstumpf

s Mantellinie; $A_G$ Grundfläche; $A_D$ Deckfläche

$s^2 = (r_2 - r_1)^2 + h^2$    $A_G = \pi r_2^2$
$A_M = \pi s (r_2 + r_1)$    $A_D = \pi r_1^2$
$V = \frac{\pi}{3} h (r_2^2 + r_2 r_1 + r_1^2)$    $A_O = A_G + A_D + A_M$

## Kugelschicht (Kugelzone)

d Durchmesser; r, $R_1$, $R_2$ Radien; h Höhe

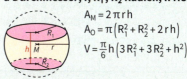

$A_M = 2\pi r h$
$A_O = \pi(R_1^2 + R_2^2 + 2rh)$
$V = \frac{\pi}{6} h (3 R_1^2 + 3 R_2^2 + h^2)$

## Kugelabschnitt (Kugelsegment)

r, R Radien; h Höhe

$R = \sqrt{h(2r - h)}$
$A_M = 2\pi r h = \pi(R^2 + h^2)$
   (Kugelkappe)
$A_O = \pi R^2 + 2\pi r h = \pi h (4r - h)$
$\phantom{A_O} = \pi(2R^2 + h^2)$
$V = \frac{\pi}{3} h^2 (3r - h)$
$\phantom{V} = \frac{\pi}{6} h (3R^2 + h^2)$

## Auf den Punkt gebracht

Verwirrend ist auch das Angebot an Formeln. Hier gilt es immer, entsprechend den bekannten Größen geschickt auszuwählen. Entsprechend des Angebots und der getroffenen Wahl ergeben sich oft andere Lösungsansätze, die in ihrem Schwierigkeitsgrad sehr unterschiedlich sein können. Darum ist es wichtig, dass du einige grundsätzliche Regeln zum sinnvollen Gebrauch beachtest.

> **Regeln beim Verwenden einer Formelsammlung**
> Sieh dir neue Formeln in der Formelsammlung an,
> - damit du weißt, wo was zu finden ist,
> - damit du dich an die Formulierungen gewöhnst,
> - damit du die Grafiken verstehst,
> - damit du nachfragen kannst, wenn du eine Formel nicht verstehst.
>
> Benutze die Formelsammlung also regelmäßig, dann ist sie dir eine große Hilfe als Nachschlagewerk.

1. Gegeben ist ein Würfel mit der Kantenlänge $a = 10\,\text{cm}$.
   a) Nun werden zwei gleiche pyramidenförmige Vertiefungen wie im Bild links unten in diesen Würfel eingearbeitet.
      Berechne das Volumen und den Oberflächeninhalt des Restkörpers.

   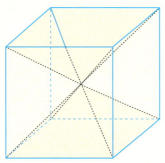 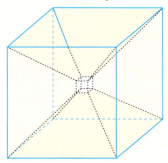

   b) Zur Verbindung der beiden Hohlkörper soll eine quaderförmige Verbindung gestanzt werden, deren quadratische Grundfläche die Seitenlänge 10 mm hat (siehe Bild rechts oben).
      Berechne die Länge des nun benötigten quaderförmigen Verbindungsstücks und gib den Mantelflächeninhalt von einem der entstehenden Pyramidenstümpfe an.

2. Gegeben ist ein Kreisausschnitt mit dem Radius $r = 6\,\text{cm}$.
   a) Berechne den Oberflächeninhalt des Kegels, wenn die Größe des Mittelpunktswinkels $\varphi = 270°$ beträgt.
   b) Berechne den Mittelpunktswinkel des Kegelmantels, wenn für den Grundkreisradius des Kegels $r = 4\,\text{cm}$ und die Kegelhöhe $h = 7\,\text{cm}$ gilt.
   c) Der Mantel eines Kegelstumpfes ergibt ausgerollt die im Bild dargestellte Fläche. Berechne das Volumen des zugehörigen Kegelstumpfes.

   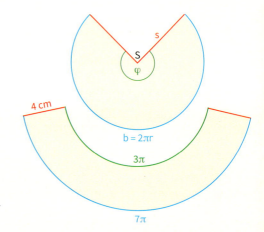

## 6.5 Vermischte Übungen

*Verwende eine Formelsammlung, wenn du Formeln nicht mehr sicher weißt oder gar nicht kennst.*

1. Ein Zylinder hat einen Radius von 1,5 cm und eine Höhe von 3 cm.
   a) Berechne das Volumen.
   b) Skizziere das Netz und berechne den Oberflächeninhalt.

2. Berechne, wie viel Eiweißschaum und wie viel Schokoglasur zur Herstellung benötigt wird.

3. Ein Fußball hat einen Umfang von 68 bis 70 cm.
   a) Um wie viel Prozent ist das Volumen beim Mindestmaß kleiner als beim Höchstmaß?
   b) Eine Firma produziert täglich 400 Bälle. Wie viel m² Leder werden für das Höchstmaß mehr gebraucht als für das Mindestmaß, wenn noch 25 % Verschnitt hinzu gerechnet werden müssen?

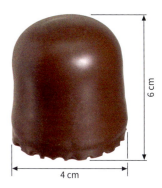

4. Eine Kugel hat den Radius r = 7,0 cm.
   a) Gib die Größe der Oberfläche und das Volumen der Kugel an.
   b) Welches Volumen und welchen Oberflächeninhalt haben 5 solche Kugeln insgesamt?
   c) Berechne Oberflächeninhalt und Volumen einer Kugel mit 5-fachem Radius.
   d) Berechne Radius und Volumen einer Kugel mit 5-fachem Oberflächeninhalt.
   e) Berechne Radius und Oberflächeninhalt einer Kugel mit 5-fachem Volumen.

5. Acht Metallkugeln mit dem Durchmesser 50 mm werden zu einer einzigen Kugel umgeschmolzen. Vergleiche den Oberflächeninhalt der Kugeln.

**µm:**
Abkürzung für Mikrometer
1 µm = $10^{-6}$ m

6. Ein Pokal besteht aus einem Quader mit aufgesetzter Halbkugel. Wie viel g Gold der Dichte 19,3 $\frac{g}{cm^3}$ wird zum Vergolden benötigt, wenn eine 10 µm dicke Schicht aufgetragen werden soll?

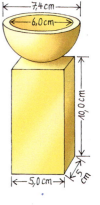

7. a) Der Radius einer Kugel wird um 10 %
   (1) verlängert;   (2) verkürzt.
   Um wie viel Prozent nehmen Volumen V und Oberflächeninhalt O   (1) zu;   (2) ab?
   b) Das Volumen einer Kugel nimmt um 10 % (1) zu; (2) ab. Wie verändern sich Radius und Oberflächeninhalt?
   c) Um wie viel Prozent muss der Radius einer Kugel verlängert werden, damit der Oberflächeninhalt um 25 % zunimmt?

8. Zur Kennzeichnung von Gefahrenstellen im Wasser werden Spitztonnen aus Stahlblech verwendet (Maße im Bild links). Wie viel m² Stahlblech werden zur Herstellung einer Spitztonne benötigt?

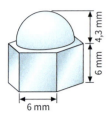

9. Eine Hutmutter besitzt zum Schutz des Schraubengewindes eine aufgesetzte Halbkugel. Das Bild zeigt einen Rohling einer Hutmutter. Dieser Rohling wird an der Unterseite mit einer zentralen und senkrechten Bohrung von 5 mm Durchmesser und 7 mm Tiefe versehen. Um wie viel Prozent veringert sich dadurch sein Gewicht?

10. Berechne das Volumen und den Oberflächeninhalt des Körpers (Maße in mm).

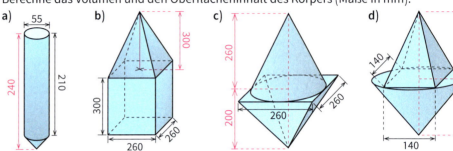

11. a) Berechne, wie viel Zeltplane für das Zirkuszelt benötigt wird.
    b) Wie viel m³ Luft fasst der Innenraum des Zeltes?

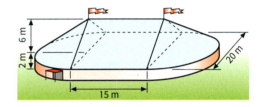

12. a) Berechne Volumen und Materialbedarf der Mischtrommel des Lkw. Der Durchmesser der Trommel ist vorne 1,10 m, hinten 1,68 m und in der Mitte 2,30 m. Die Trommel ist 4,14 m lang.
    b) Schätze, wie viel Beton höchstens eingefüllt werden kann.

13. Berechne den Materialbedarf und das Fassungsvermögen der Milchkanne links.

Maße in mm

14. a) Berechne, wie viel Wasser die Blumenvase fasst.
    b) Wie viel Material wird zur Herstellung dieser Vase aus 2 mm dickem Glas benötigt?

15. a) Bis auf die Bodenfläche soll das Windlicht für den Garten allseitig verglast sein. Die Blechprofile sind 2 cm breit. Berechne, wie viel Glas und Blech benötigt wird.
    b) Auch bei geschlossener Tür kann die Kerze einige Zeit mit dem im Windlicht vorhandenen Sauerstoff brennen. Berechne, wie viel Sauerstoff im Windlicht vorhanden ist.

| Zusammensetzung der Luft | |
|---|---|
| Stickstoff | 78 % |
| Sauerstoff | 20 % |
| Edelgase | 1 % |

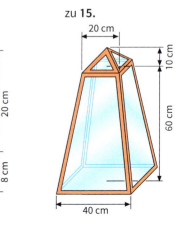

# Im Blickpunkt

# Dreitafelprojektion

1. Wir haben zur Darstellung von Körpern Schrägbilder und Zweitafelbilder gezeichnet. Überlegt Vor- und Nachteile der beiden Darstellungsmöglichkeiten eines Körpers.
Architekten zeichnen dagegen von geplanten Gebäuden einen Grundriss und mehrere Ansichten. Begründet.

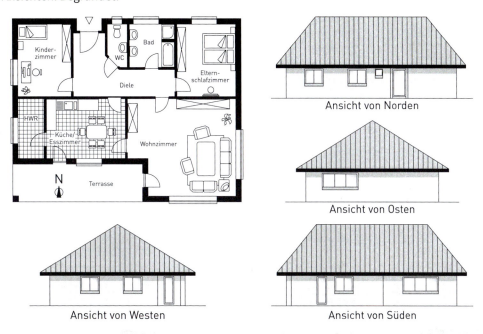

2. Für technische Zeichnungen verwendet man oft eine so genannte Dreitafelprojektion. Der Körper wird aus drei verschiedenen Blickrichtungen (von oben, von vorne und von links) mit parallelen Lichtstrahlen beschienen, die dann auf drei zueinander senkrechten Tafeln Schattenbilder liefern. Du kennst schon die Bilder in den Ebenen $E_1$ und $E_2$.

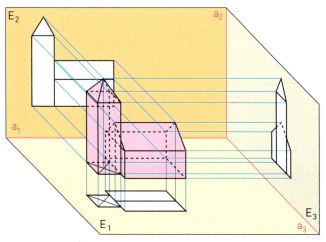

Das Bild in der Ebene $E_1$ heißt **Grundriss**; es vermittelt den Eindruck, man sehe den Körper von oben. Das Bild in der Ebene $E_2$ heißt **Aufriss**; es vermittelt den Eindruck, man sehe den Körper von vorne. Das Bild in der Ebene $E_3$ heißt **Seitenriss**; es vermittelt den Eindruck, man sehe den Körper von links.

Im Blickpunkt

Um Grundriss, Aufriss und Seitenriss in einer Zeichenebene darstellen zu können, dreht man die Seitenrissebene $E_3$ zunächst in die Aufrissebene und klappt sie anschließend in die Grundrissebene um. Diese Darstellung nennt man **Dreitafelprojektion**.
Vergleiche die Dreitafelprojektion mit der Darstellung eines Architekten.

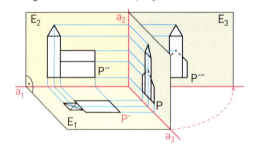
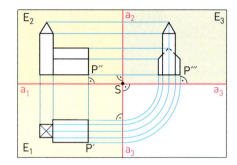

3. Zeichne eine Dreitafelprojektion des Körpers. Achte auf nicht sichtbare Kanten.

a) 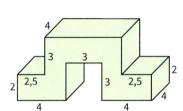  b) 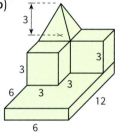  c)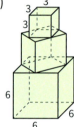

4. Konstruiere zu den beiden Rissen den dritten Riss. Skizziere ein Schrägbild des Körpers.

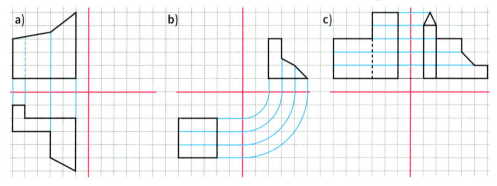

5. Verschiedene Körper können sowohl in ihren Grundrissen als auch in ihren Aufrissen übereinstimmen. Das Bild rechts zeigt ein Beispiel. Gib einen weiteren Körper mit demselben Grundriss und Seitenriss an.

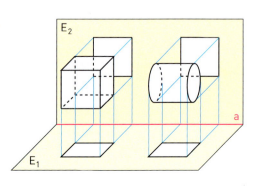

6. Das Logo des Bundeswettbewerbs Mathematik kann man als Dreitafelprojektion eines Körpers auffassen. Beschreibe den Körper.

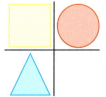

# Das Wichtigste auf einen Blick

**Pyramide**

Eine **Pyramide** wird durch ein Vieleck (**Grundfläche G**) und weitere **Dreiecke** (als Seitenflächen) begrenzt. Die Dreiecke treffen sich in einem Punkt, der **Spitze** der Pyramide, und grenzen alle an das Vieleck. Die Seitenflächen bilden insgesamt die **Mantelfläche M** der Pyramide. Der Abstand der Spitze von der Grundfläche ist die **Höhe h** der Pyramide.

*Beispiel:*

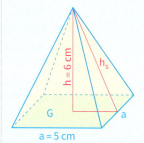

$h_s = \sqrt{(6\,cm)^2 + (2{,}5\,cm)^2} = 6{,}5\,cm$
$O = (5\,cm)^2 + 2 \cdot 5\,cm \cdot 6{,}5\,cm$
$\phantom{O} = 90\,cm^2$

Für den **Oberflächeninhalt O** einer Pyramide mit dem Grundflächeninhalt G und dem Mantelflächeninhalt M gilt:
**O = G + M**
Für das **Volumen V** einer Pyramide mit der Grundflächengröße G und der Höhe h gilt:
$V = \frac{1}{3} \cdot G \cdot h$

$V = \frac{1}{3} \cdot (5\,cm)^2 \cdot 6\,cm = 50\,cm^3$

**Kegel**

Ein **Kegel** ist ein Körper, dessen **Grundfläche G** eine Kreisfläche ist. Die **Mantelfläche M** eines Kegels ist gewölbt.
Der Abstand der Spitze von der Grundfläche ist die **Höhe** des Kegels. Eine Verbindungsstrecke vom Kreisrand zur Spitze heißt **Mantellinie**.

*Beispiel:*

Für den **Oberflächeninhalt O** eines Kegels gilt:
$O = G + M = \pi r^2 + \pi r s = \pi r \cdot (r + s)$
Für das **Volumen V** eines Kegels mit dem Radius r und der Höhe h gilt:
$V = \frac{1}{3} \pi r^2 h$

$O = \pi \cdot 2{,}5\,cm\,(2{,}5\,cm + 6{,}5\,cm)$
$O \approx 70{,}69\,cm^2$

$V = \frac{1}{3} \cdot \pi \cdot (2{,}5\,cm)^2 \cdot 6\,cm$
$V \approx 39{,}27\,cm^3$

**Kugel**

Für den **Oberflächeninhalt O** einer Kugel mit dem Radius r gilt:
$O = 4\pi r^2$
Für das **Volumen V** einer Kugel mit dem Radius r gilt:
$V = \frac{4}{3}\pi r^3$

*Beispiel:*

$O = 4 \cdot \pi \cdot (2{,}5\,cm)^2 \approx 78{,}54\,cm^2$
$V = \frac{4}{3} \cdot \pi \cdot (2{,}5\,cm)^3 \approx 65{,}45\,cm^3$

## Bist du fit?

1. **a)** Eine Pyramide hat eine quadratische Grundfläche mit der Seitenlänge $a = 2,1$ cm. Das Volumen der Pyramide beträgt $V = 0,1$ dm³. Wie hoch ist die Pyramide?
   **b)** Eine 5 cm hohe quadratische Pyramide besitzt das Volumen $V = 700$ cm³. Berechne die Seitenlänge der quadratischen Grundfläche.
   **c)** Ein 1 m hoher Kegel hat ein Volumen von 1 m³. Berechne den Grundkreisradius des Kegels.
   **d)** Die Oberfläche einer Kugel ist 9 cm² groß. Berechne Radius und Volumen der Kugel.

2. Berechne die Größe der Dachfläche und die Größe des Dachraumes.

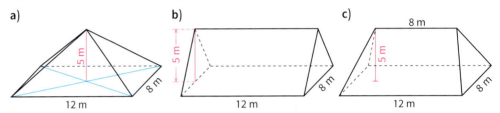

3. Ein kegelförmiger Sandhaufen mit einer Höhe von 2,5 m und einem Umfang von 22,8 m soll abgefahren werden. 1 cm³ Sand wiegt 1,6 g.
   **a)** Ein Lkw hat eine Tragfähigkeit von 3,5 t. Wie viele Fahrten sind nötig?
   **b)** Damit der Sand bis zum Abtransport nicht dem Wetter ausgesetzt ist, soll er mit einer Folie abgedeckt werden. Berechne dazu die Mantelfläche des kegelförmigen Sandhaufens.

4. Die Abbildung zeigt Netze von Körpern.

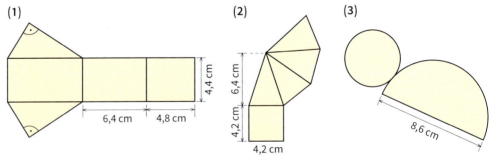

   **a)** Gib den Namen der Körper an und zeichne ihre Schrägbilder.
   **b)** Berechne Volumen und Oberflächeninhalt.

5. Kupferdraht hat die Dichte $8,9 \frac{g}{cm^3}$. Eine Rolle Kupferdraht wiegt 17,5 g. Der Draht hat einen Durchmesser von 2,7 mm. Wie lang ist der Draht?

6. **a)** Wie groß ist das Fassungsvermögen des Silos links?
   **b)** Wie viel Prozent des Inhalts entfallen auf den kegelförmigen Teil?
   **c)** Das Silo soll von außen gestrichen werden. 1 kg Farbe reicht für 8 m². Wie viel kg Farbe werden etwa benötigt?

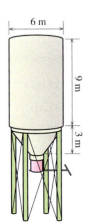

# Lösungen zu Bist du fit?

**Seite 40**

1.  A ähnlich H; k = 1     B ähnlich E; k = $\frac{1}{2}$     E ähnlich B; k = 2     F ähnlich B; k = $\frac{4}{3}$

    H ähnlich A; k = 1     I ähnlich A; k = $\frac{1}{2}$     A ähnlich I; k = 2     B ähnlich F; k = $\frac{3}{4}$

    E ähnlich F; k = $\frac{3}{2}$     F ähnlich E; k = $\frac{2}{3}$     H ähnlich I; k = 2     I ähnlich H; k = $\frac{1}{2}$

2.  a) Die Größe der Winkel bleibt erhalten. Nur das Dreieck in (2) ist ähnlich zum Dreieck ABC.
    b) Für diese Dreiecke gilt: $\frac{a^*}{a} = \frac{b^*}{b} = \frac{c^*}{c}$

3.  a) $a_2$ = 9,6 cm; $c_2$ = 3,2 cm     b) $b_2$ = 5,75 dm; $c_1$ = 2,16 dm     c) $a_2$ = 12,32 km; $b_2$ = 5,46 km

4.  x = |DE| = $\frac{|CD|}{|BC|}$ · |AB| = 75,25 m     Er ist also 75,25 m breit.

5.  h = $\frac{12,75\,m}{1,56\,m}$ · 1,30 m = 10,625 m ≈ 10,63 ≈ 11 m

6.  $\frac{x}{2,40\,m} = \frac{0,80\,m}{1,20\,m}$, also x = $\frac{0,80\,m \cdot 2,40\,m}{1,20\,m}$ = 1,60 m

    Die Stütze wurde 1,60 m vom Dachstuhlende eingefügt.

7.  Mit den zueinander ähnlichen Dreiecken erhält man
    (s. Abbildung rechts):
    $\frac{x}{2,10\,m} = \frac{1,60\,m}{4,00\,m}$
    x = 0,84 m
    h = 1,40 m + 0,84 m = 2,24 m
    Der Schrank dürfte nur 2,24 m hoch sein.
    Er passt also nicht in das Zimmer.

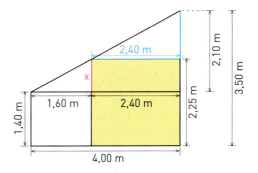

**Seite 100**

1.  a) Um 1 nach links verschobene Normalparabel.
    b) Um 2 nach unten verschobene Normalparabel.
    c) Um 1 nach links und um 4 nach unten verschobene Normalparabel.

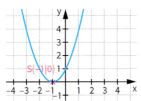 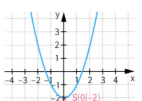 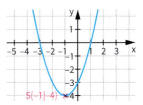

    d) Um 2 nach rechts verschobene Normalparabel.
    e) Um 2 nach rechts und um 3 nach oben verschobene Normalparabel.
    f) Gespiegelte, um 1 nach links und um 4 nach unten verschobene Normalparabel.

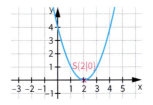 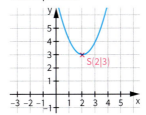 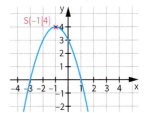

**Seite 100**

1. **g)** Um 1 nach links und um 4 nach unten verschobene, mit dem Faktor 2 gestreckte Normalparabel.

   **h)** Gespiegelte, um 2 nach rechts und um 3 nach oben verschobene, mit dem Faktor $\frac{1}{2}$ gestauchte Normalparabel.

   **i)** Gespiegelte, um 2 nach rechts und um 4 nach oben verschobene Normalparabel.

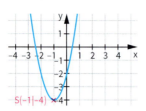
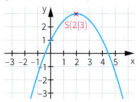
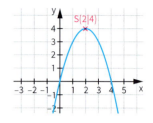

2. **a)** $f(x) = -x^2 + 4$  **b)** $f(x) = (x+1)^2 - 1$  **c)** $f(x) = \frac{1}{2}(x-1)^2 - 2$

3. **a)** $y = (x-9)^2 - 1$, Scheitelpunkt $S(9|-1)$; nach oben geöffnete Parabel. Der Graph fällt für $x \leq 9$ und steigt für $x \geq 9$.
   **b)** $y = -3(x+2)^2 + 192$; Scheitelpunkt $S(-2|192)$; nach unten geöffnete Parabel. Der Graph steigt für $x \leq -2$ und fällt für $x \geq -2$.
   **c)** $y = -\frac{1}{2}(x-7)^2 + \frac{9}{2}$; Scheitelpunkt $S(7|4,5)$; nach unten geöffnete Parabel. Der Graph steigt für $x \leq 7$ und fällt für $x \geq 7$.

4. **a)** $L = \{-11; -1\}$  **b)** $L = \{4\}$  **c)** $L = \left\{-\frac{1}{4}; \frac{1}{2}\right\}$  **d)** $L = \{\}$  **e)** $L = \left\{-4\frac{1}{2}; \frac{2}{3}\right\}$  **f)** $L = \{-4; 6\}$

5. **a)** $f(x) = (x+1)^2 - 9$
   (1) Nullstellen: $x_1 = -4$; $x_2 = 2$
   (2) Scheitelpunkt $S(-1|-9)$; tiefster Punkt (nach oben geöffnete Parabel) Der Definitionsbereich ist $\mathbb{R}$, der Wertebereich $W = \{y | y \geq -9\}$.
   (3) $Q_1(0|-8)$; $Q_2(-2|-8)$
   (4) $x_1 = -1 - \sqrt{13} \approx -4,6$; $x_2 = -1 + \sqrt{13} \approx 2,6$

   **b)** $f(x) = -(x+5)^2 + 4$
   (1) Nullstellen: $x_1 = -7$; $x_2 = -3$
   (2) Scheitelpunkt $S(-5|4)$; höchster Punkt (nach unten geöffnete Parabel) Der Definitionsbereich ist $\mathbb{R}$, der Wertebereich $W = \{y | y \leq 4\}$.
   (3) $Q_1(0|-21)$; $Q_2(-10|-21)$
   (4) $x_1 = -5$

   **c)** $f(x) = -4(x-2,5)^2$
   (1) Nullstellen: $x_1 = 2,5$
   (2) Scheitelpunkt $S(2,5|0)$; höchster Punkt (nach unten geöffnete Parabel) Der Definitionsbereich ist $\mathbb{R}$, der Wertebereich $W = \{y | y \leq 0\}$.
   (3) $Q_1(0|-25)$; $Q_2(5|-25)$
   (4) Da S der höchste Punkt ist, sind alle Funktionswerte kleiner als 4.

6. Länge der kürzeren Seite (in cm): $x$;
   Länge der längeren Seite (in cm): $x + 5$
   Gleichung: $x(x+5) = 300$; umgeformt: $x^2 + 5x - 300 = 0$
   Lösungsmenge: $L = \{-20; 15\}$; $-20$ entfällt als Lösung, da Längen positiv sind.
   Das Rechteck hat die Seitenlängen 15 cm und 20 cm.

7. Das Bild hat den Flächeninhalt $A_B = 20 \text{ cm} \cdot 30 \text{ cm} = 600 \text{ cm}^2$.
   Da dieses $100\% - 40\% = 60\%$ der Gesamtfläche sind, beträgt der Flächeninhalt der Gesamtfläche $A_G = 1\,000 \text{ cm}^2$.
   Der Flächeninhalt des Passepartouts beträgt $A_P = 400 \text{ cm}^2$.
   Für die Breite $x$ (in cm) des Passepartouts hat die Gesamtfläche die Seitenlängen $30 \text{ cm} + 2x$ und $20 \text{ cm} + 2x$.
   Damit erhält man: Gleichung: $(20 + 2x)(30 + 2x) = 1\,000$; umgeformt: $x^2 + 25x - 100 = 0$
   Lösungsmenge: $L = \left\{\frac{5}{2}(\sqrt{41} - 5); -\frac{5}{2}(\sqrt{41} + 5)\right\}$;
   $-\frac{5}{2}(\sqrt{41} + 5)$ entfällt als Lösung, da Längen positiv sind.
   Das Passepartout hat die Breite $\frac{5}{2}(\sqrt{41} - 5)$ cm $\approx 3,5$ cm.

# Lösungen zu Bist du fit?

**Seite 100**

8. $f(a) = 6a^2$

9. Breite des Rechtecks (in m): x
   Länge des Rechtecks (in m): $(300 - 2x) : 2 = 150 - x$
   Gleichung: $y = x(150 - x)$
   $= 150x - x^2$
   $= -(x^2 - 150x)$
   $= -((x - 75)^2 - 75^2)$
   $= -(x - 75)^2 + 5625$
   Man erhält eine nach unten geöffnete Parabel mit dem Scheitelpunkt S(75 | 5625).
   Den größten Wert erhält man also für x = 75.
   *Ergebnis:* Die Weide sollte 75 m lang und 75 m breit sein.
   Der Flächeninhalt beträgt dann 5 625 m².

**Seite 159**

1. a) (1) Thaleskreis über $\overline{AB}$ mit $|AB| = c = 7{,}8$ cm.
   (2) Kreis um A mit Radius b = 3,4 cm.
   Ein Schnittpunkt dieses Kreises mit dem Thaleskreis ist der Eckpunkt C des Dreiecks (a ≈ 7,0 cm).
   b) (1) Thaleskreis über $\overline{BC}$ mit $|BC| = a = 8{,}3$ cm.
   (2) Parallele zu $\overline{BC}$ im Abstand $h_a = 3{,}1$ cm.
   Ein Schnittpunkt der Parallelen mit dem Thaleskreis ist der Eckpunkt C des Dreiecks (Seitenlängen 8,3 cm; 7,6 cm; 3,4 cm).

2. M ist der Mittelpunkt des Kreises mit r = 3,7 cm.
   Die Schnittpunkte des Thaleskreises über $\overline{MP}$ mit dem Kreis um M sind die Berührpunkte der Tangenten.

3. a) $c = \sqrt{a^2 - b^2} = 100$ cm
   b) $b = \sqrt{c^2 + a^2} = 75$ cm
   c) $b = \sqrt{c^2 - a^2} = 39$ cm
   d) $r = \sqrt{s^2 - t^2} = 28$ cm

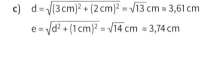

4. a) $h = \sqrt{s^2 - \left(\frac{g}{2}\right)^2} = \sqrt{(85\,\text{cm})^2 - \left(\frac{72\,\text{cm}}{2}\right)^2} = 77$ cm; $A = \frac{g \cdot h}{2} = 2772$ cm²
   b) $h = \frac{a}{2}\sqrt{3} = 13\,\text{cm} \cdot \sqrt{3} \approx 22{,}5$ cm;
   $A = \frac{a^2}{4} \cdot \sqrt{3} = 169 \cdot \sqrt{3}$ cm² ≈ 292,72 cm²

5. a) $d = \sqrt{(2\,\text{cm})^2 + (2\,\text{cm})^2} = 2 \cdot \sqrt{2}$ cm ≈ 2,8 cm
   $e = \sqrt{d^2 + (2\,\text{cm})^2} = 2\sqrt{3}$ cm ≈ 3,5 cm
   b) $d = \sqrt{(3\,\text{cm})^2 + (3\,\text{cm})^2} = 3\sqrt{2}$ cm ≈ 4,2 cm
   $e = \sqrt{d^2 + (2\,\text{cm})^2} = \sqrt{22}$ cm ≈ 4,7 cm
   c) $d = \sqrt{(3\,\text{cm})^2 + (2\,\text{cm})^2} = \sqrt{13}$ cm ≈ 3,61 cm
   $e = \sqrt{d^2 + (1\,\text{cm})^2} = \sqrt{14}$ cm ≈ 3,74 cm

6. $l = 4 \cdot \sqrt{(60\,\text{m})^2 + \left(\frac{3}{4} \cdot 120\,\text{m}\right)^2}$
   $= 4 \cdot \sqrt{(60\,\text{m})^2 + (90\,\text{m})^2}$
   $= 4 \cdot 30 \cdot \sqrt{13}$ m ≈ 432,67 m ≈ 433 m

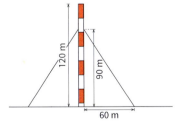

7. a) $s = \sqrt{(3{,}50\,\text{m})^2 + (3{,}50\,\text{m})^2} = 3{,}5 \cdot \sqrt{2}$ m ≈ 4,95 m
   b) $K = 2 \cdot s \cdot 60\,\text{m} \cdot 36\,\frac{€}{\text{m}^2} \cdot 1{,}19 \approx 25\,446$ €;
   Die Kosten belaufen sich auf etwa 25 400 €.

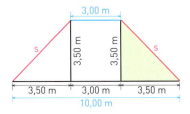

**Seite 160**

**8. a)** $\alpha = 90° - \beta = 76°$
$b = a \cdot \tan(\beta) \approx 1,7\,\text{cm}$
$c = \dfrac{a}{\cos(\beta)} \approx 7,2\,\text{cm}$
$u \approx 15,9\,\text{cm} \approx 16\,\text{cm}$
$A = \frac{1}{2}\,a\,b \approx 5,95\,\text{cm}^2 \approx 6\,\text{cm}^2$

**b)** $\gamma = 90° - \alpha = 46°$
$b = \dfrac{a}{\sin(\alpha)} \approx 6,3\,\text{cm}$
$c = \dfrac{a}{\tan(\alpha)} \approx 4,6\,\text{cm}$
$u \approx 15,3\,\text{cm}$
$A = \frac{1}{2}\,a\,c \approx 10,12\,\text{cm}^2 \approx 10\,\text{cm}^2$

**c)** $\beta = 90° - \gamma = 32°$
$b = a \cdot \cos(\gamma) \approx 98,04\,\text{m} \approx 98\,\text{m}$
$c = a \cdot \sin(\gamma) \approx 156,89\,\text{m} \approx 157\,\text{m}$
$u \approx 439,92\,\text{m} \approx 440\,\text{m}$
$A = \frac{1}{2}\,b\,c \approx 7690,31\,\text{m}^2 \approx 7690\,\text{m}^2$

**d)** $\alpha = 90° - \beta = 56°$
$a = c \cdot \cos(\beta) \approx 33,99\,\text{m} \approx 34\,\text{m}$
$b = c \cdot \sin(\beta) \approx 22,93\,\text{m} \approx 23\,\text{m}$
$u \approx 97,92\,\text{m} \approx 98\,\text{m}$
$A = \frac{1}{2}\,a\,b \approx 389,65\,\text{m}^2 \approx 390\,\text{m}^2$

**e)** $\alpha = 90° - \beta = 47°$
$a = \dfrac{b}{\tan(\beta)} \approx 90,1\,\text{cm} \approx 90\,\text{cm}$
$c = \dfrac{b}{\sin(\beta)} \approx 123,2\,\text{cm}$
$u \approx 297,2\,\text{cm} \approx 297\,\text{cm}$
$A = \frac{1}{2}\,a\,b \approx 3783,32\,\text{cm}^2 \approx 3783\,\text{cm}^2$

**f)** $\alpha = 90° - \gamma = 39°$
$a = \dfrac{c}{\tan(\gamma)} \approx 6,3\,\text{cm}$
$b = \dfrac{c}{\sin(\gamma)} \approx 10,0\,\text{cm}$
$u \approx 24,2\,\text{cm}$
$A = \frac{1}{2}\,a\,c \approx 24,63\,\text{cm}^2 \approx 25\,\text{cm}^2$

**9. a)** $b = a = 14\,\text{cm}$
$h_c = \sqrt{a^2 - \left(\frac{c}{2}\right)^2} \approx 11,1\,\text{cm}$
$\sin(\alpha) = \dfrac{h_c}{a} \approx 0,7946$, also $\alpha = \beta \approx 52,6°$

**b)** $\alpha = \beta = (180° - \gamma):2 = 27°$
$a = b = \dfrac{\frac{c}{2}}{\cos(\alpha)} \approx 84,17\,\text{m}$

**c)** $\beta = \alpha = 77°$
$\gamma = 180° - \alpha - \beta = 26°$
$a = b = \dfrac{\frac{c}{2}}{\cos(\alpha)} \approx 51,12\,\text{m}$

**d)** $b = a = 67\,\text{m}$
$\alpha = \beta = (180° - \gamma):2 = 62,5°$
$c = 2 \cdot a \cdot \cos(\alpha) \approx 61,87\,\text{m}$

**e)** $b = a = 104,7\,\text{cm}$
$\beta = \alpha = 17°$
$\gamma = 180° - \alpha - \beta = 146°$
$c = 2 \cdot a \cdot \cos(\alpha) \approx 200,25\,\text{cm}$

**f)** $\beta = \alpha = 36°$
$\gamma = 180° - \alpha - \beta = 108°$
$c = 2 \cdot \dfrac{h_c}{\tan(\alpha)} \approx 68,82\,\text{m}$

$\gamma = 180° - \alpha - \beta \approx 74,8°$
$A = \frac{1}{2}\,c \cdot h_c \approx 94,56\,\text{cm}^2 \approx 95\,\text{cm}^2$

$h_c = \dfrac{c}{2} \cdot \tan(\alpha) \approx 38,21\,\text{m}$
$A = \frac{1}{2}\,c \cdot h_c \approx 2866,08\,\text{m}^2 \approx 2866\,\text{m}^2$

$h_c = \dfrac{c}{2} \cdot \tan(\alpha) \approx 49,81\,\text{m}$
$A = \frac{1}{2}\,c \cdot h_c \approx 572,84\,\text{m}^2 \approx 573\,\text{m}^2$

$h_c = a \cdot \sin(\alpha) \approx 59,43\,\text{m}$
$A = \frac{1}{2}\,c \cdot h_c \approx 1838,59\,\text{m}^2 \approx 1839\,\text{m}^2$

$h_c = a \cdot \sin(\alpha) \approx 30,6\,\text{cm}$
$A = \frac{1}{2}\,c \cdot h_c \approx 3064,96\,\text{cm}^2 \approx 3065\,\text{cm}^2$

$a = b = \dfrac{h_c}{\sin(\alpha)} \approx 42,53\,\text{m}$
$A = \frac{1}{2}\,c \cdot h_c \approx 860,24\,\text{m}^2 \approx 860\,\text{m}^2$

**10. a)** $\alpha \approx 26°$ oder $\alpha \approx 154°$
$\alpha \approx 15°$ oder $\alpha \approx 165°$

**b)** $\alpha \approx 9°$ oder $\alpha \approx 171°$
$\alpha \approx 80°$ oder $\alpha \approx 100°$

**c)** $\alpha \approx 170°$
$\alpha \approx 48°$

**d)** $\alpha \approx 36°$
$\alpha \approx 98°$

**11. a)** $c = \sqrt{a^2 + b^2 - 2ab \cdot \cos(\gamma)} \approx 5,0\,\text{cm}$
$\sin(\alpha) = \dfrac{a \cdot \sin(\gamma)}{c} \approx 0,9138$, also $\alpha = 66,0°$
($\alpha = 114°$ entfällt; Winkelsummensatz)
$\beta = 180° - \alpha - \gamma \approx 47,0°$

**b)** $\sin(\alpha) = \dfrac{a \cdot \sin(\gamma)}{c} \approx 0,5359$, also $\alpha = 32,4°$
($\alpha = 147,6°$ entfällt; Winkelsummensatz)
$\beta = 180° - \alpha - \gamma \approx 94,1°$
$b = \dfrac{c \cdot \sin(\beta)}{\sin(\gamma)} \approx 11,2\,\text{cm}$

**c)** $a = \sqrt{b^2 + c^2 - 2bc \cdot \cos(\alpha)} \approx 4,959\,\text{km} \approx 5,0\,\text{km}$
$\cos(\beta) = \dfrac{a^2 + c^2 - b^2}{2 \cdot a \cdot c} \approx -0,2459$, also $\beta = 104,2°$
$\gamma = 180° - \alpha - \beta \approx 39,4°$

**d)** $\cos(\alpha) = \dfrac{b^2 + c^2 - a^2}{2 \cdot b \cdot c} \approx 0,3066$, also $\alpha \approx 72,1°$
$\cos(\beta) = \dfrac{a^2 + c^2 - b^2}{2 \cdot a \cdot c} \approx 0,6419$, also $\beta \approx 50,1°$
$\gamma = 180° - \alpha - \beta \approx 57,8°$

**12. a)** $\cos(\alpha) = \dfrac{6\,\text{m}}{7\,\text{m}} = \dfrac{6}{7}$, also $\alpha \approx 31°$

**b)** $h = \sqrt{(7\,\text{m})^2 - (6\,\text{m})^2} \approx 3,61\,\text{m} \approx 3,6\,\text{m}$

**13.** $h = 8,72\,\text{m} \cdot \tan(46°) \approx 9,03\,\text{m} \approx 9\,\text{m}$

**14.** $\tan(\alpha) = \dfrac{3,40\,\text{m}}{2,10\,\text{m}} = \dfrac{34}{21} \approx 1,6190$, also $\alpha \approx 58,3°$; $\beta = 90° - \alpha \approx 31,7°$

# Lösungen zu Bist du fit?

**Seite 160**

15. $\tan(\alpha) = \frac{16}{100} = 0{,}16$, also $\alpha \approx 9{,}1°$
    $h = 5\,m \cdot \sin(\alpha) \approx 0{,}79\,m \approx 0{,}8\,m$

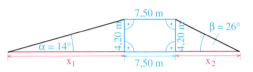

16. Bild siehe Schülerband Seite 156.
    $-330° < \alpha < -210°$;   $30° < \alpha < 150°$

17. $x_1 = \frac{4{,}20\,m}{\tan(\alpha)} \approx 16{,}85\,m$
    $x_2 = \frac{4{,}20\,m}{\tan(\beta)} \approx 8{,}61\,m$
    Länge l der Deichsohle:
    $l = 7{,}50\,m + x_1 + x_2 = 32{,}96\,m \approx 33\,m$

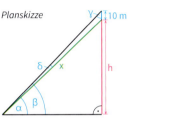

18. $\gamma = 90° - \beta = 44{,}5°$
    $x = 10\,m \cdot \frac{\sin(\gamma)}{\sin(\delta)} \approx 334{,}68\,m$
    $\delta = \beta - \alpha = 1{,}2°$
    $h = x \cdot \sin(\alpha) \approx 233{,}75\,m \approx 234\,m$
    Der Berg erhebt sich ungefähr 234 m über die Talsohle.

**Seite 184**

1. Der Zerfall des Iods kann durch die Gleichung $y = 10 \cdot \left(\frac{1}{2}\right)^x$ beschrieben werden.

    (1) $10 \cdot \left(\frac{1}{2}\right)^{\frac{1}{3}} \approx 7{,}94$     Nach 20 Minuten sind noch ungefähr 7,94 mg vorhanden.

    (2) $10 \cdot \left(\frac{1}{2}\right)^{-\frac{1}{2}} = 14{,}14$    30 Minuten vorher waren ungefähr 14,14 mg vorhanden.

2. DNA: 10 Mikrometer     Lymphozyt: 100 Mikrometer     Milchstraße: 10⁹ Terameter

3. Anzahl der Brückenteile: $120\,m : 5\,m = 24$        Temperaturdifferenz: 60 Grad
   Längenunterschied der Brücke: $6 \cdot 10^{-5}\,m \cdot (45 - (-15)) \cdot 24 = 0{,}0864\,m = 8{,}64\,cm$

4. $13\,000 \cdot 1{,}0125^4 \approx 13\,662{,}289$  Das Kapital wächst in 4 Jahren an auf 13 662,29 €.

5. $K_0 \cdot 1{,}0375^4 = 15\,062{,}50\,€$, also $K_0 = 15\,062{,}50\,€ : 1{,}0375^4 \approx 13\,000{,}04\,€$
   Das Anfangskapital betrug ungefähr 13 000 €.

**Seite 211**

1. In den USA gab es etwa viermal so viele Musik-Downloads wie in Kanada. Die Fahne der USA ist aber viermal so lang und viermal so breit wie die Fahne Kanadas. Damit ist der Flächeninhalt der Fahne der USA aber $4 \cdot 4 = 16$-mal so groß wie der Flächeninhalt der Fahne Kanadas. Das Verhältnis wird also nicht angemessen dargestellt. Eine angemessene Darstellung wäre, wenn die Fahne der USA doppelt so lang und doppelt so breit wäre wie die Fahne Kanadas. Dann wäre der Flächeninhalt viermal so groß.

2. a) Nach Nordamerika und nach Asien waren die Ausfuhren gleich groß, was man aber nicht an der Länge des Pfeiles ablesen kann. Berücksichtigt man, dass die Pfeile unterschiedlich dick sind, so könnte die Darstellung aber auch angemessen sein. Ohne Angabe der Werte könnte man aber die Größenverhältnisse nur schwer ablesen. Dafür ist es also eine ungünstige Darstellung. Das wäre in der folgenden (angemessenen) Darstellung klarer.
   Da wir die Container räumlich darstellen, müssen wir die 3. Wurzel der Werte für die Kantenlänge der Container nehmen. Damit die Würfel nicht zu klein werden, kann man ein Vielfaches der 3. Wurzel verwenden.

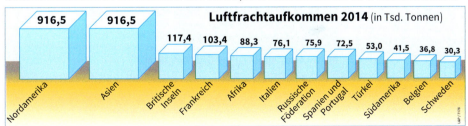

   b) Die Figuren sind Flächen. Eine Verdopplung der Größe bedeutet also vom Eindruck her eine Vervierfachung des Flächeninhalts.
   Asien hat etwa viermal so viele Einwohner wie Afrika. Die Figur müsste etwa doppelt so groß sein und nicht, wie hier gezeichnet, etwa viermal so groß. Die Darstellung ist also nicht angemessen.

Seite 212

3.

4. Durch die räumliche Wirkung der Fußbälle erscheinen die Fußballclubs mit einem größeren Umsatz noch größer zu sein als durch die Angaben vorgegeben ist. Der Umsatz von Real Madrid ist nicht einmal doppelt so groß wie der Umsatz von Chelsea. Die Grafik vermittelt aber den Eindruck, als ob er etwa dreimal so groß wäre.

5. *Baumdiagramm*

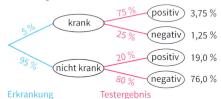

*Umgekehrtes Baumdiagramm*

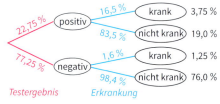

*Vierfeldertafel für 10 000*

|  |  | Testergebnis | | gesamt |
|---|---|---|---|---|
|  |  | positiv | negativ |  |
| Erkrankung | krank | 375 | 125 | 500 |
|  | nicht krank | 1 900 | 7 600 | 9 500 |
| gesamt | | 2 275 | 7 725 | 10 000 |

*Ablesbare Informationen (Beispiel):*
Wird das Schnelltestverfahren flächendeckend in der Bevölkerung durchgeführt, dann würden in ca. 22,75 % der Untersuchungen positive Testergebnisse auftreten; allerdings wären von diesen Personen mit positivem Testergebnis nur 16,5 % tatsächlich infiziert. Unter den Personen mit negativem Testergebnis sind nur ca. 1,6 % tatsächlich infizierte Personen.

6. 100 Kandidaten hätten insgesamt einen Gewinn von:
500 € · 2 + 1 000 € · 4 + ... + 125 000 € · 4,7 + 250 000 € · 1,5 = 2 511 700 €
Ein Kandidat würde also im Durchschnitt 25 117 € gewinnen, drei Kandidaten dann 75 331 €. Die Werbeeinnahmen von 100 000 € reichen also leicht, aber es müssen ja auch noch Produktionskosten bezahlt werden.

7. *Roosevelt:* In kleinen Grundgesamtheiten (z. B. 2 Personen) und bei Ausreißern (Millionär) kann der Wert des arithmetischen Mittels sehr weit entfernt sein von den tatsächlich vorkommenden Werten in der Grundgesamtheit und daher keine Bedeutung haben.
*Strachey:* Die Aussage pointiert sehr die Tatsache, dass durch geschickte Auswahl der Daten und deren interessengeleitete grafische Darstellung eine Wirkung hervorgerufen werden kann, die die Aussageabsicht des Autors unterstützt, aber objektiv zu hinterfragen ist.

Seite 246

1. a) $V = \frac{1}{3} a^2 \cdot h$, also $h = \frac{3V}{a^2} = \frac{0{,}3\,dm^3}{(2{,}1\,cm)^2} = \frac{300\,cm^3}{4{,}41\,cm^2} \approx 68{,}0\,cm \approx 6{,}8\,dm$

b) $V = \frac{1}{3} a^2 \cdot h$, also $a = \sqrt{\frac{3V}{h}} = \sqrt{\frac{2\,100\,cm^3}{5\,cm}} = \sqrt{420\,cm^2} \approx 20{,}5\,cm$

c) $V = \frac{1}{3} \pi r^2 \cdot h$, also $r = \sqrt{\frac{3V}{\pi h}} = \sqrt{\frac{3\,m^3}{\pi\,m}} \approx 0{,}977\,m \approx 97{,}7\,cm$

d) $O = 4\pi r^2$, also $r = \sqrt{\frac{O}{4\pi}} = \sqrt{\frac{9\,cm^2}{4\pi}} \approx 0{,}85\,cm$

$V = \frac{4}{3} \pi r^3 \approx 2{,}54\,cm^3$

# Lösungen zu Bist du fit?

**Seite 246**

**2. a)** Größe der Dachfläche: $A = 2 \cdot \left(\frac{1}{2} \cdot 8\,m \cdot \sqrt{(5\,m)^2 + (6\,m)^2}\right) + 2 \cdot \left(\frac{1}{2} \cdot 12\,m \cdot \sqrt{(5\,m)^2 + (4\,m)^2}\right) \approx 139{,}32\,m^2$

Größe des Dachraumes: $V = \frac{1}{3} \cdot 12\,m \cdot 8\,m \cdot 5\,m = 160\,m^3$

**b)** Größe der Dachfläche: $A = 2 \cdot 12\,m \cdot \sqrt{(4\,m)^2 + (5\,m)^2} \approx 153{,}67\,m^2$

Größe des Dachraumes: $V = \frac{1}{2} \cdot 8\,m \cdot 5\,m \cdot 12\,m = 240\,m^3$

**c)** Größe der Dachfläche: $A = 2 \cdot \frac{12\,m + 8\,m}{2} \cdot \sqrt{(4\,m)^2 + (5\,m)^2} + 2 \cdot \frac{1}{2} \cdot 8\,m \cdot \sqrt{(5\,m)^2 + (2\,m)^2} \approx 171{,}14\,m^2$

Größe des Dachraumes: $V = \frac{1}{2} \cdot 8\,m \cdot 5\,m \cdot 8\,m + \frac{1}{3} \cdot 4\,m \cdot 8\,m \cdot 5\,m = 213\frac{1}{3}\,m^3 \approx 213{,}3\,m^3$

**3. a)** Es gilt: $r = \frac{u}{2\pi}$.

Volumen des Sandhaufens: $V = \frac{1}{3}\pi \cdot \left(\frac{u}{2\pi}\right)^2 \cdot h = \frac{1}{12\pi} \cdot u^2 \cdot h \approx 34{,}473\,m^3$

Masse des Sandhaufens: $m = 34{,}473 \cdot 1{,}6\,t \approx 55{,}157\,t$
Anzahl der Fahrten: $55{,}157 : 3{,}5 \approx 15{,}8$
Es sind 16 Fahrten nötig.

**b)** $M = \pi \cdot \frac{u}{2\pi} \cdot s = \frac{u}{2} \cdot \sqrt{\left(\frac{u}{2\pi}\right)^2 + h^2} \approx 50{,}23\,m^2$

**4. (1) a)** Prisma mit einem rechwinkligen Dreieck als Grundfläche mit den Längen der Katheten $a = 6{,}4\,cm$, $b = 4{,}8\,cm$ und der Hypotenuse $c = \sqrt{a^2 + b^2} = 8{,}0\,cm$
(Schrägbilder siehe rechts.)

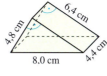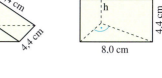

**b)** $V = \frac{1}{2} a \cdot b \cdot h = 67{,}584\,cm^3$
$O = 2 \cdot \frac{1}{2} a \cdot b + (a + b + c) \cdot h = 115{,}2\,cm^2$

**(2) a)** Pyramide mit quadratischer Grundfläche und der Höhe
$h = \sqrt{(6{,}4\,cm)^2 - (2{,}1\,cm)^2} \approx 6{,}05\,cm$
(Schrägbild siehe rechts.)

**b)** $V = \frac{1}{3} a^2 h \approx 35{,}548\,cm^3$
$O = a^2 + 4 \cdot \frac{1}{2} \cdot a \cdot h_s = 71{,}4\,cm^2$

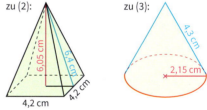

**(3) a)** Kegel mit dem Grundkreisradius $r = \frac{1}{2} \cdot \pi \cdot 8{,}6\,cm : 2\pi = 2{,}15\,cm$, der Mantellinie $s = 8{,}6\,cm : 2 = 4{,}3\,cm$ und der Höhe $h = \sqrt{s^2 - r^2} \approx 3{,}72\,cm$ (Schrägbild siehe rechts.)

**b)** $V = \frac{1}{3}\pi r^2 h = 18{,}026\,cm^3$;   $O = \pi r^2 + \pi r s \approx 43{,}57\,cm^2$

**5.** $V = 17{,}5\,g : 8{,}9\,\frac{g}{cm^3} \approx 1{,}966\,cm^3 = 1966\,mm^3$

Länge des Drahtes: $V : G = V : \left(\frac{\pi \cdot d^2}{4}\right) = \frac{4V}{\pi d^2} \approx 343\,mm = 34{,}3\,cm$

**6.** Der untere Teil wird als Kegel aufgefasst.

**a)** $V = V_Z + V_K = \pi \cdot (3\,m)^2 \cdot 9\,m + \frac{1}{3}\pi \cdot (3\,m)^2 \cdot 3\,m \approx 282{,}743\,m^3$
Das Fassungsvermögen des Silos beträgt gut 280 m³.

**b)** $V_K : V = \frac{1}{3}\pi r^2 \cdot h_K : \pi r^2 \left(h_Z + \frac{1}{3} h_K\right) = \frac{1}{3} \cdot 3\,m : \left(9\,m + \frac{1}{3} \cdot 3\,m\right) = 1\,m : 10\,m = 0{,}1 = 10\,\%$

**c)** $O = A_{Kreis} + M_{Zylinder} + M_{Kegel} = \pi r^2 + 2\pi r h_Z + \pi r \sqrt{r^2 + h_K^2} \approx 237{,}91\,m^2 \approx 238\,m^2$
$238\,m^2 : 8\,m^2 \approx 29{,}7\ldots \approx 30$   Es werden ungefähr 30 kg Farbe benötigt.

# Verzeichnis mathematischer Symbole

| | |
|---|---|
| $a = b$ | a gleich b |
| $a \neq b$ | a ungleich b |
| $a < b$ | a kleiner b |
| $a > b$ | a größer b |
| $a \approx b$ | a ungefähr gleich b |
| $a + b$ | a plus b; Summe aus a und b |
| $a - b$ | a minus b; Differenz aus a und b |
| $a \cdot b$ | a mal b; Produkt aus a und b |
| $a : b$ | a durch b; Quotient aus a und b |
| $|a|$ | Betrag von a |
| $a^n$ | a hoch n; Potenz aus Basis a und Exponent n |
| $\sqrt{a}$ | Quadratwurzel (2. Wurzel) aus a $(a \geq 0)$ |
| $\sqrt[3]{a}$ | Kubikwurzel (3. Wurzel) aus a $(a \geq 0)$ |
| $\sin(\alpha)$ | Sinus von $\alpha$ |
| $\cos(\alpha)$ | Koninus von $\alpha$ |
| $\tan(\alpha)$ | Tangens von $\alpha$ |
| $f(x)$ | Funktionsterm der Funktion f, Funktionswert der Funktion f an der Stelle x |
| $\{1; 5; 8\}$ | Menge mit den Elementen 1, 5, 8 |
| $\{\ \}$ | leere Menge |
| $\mathbb{N}\ [\mathbb{N}^*]$ | Menge der natürlichen Zahlen [ohne null] |
| $\mathbb{Z}$ | Menge der ganzen Zahlen |
| $\mathbb{Z}_+\ [\mathbb{Z}_+^*]$ | Menge der nichtnegativen ganzen Zahlen [ohne null] |
| $\mathbb{Q}$ | Menge der rationalen Zahlen |
| $\mathbb{Q}_+\ [\mathbb{Q}_+^*]$ | Menge der nichtnegativen rationalen Zahlen [ohne null] |
| $\mathbb{R}$ | Menge der reellen Zahlen |
| $\mathbb{R}_+\ [\mathbb{R}_+^*]$ | Menge der nichtnegativen reellen Zahlen [ohne Null] |
| $AB$ | Verbindungsgerade durch die Punkte A und B; Gerade durch A und B |
| $\overline{AB}$ | Verbindungsstrecke der Punkte A und B; Strecke mit den Endpunkten A und B |
| $\overset{\longmapsto}{AB}$ | Halbgerade mit dem Anfangspunkt A durch den Punkt B |
| $|AB|$ | Länge der Strecke $\overline{AB}$ |
| $g \parallel h$ | g ist parallel zu h |
| $g \nparallel h$ | g ist nicht parallel zu h |
| $g \perp h$ | g ist orthogonal zu h |
| $g \perp h$ | g ist nicht orthogonal zu h |
| $ABC$ | Dreieck mit den Eckpunkten A, B und C |
| $ABCD$ | Viereck mit den Eckpunkten A, B, C und D |
| $A(a|b)$ | Punkt mit dem Rechtswert a und dem Hochwert b. a ist die 1. Koordinate, b die 2. Koordinate von A. |
| $h_a\ [h_b; h_c]$ | Höhe eines Dreiecks zur Seite a [Seite b; Seite c] |
| $w_\alpha\ [w_\beta; w_\gamma]$ | Länge der Abschnitte der Winkelhalbierenden im Dreieck |
| $s_a\ [s_b; s_c]$ | Länge der Seitenhalbierenden eines Dreiecks |

# Stichwortverzeichnis

**A**

ähnlich  14, 39
Ähnlichkeitsfaktor  14, 39
Ähnlichkeitssatz für
    Dreiecke  22, 39
Ankathete  127

**B**

Basis  164, 184
Baumdiagramm  185
binomische Formeln  41

**C**

Cavalieri, Satz des  224

**D**

Diskriminante  81
Dreiecksungleichung  9
Dreitafelprojektion  243

**E**

Einheitskreis  132, 154 f.
Ergänzung,
    quadratische  61, 99
Exponent  164, 184
Extremwert  93

**F**

Faires Spiel  204
Flächeninhalt
– eines gleichseitigen
    Dreiecks  114
– eines beliebigen
    Dreiecks  150
Flächenverhältnis  193, 210
Funktion
– quadratische  47, 99

**G**

Gewinnerwartung  204
Gleichung
– , quadratische  73, 81, 99
Gegenkathete  127
Goldener Schnitt  88

**H**

Höhe
– , eins gleichseitigen
    Dreiecks  114
Hypotenuse  110

**K**

Kathete  110
Kapitalwachstum  181, 184
Kegel
– -s, Grundfläche
    eines  220, 245
– -s, Höhe eines  220, 245
– -s, Mantelfläche
    eines  220, 245
– -s, Mantelflächeninhalt
    eines 220, 245
– -s, Mantellinie
    eines  220, 245
– -s, Netz eines  220
– -s, Oberflächeninhalt
    eines  220, 245
– -s, Volumen eines  230,
    245
Kegelstumpf, Volumen
    eines  230
Kongruenzsätze  9
Kosinus  127, 132, 155, 158
– kurve  156, 158
– satz  147
Kubikwurzel  194
Kugel
– , Oberflächeninhalt
    einer  237, 245
– , Volumen einer  233, 245

**L**

Längenverhältnis  15, 191
Lösungsformel  81, 99
Lösungsmenge  49, 56,
    61, 73

**M**

Maximum  93
Minimum  93

**N**

Normalform  73
Normalparabel  49
Nullstelle  53

**O**

Oberflächeninhalt
– eines Kegels  220, 245
– einer Kugel  220, 245
– einer Pyramide  216, 245
Optimierungsproblem  92
Organigramm  189

**P**

Parabel  47
Periode  156
Pfadregeln  185
Potenz  164, 169, 184
– gesetze  175 f., 180
Proportion  15
Pythagoras  110
– , Satz des  110, 158
– Kehrsatz des Satzes
    von  125
pythagoreische
    Zahlentripel  125
Pyramide
– , Grundfläche einer  216,
    245
– , Höhe einer  216, 245
– , Mantelfläche
    einer  216, 245
– , Netz einer  216
– , Oberflächeninhalt
    einer  216, 245
– , quadratische  216
– , Schrägbild einer  217
– , Volumen einer  225, 245
Pyramidenstumpf, Volumen
    eines  226

**Q**

Quadratische
    Ergänzung  61, 99
Quadratische Funktion  47,
    99
Quadratische
    Gleichung  49, 56, 67,
    73, 81
Quadratisches
    Wachstum  49
Quadratwurzel  42

**R**

Rückschlüsse  203
Rückwärtsarbeiten  37

**S**

Scheitelpunkt  49
Scheitelpunktform  60,
    72, 99
Schrägbild
– eines Kegels  220 f.
– einer Pyramide  218
– eines Zylinders  220 f.
Sinus  127, 132, 155, 158
– kurve  156, 158
– satz  143
Sockelbetrag  195, 210
Strahlensätze  25 f., 39
Streckfaktor  66

**T**

Tangens  127, 132, 158
Thales  107
– , Satz des  105, 158
– satzes, Kehrsatz des  105

**V**

Verhältnis  25, 191
Vorwärtsarbeiten  37
Volumen
– einer Hohlkugel  234
– eines Kegels  230, 245
– eines Kegelstumpfes  230
– einer Kugel  233, 245
– einer Pyramide  225, 245
– eines Pyramiden-
    stumpfes  226
– verhältnis  193, 210
Vorsilben  164 f., 170

**W**

Wachstum,
    quadratisches  49

**Z**

Zehnerpotenzen  164 f., 169
Zinseszins  181, 184
Zufallsexperimente  185

# Bildquellenverzeichnis

Umschlag: Thinkstock, Sandyford/Dublin (Evgeny Prokofyev); 3.1, 11.1: Getty Images, München (Paul Hudson); 3.2, 43.1: Getty Images, München (Nancy Brammer); 4.1, 101.1: Getty Images, München (Panoramic Images); 4.2, 161.1: Getty Images, München (Stockbyte/Jeremy Woodhouse); 4.3, 187.1: fotolia.com, New York (janny2); 5.1a, 213.1a: Thinkstock, Sandyford/Dublin (hfng); 5.1b, 213.1b: Thinkstock, Sandyford/Dublin (Hemera Technologies); 8.1 ff.: Getty Images, München (iStockvectors/Tom Nulens); 11.2: Michael Fabian, Hannover; 12.1: Urs Kluyver, Hamburg; 12.2: Miniatur Wunderland Hamburg, Hamburg; 12.3: Dietmar Hasenpusch Photo-Productions, Schenefeld; 13.1: alamy images, Abingdon/Oxfordshire (Matthew Chattle); 13.2: fotolia.com, New York (Stefan Balk); 13.3: Getty Images, München (Hulton Archive); 13.4: iStockphoto.com, Calgary (skodonnell); 13.5: Picture-Alliance, Frankfurt (akg-images); 13.6: Langner & Partner, Hemmingen; 15.1, 20.1: Michael Fabian, Hannover; 16.1: mauritius images, Mittenwald (SPL); 18.1: Getty Images, München (Dorling Kindersley); 19.1: Jochen Tack Fotografie, Essen; 19.2: F1online, Frankfurt (Maskot); 30.1: Friedrich Suhr, Lüneburg; 32.1: Picture-Alliance, Frankfurt (akg-images); 33.1: Haff, Pfronten; 33.2: Torsten Warmuth, Berlin; 43.2: Blickwinkel, Witten (McPHOTO); 43.3: Picture-Alliance, Frankfurt (Sueddeutsche Zeitung Photo); 43.4, 69.1: Panthermedia.net, München (Travelphoto); 44.1: Michael Fabian, Hannover; 50.1: fotolia.com, New York (Denis Junker); 70.1: Okapia, Frankfurt (Manfred Uselmann); 70.2: plainpicture, Hamburg (Johner); 76.2: Thomas Willemsen, Stadtlohn; 76.3: Michael Fabian, Hannover; 76.1 ff.: Getty Images, München (iStockvectors); 78.1: Shutterstock.com, New York (Robert Hoetink); 87.1: iStockphoto.com, Calgary (TommL); 87.2: Corbis, Berlin (Tony Gentile/Reuters); 88.1: vario images, Bonn; 88.2: Leemage, Berlin; 89.1-2: Langner & Partner, Hemmingen; 90.1: fotolia.com, New York (Arochau); 91.1: Leemage, Berlin; 94.1: iStockphoto.com, Calgary (Adrio); 96.1: Michael Fabian, Hannover; 98.1-2: HG Esch Photography, Hennef - Stadt Blankenberg; 101.2: Torsten Warmuth, Berlin; 107.1: bpk, Berlin; 110.1: Interfoto, München (Photoaisa); 116.1: alamy images, Abingdon/Oxfordshire (Robert Matton AB); 116.2: Torsten Warmuth, Berlin; 117.1: Mathias Popko, Meine; 117.2: Ulrike Wilms, Mönchengladbach; 118.1: Visum, Hannover (Dennis Williamson); 120.1: fotolia.com, New York (Brandelet Didier); 121.1: fotolia.com, New York (Ralf Gosch); 121.2, 123.1, 124.1: Michael Fabian, Hannover; 126.1: Visum, Hannover (Aufwind-Luftbilder); 126.2: Picture-Alliance, Frankfurt (R. Goldmann); 129.1: Pilatus-Bahnen AG, Kriens/Luzern; 129.2: picswiss.ch, Roland Zumbühl, Arlesheim (Roland Zumbühl); 133.1: Bildagentur Geduldig, Maulbronn; 134.1: Caro, Berlin (Seeberg); 135.1: Torsten Warmuth, Berlin; 135.2: fotolia.com, New York (Svt); 136.1: iStockphoto.com, Calgary (Argestes); 136.2: Langner & Partner, Hemmingen; 137.1: Panthermedia.net, München (Kiefer); 137.2: Picture-Alliance, Frankfurt (Keystone); 138.1: Okapia, Frankfurt (D.Andree); 151.1: mauritius images, Mittenwald (studiodiezwei); 151.2-3, 152.1-2: Dirk Kehrig, Kottenheim; 153.1: Picture-Alliance, Frankfurt (dpa Themendienst); 153.2: Shutterstock.com, New York (bibiphoto); 159.1: Holger Klaes, Wermelskirchen; 162.1: Wildlife, Hamburg (Harpe); 163.1, 168.2: doc-stock health + wellness eine Marke der F1online, Frankfurt (Phototake RM); 163.2, 168.3: A1PIX - Your Photo Today, Ottobrunn; 165.1-2: Matthias Lösche, Lauchhammer; 167.1: Okapia, Frankfurt (Manfred P.Kage); 168.1: Michael Fabian, Hannover; 170.1: Getty Images, München (Photo Researchers); 170.2: Okapia, Frankfurt (NAS/Kent Wood); 172.1: Deutsches Museum, München; 172.2: Zoonar.com, Hamburg (Wellingsche); 173.1: Visum, Hannover (Thomas Dashuber); 174.1: Zoonar.com, Hamburg (Maria Wachala); 174.2: Avenue Images, Hamburg (U.S.Navy/agefotostock); 174.3: Blickwinkel, Witten (Luftbild Bertram); 174.4: vario images, Bonn; 174.5: fotolia.com, New York (viktor_kozliakov); 177.1: Avenue Images, Hamburg (NASA/World); 177.2: doc-stock health + wellness eine Marke der F1online, Frankfurt (Phototake RM); 178.1: fotolia.com, New York (objectsforall); 183.1: Onlyworld.net/Fotofinder.com, Berlin; 184.1: mauritius images, Mittenwald (Kenneth Eward/Photo Researchers, Inc.); 184.2: doc-stock health + wellness eine Marke der F1online, Frankfurt (Phototake RM); 184.3: Astrofoto, Sörth (Numazawa); 184.4: wikipedia.org (CrazyD/CC-Lizenz (CC BY-SA 3.0)); 186.1: Okapia, Frankfurt (Juergen Hasenkopf/imageBROKER); 191.1-2, 192.1-2: Langner & Partner, Hemmingen; 202.1: mauritius images, Mittenwald (P. Widmann); 202.2: Dietmar Gust, Berlin; 205.1: photothek.net, Radevormwald (Liesa Johannssen); 207.1: Picture-Alliance, Frankfurt (Eibner-Pressefoto); 209.1-2: Michael Fabian, Hannover; 209.3: iStockphoto.com, Calgary (DutchScenery); 214.1: Dr. Thomas Altmeyer, Münster; 214.2: Michael Fabian, Hannover; 215.1: Imago, Berlin (Herb Hardt); 215.2: fotolia.com, New York (popov48); 215.3: mauritius images, Mittenwald (Klaus Hackenberg); 215.4: fotolia.com, New York (Martin Debus); 217.1: Shutterstock.com, New York (Zoran Karapancev); 218.1: Zoonar.com, Hamburg (Cleo); 219.1: Langner & Partner, Hemmingen; 222.1: fotolia.com, New York (Otto Durst); 222.2: Michael Fabian, Hannover; 223.1: Avenue Images, Hamburg (Tim Draper/agefotostock); 223.2: Westend 61, München (Harald Hempel); 224.1: Leemage, Berlin (images.de); 224.2: Matthias Linder; 225.1-2, 232.1: Michael Fabian, Hannover; 227.1: bildagentur-online, Burgkunstadt (TIPS-Images); 228.1: Mountain Hardwear, Richmond; 228.2: Picture-Alliance, Frankfurt (ZB); 229.1: Michael Fabian, Hannover; 230.1: Mathias Popko, Meine; 231.2: iStockphoto.com, Calgary (ASIFE); 231.3: mauritius images, Mittenwald (Herbert Kehrer); 231.4: still pictures, Berlin; 231.1: iStockphoto.com, Calgary (Floortje); 232.1: F1online, Frankfurt (Laue); 232.2: Michael Fabian, Hannover; 232.3: Picture-Alliance, Frankfurt (Stefan Wermuth/Reuters); 232.4: mauritius images, Mittenwald (Alamy); 233.1-3: Michael Fabian, Hannover; 234.1: fotolia.com, New York (mipan); 235.1: Caro, Berlin (Blume); 237.1: Michael Fabian, Hannover; 238.1: Shutterstock.com, New York (sharon harding); 238.2: A1PIX - Your Photo Today, Ottobrunn; 238.3-4: Michael Fabian, Hannover; 241.1: Langner & Partner, Hemmingen; 242.2: Okapia, Frankfurt (Josef Ege); 242.3: iStockphoto.com, Calgary (bobbidog).

Es war nicht in allen Fällen möglich, den Inhaber der Bildrechte ausfindig zu machen und um Abdruckgenehmigung zu bitten. Berechtigte Ansprüche werden selbstverständlich im Rahmen der üblichen Konditionen abgegolten.